W0253819

Repetitorium der Hygiene, Bakteriologie und Serologie

in Frage und Antwort

Von

Professor Dr. W. Schürmann

ord. Honorarprofessor an der Universität Münster

Siebente, umgearbeitete und erweiterte Auflage

Springer-Verlag Berlin Heidelberg GmbH 1949

ISBN 978-3-642-52938-2 ISBN 978-3-642-52937-5 (eBook)
DOI 10.1007/978-3-642-52937-5

Ursprünglich erschienen bei Springer-Verlag in Berlin / Göttingen / Heidelberg 1949
Softcover reprint of the hardcover 7th edition 1949

Vorwort zur siebenten Auflage.

Die vorliegende siebente Auflage des Repetitoriums für Hygiene, Bakteriologie und Serologie, deren Erscheinen sich infolge der Kriegsereignisse und Papiermangels immer wieder verzögerte — die sechste Auflage war seit 1943 vergriffen —, ist durch eingefügte Verbesserungen bzw. Einfügung neuer Kapitel auf den neuesten Stand der wissenschaftlichen Forschungsergebnisse gebracht worden. Es seien für die Hygiene besonders genannt die Kapitel „Wasser", „Ernährung und Nahrungsmittel", „Abfallstoffe", „Leichenwesen", „Die hygienische Fürsorge für Mütter, Kinder und Kranke", „Gewerbehygiene".

Im II. Teil, der sich mit der Bakteriologie und Serologie befaßt, ist am Schluß des allgemeinen Teiles eine Einfügung über serologische Untersuchungsmethoden (Agglutination einschließlich Blutgruppen des Menschen, Präcipitation, Bakteriolysine, Antitoxine, Hämolysine) erfolgt. Im speziellen Abschnitt sind die Kapitel „Erreger der Gasödeminfektionen", „Ruhrbacillen", „Gruppe der hämoglobinophilen Bacillen" durch Einschaltung des „Bacillus conjunctivitis", weiter „Bacillus Diphtheriae", „Tuberkelbacillen", „Spirochaeta pallida" den neuesten wissenschaftlichen Forschungen gefolgt. Das Kapitel „Virus und Viruskrankheiten" ist vollkommen umgearbeitet worden.

Die gesetzlichen Maßnahmen sind in allen Kapiteln weitgehendst, d. h. so, wie es der Rahmen dieses Buches zuläßt, gewürdigt worden.

Ich hoffe, daß die neue Auflage des Repetitoriums bei den Studierenden eine ebenso freundliche Aufnahme finden wird wie die früheren Auflagen und daß das Buch den Zweck, dem es dienen soll, voll erfüllt.

Dem Springer-Verlag, der allen meinen Wünschen entgegenkam, möchte ich auch an dieser Stelle meinen verbindlichsten Dank aussprechen.

Lüdenscheid, September 1948. **Prof. Dr. W. Schürmann.**

Inhaltsverzeichnis.

Hygiene.

Seite

Bakteriologie einschließlich Serologie.

Allgemeiner Teil.

Spezieller Teil.

A. Die pathogenen Bakterien.

Hygiene.

Die klimatischen Einflüsse.

Welche in der freien Atmosphäre sich abspielenden Vorgänge beanspruchen vom hygienischen Standpunkte aus ein besonderes Interesse?

Die physikalischen Vorgänge, wie Temperatur-, Druck-, Feuchtigkeitsschwankungen, die Bewegungsverhältnisse der Atmosphäre und das chemische Verhalten der Luft (Gehalt an Sauerstoff, Ozon, Kohlensäure und fremden Gasen); endlich kommen in Frage die beigemengten staubförmigen Bestandteile.

Was versteht man unter Witterung?

Die physikalischen Vorgänge in der Atmosphäre während einer bestimmten kürzeren Zeit.

Was versteht man unter Klima?

Das mittlere Verhalten der meteorologischen Faktoren, welches für irgendeinen Ort durch längere Beobachtung sich ergeben hat.

Luftdruck.

Wie wird der Luftdruck gemessen?

Durch Quecksilberbarometer oder Metallbarometer [Holosteric- (Aneroïd-) Barometer]. Unter den Quecksilberbarometern unterscheidet man Gefäßbarometer und Heberbarometer.

Wie bestimmt man den wirklichen Luftdruck mittels Quecksilberbarometer?

Ablesen des Barometerstandes (B) und des Thermometers (t). Berechnung nach folgender Formel:

$$B_0 = \frac{B}{1 + t \cdot 0{,}001815^*}$$

auf 0° C reduzieren.

* = Ausdehnungskoeffizient für Quecksilber.

Wie groß ist der Luftdruck am Ufer des Meeres, wie verhält er sich bei zunehmender Erhebung über das Meeresniveau?

Am Ufer des Meeres hält der Luftdruck einer Quecksilbersäule von 760 mm Höhe das Gleichgewicht; bei zunehmender Erhebung über das Meeresniveau nimmt der Barometerdruck ab.

Wie registriert man die örtliche Verteilung des Luftdruckes?

Durch Isobaren, Linien, die Orte gleichen Luftdruckes miteinander verbinden, wobei die Barometerstände auf das Meeresniveau reduziert werden müssen.

Die Isobaren zeigen auf einer Karte geschlossene Kreise.

Ist die Tagesschwankung des Luftdruckes in der kalten und gemäßigten Zone groß?

Nein. Die täglichen Schwankungen an einem Orte betragen selten 20 mm; die jährlichen etwa 50 mm.

Beim Hinabsteigen unter das Meeresniveau wird eine entsprechende Steigerung des Luftdruckes bemerkbar. Geben Sie mir einige Beispiele.

In den Bergwerken ist der Luftdruck um 50 mm und mehr über das Normale gesteigert, in Caissons und in den Taucherglocken kommt ein höherer Druck (bis zu 3 Atmosphären und mehr) zustande.

Welches Gewicht hat die auf dem erwachsenen Menschen ruhende Luftsäule?

Ein Gewicht von rund 20000 kg. Dieser Druck wird nicht empfunden, da er von allen Seiten kommt und der Körper inkompressibel ist.

Welche hygienische Bedeutung haben die Luftdruckschwankungen?

1. Stark gesteigerter Luftdruck ruft eine Verlangsamung der Atmung und des Pulses hervor. Das Trommelfell wird eingewölbt; Sprechen ist erschwert, die Muskelarbeit behindert. Weiter kommt eine stärkere Sauerstoffaufnahme in Frage. Das Venenblut wird nach längerem Verweilen in komprimierter Luft heller, zur Vermehrung des Blutsauerstoffes kommt es nicht.

Die Schädigungen, die durch stark vermehrten Luftdruck hervorgerufen werden können, sind unbedeutend. Vorsicht ist geboten beim Übergang aus stark komprimierter Luft in die gewöhnliche (Gasembolie). Der Druckanstieg für 0,1 Atmosphäre soll mindestens $^1/_2$ Minute Zeit erfordern.

2. Stark verminderter Luftdruck bringt eine Steigerung der Atem- und Pulsfrequenz hervor, bedingt durch Druckaufnahme und Verminderung der Sauerstoffzufuhr. In 5000 m Höhe Abnahme des Sauerstoffes um etwa 50%. Das Trommelfell wölbt sich nach außen, die Muskelbewegungen sind erleichtert.

Worauf ist die Bergkrankheit zurückzuführen und wie zeigt sie sich?

Auf ungewohnten Aufenthalt in größeren Höhen; auf Druck- und Sauerstoffabnahme, auf Kälte, Wind und vielleicht auch auf das elektrische Verhalten der Luft und auf anstrengende Muskelarbeit. Zeichen der Bergkrankheit sind Schwindel, Lufthunger, Kopfdruck, Cyanose, Ohnmacht, dazu Erbrechen, Nasenbluten usw. Blutungen in Schleimhäute und Lunge.

Wo kommen rasche Luftschwankungen vor?

Bei schnellfahrenden, steilen Bergbahnen (Zugspitzbahn in 20 Minuten Steigung um 1900 m), bei Luftschiff-, Ballonfahrten, bei Flugzeugen (Heeresflugzeuge steigen in 18 Minuten auf 8000 m), bei schneller Abwärtsbewegung, z. B. im Fallschirm (5 m/s).

Wo spielen die Luftdruckschwankungen eine Rolle?

In Steinkohlengruben beim Entstehen der „bösen Wetter". Beim Sinken des Luftdruckes dringt Methan in die Gruben ein.

Luftbewegung.

Wie ermittelt man die Stärke der Luftbewegung?

Durch Ablenkung einer Kerzenflamme, Tabaksrauch, Federn, Baumblätter usw. oder genauer durch statische Anemometer, die den Druck des Windes messen, oder durch dynamische Anemometer, welche die Luftgeschwindigkeit angeben (Flügelrad-Anemometer; Robinsonsches Schalenkreuz-Anemometer, Anemometer von Combes-Recknagel [für schwache Luftströme]). Um eine Achse sind vier Marienglasflügel angeordnet, die, vom Luftstrom angeblasen, die Achse drehen. Ein Zählwerk zeigt die Umdrehungen der Achse an. Die Umdrehungszahl [n] multipliziert mit der Zahl, welche den Reibungswiderstand [b] angibt, unter Hinzufügung der Zahl für den Trägheitswiderstand [a], ergibt die Sekundenschnelligkeit [v] in Metern [$v = a + nb$]). Siehe auch S. 84.

Wodurch entsteht der Wind?

Die Luftbewegung entsteht durch Druckdifferenzen in dem Luftmeer, die auf Temperaturunterschiede zurückzuführen sind. Die warme Luft dehnt sich aus, steigt nach oben und fließt in die oberen Regionen über. Die umgebende Luft stürzt in das entstandene Minimum hinein. Unterstützend wirken noch die Erdumdrehung und die Zentrifugalkraft.

Was sind Zyklonen, was Antizyklonen?

Die vom Minimum beherrschten Strömungen nennt man Zyklonen, die vom Maximum ausgehenden Winde Antizyklonen. In der gemäßigten Zone werden die Luftströmungen von den Zyklonen und Antizyklonen beherrscht.

Kennen Sie die synoptischen Witterungskarten?

Ja. Sie werden täglich von den amtlichen Wetterdienststellen ausgegeben. Sie geben die jeweiligen Witterungsverhältnisse durch bestimmte Zeichen an, so z. B. durch Pfeile die Windrichtung, durch die Fiederung des Pfeiles die Windstärke; auch sind die Isobaren eingezeichnet und dergleichen.

Inwiefern ist die Luftbewegung von hygienischer Bedeutung?

Die Windrichtung bedingt die zu erwartenden Niederschläge, Temperaturveränderungen. Die Windstärke beeinflußt die CO_2-Abgabe, die Wärme- und Wasserdampfabgabe des Körpers, Bewegte Luft im Freien regt außer der Erfrischung die Lust zur Nahrungsaufnahme an, und zwar durch einen von den getroffenen Hautstellen ausgelösten Reiz. Weiter übt die bewegte Luft eine Reizwirkung auf die Vasomotoren der Haut aus, die mit Gefäßerweiterung, falls erforderlich, rasch reagieren und uns gegen Kälteempfindung schützen. Stärkere Winde haben bei kaltem Wetter hohen Wärmeverlust zur Folge (Erkältungen, Erfrierungen).

Indirekt verursachen die Winde ein lebhaftes Durchmischen der Atmosphäre, eine Verdünnung übler Gerüche, schädlicher Gase und Verminderung des Keimgehaltes der Luft. Sie beeinflussen ferner die Wasserverdampfung der Erdoberfläche. Nachteilig wirken sie durch Aufwirbeln von Staub.

Luftfeuchtigkeit.

Wie wird die Menge des in der Luft enthaltenen Wasserdampfes gemessen?

Durch den von demselben ausgeübten Druck (Spannung, Tension) gemessen in Millimeter Quecksilbersäule.

Wie läßt sich der Feuchtigkeitszustand der Atmosphäre bestimmen?

Durch Berechnung

1. der maximalen Feuchtigkeit F; für jeden Temperaturgrad besteht ein Zustand der Sättigung mit Wasserdampf oder der maximalen Tension des Wasserdampfes, bei Temperaturerniedrigung tritt Taubildung ein;
2. der absoluten Feuchtigkeit F_0 = diejenige Menge Wasserdampf in Millimeter Quecksilber oder in Gramm oder Liter je 1 m³ Luft, die zur Zeit wirklich in der Luft enthalten ist;
3. der relativen Feuchtigkeit (Fr) oder der Feuchtigkeitsprozente $= \frac{100\,F_0}{F}$;
4. des Sättigungs- (Spannungs-) Defizits = der Differenz zwischen maximaler und wirklich vorhandener absoluter Feuchtigkeit $F - F_0$;
5. des Taupunktes = derjenigen Temperatur, für die augenblicklich die Luft mit Wasserdampf gesättigt ist, für welche $F_0 = F$ ist. Bei Erniedrigung der Temperatur tritt Taubildung ein.

Der Taupunkt wird aus der Tabelle des maximalen Dunstdruckes erhalten.

Nennen Sie mir Methoden zur Bestimmung der Luftfeuchtigkeit.

1. Wägung des Wasserdampfes.
2. Kondensationshygrometer (bestimmen den Taupunkt und tabellarisch aus diesem die absolute Feuchtigkeit).

Ein kleines zylindrisches Gefäß, außen mit einer polierten Silber- bzw. Goldbekleidung versehen, wird künstlich abgekühlt. Man beobachtet mit empfindlichen Thermometern, bei welcher Temperatur Taubildung eintritt. Das

Sättigungsdefizit findet man durch Subtraktion der so gefundenen absoluten Feuchtigkeit von der maximalen, die relative Feuchtigkeit durch Division.

3. Haarhygrometer.
4. Atmometer.
5. Psychrometer.
   a) Schleuderpsychrometer.
   b) Augustsches Psychrometer.
   c) Assmanns Aspirationspsychrometer.

Wie bestimmt man die absolute Feuchtigkeit (F_0)?

Man schwingt zunächst das trockene Thermometer an einer 1 m langen Schnur einmal in der Sekunde, schwingt so lange, bis keine Änderung der Temperatur eintritt. (Alle $^1/_2$ Minuten kontrollieren.) Gleiche Bestimmung mit dem Thermometer, dessen Kugel mit befeuchtetem Musselin umhüllt ist. Die Temperatur des trokkenen Thermometers sei t, die des befeuchteten t_1. Man berechnet daraus die Differenz $t - t_1$ und findet dann die absolute Feuchtigkeit F_0 nach der Gleichung $F_0 - F_1 - K \cdot B\,(t - t_1)$, wobei F_1 die maximale Feuchtigkeit bei der Temperatur t_1 bedeutet; zu entnehmen aus der Spannungstafel. K = Konstante = 0,0007; B = Barometerstand.

Beispiel: $t = 20{,}5°$; $t_1 = 15{,}4°$; $t - t_1 = 5{,}1°$.

In der Spannungstafel findet man für 20,5° die maximale Feuchtigkeit $F = 17{,}94$, für 15,4° $F_1 = 13{,}03$. Aus der Tabelle für den Faktor $K \cdot B(t - t_1)$ entnimmt man für die Differenz $t - t_1 = 5{,}1$ den Wert 2,69. Es ergibt sich nach der Formel

$$F_0 = F_1 - KB \cdot (t - t_1) = 13{,}03 - 2{,}69 = 10{,}34 \text{ mm.}$$

b) mit dem Augustschen Psychrometer?

Es besteht aus zwei Thermometern; die Kugel des einen ist trocken, die des anderen mit feuchter Gaze umwickelt, die in Wasser taucht.

Je mehr Wasser verdunstet desto größer die Abkühlung und desto niedriger der Thermometerstand. Die Temperaturdifferenz der Thermometer ist der Feuchtigkeit umgekehrt proportional. Die Konstante = 0,65. Berechnung nach der Formel:

max. Feuchtigkeit = abs. + $(t_1 - t_2) \cdot 0{,}65$,
abs. = max. Feuchtigkeit − $(t_1 - t_2)\,0{,}65$.
Die max. Feuchtigkeit wird nach einer Tabelle bestimmt.

Wovon hängt die Menge der absoluten Feuchtigkeit ab?

Von der Temperatur und von der raschen Wasserverdunstung.

Wie verläuft die Tagesschwankung der absoluten Feuchtigkeit?

Kurz vor Sonnenaufgang liegt das Minimum; bis etwa 9 Uhr morgens steigt die absolute Feuchtigkeit infolge der zunehmenden Wasserverdunstung; bis 16 Uhr erfolgt eine Abnahme und dann bis 21 Uhr abends wieder eine Steigerung derselben.

Wie verläuft die Jahresschwankung der absoluten Feuchtigkeit?

Im Januar haben wir die geringste, im Juli die höchste absolute Feuchtigkeit.

Wie bestimmt man die relative Feuchtigkeit (*Fr*) mit Koppes Haarhygrometer?

Man entfernt die hintere Blechwand des Apparates, feuchtet den Musselinstreifen mit Wasser an, stellt den Zeiger, wenn er sich nicht selbst richtig einstellt, auf 100. Dann entfernt man Deckel und Glasscheibe. Wenn der Zeiger zur Ruhe gekommen ist, relative Feuchtigkeit in Prozenten ablesen und den Wärmegrad aufschreiben.

Die Bestimmung der relativen Feuchtigkeit auf der Haut oder zwischen den Kleidungsstücken geschieht mit dem Kleider- (Haar-) Hygrometer von Wurster. Wie groß ist die Wärme und die relative Feuchtigkeit auf der bekleideten Haut bei richtig gewählter Kleidung?

31° C und 30—40% relat. Feuchtigkeit; bei zu dicker, undurchlässiger Kleidung dagegen 35° C und 65%; hier starke Belästigung.

Wie verläuft die Tagesschwankung der relativen Feuchtigkeit?

Das Maximum derselben liegt zur Zeit des Sonnenaufganges, das Minimum etwa um 15 Uhr.

Wie verhält sich die Jahresschwankung der relativen Feuchtigkeit?

Sie zeigt nur geringe Schwankungen:
im Winter 75—85%,
„ Sommer 65—75%.

Wie verhält sich das Sättigungsdefizit?

Es zeigt große Schwankungen.
Im Juni und Juli ist es um 500—700% größer als im Dezember und Januar.

Welche Faktoren haben einen Einfluß auf die Wasserdampfabgabe des Organismus?

1. Die relative Feuchtigkeit.
2. Die Temperatur; bei höherer Temperatur steigt die Wasserabscheidung durch die Haut.
3. Der Wind; er setzt die Wasserdampfabgabe der Haut bei 20—35° C herab (Erwärmung durch Leitung).
4. Die Muskelarbeit steigert die Wasserdampfabgabe.
5. Die Ernährung; sie beeinflußt die Wasserdampfabgabe hauptsächlich bei höherer Temperatur.
6. Das Sättigungsdefizit.

7. Der Luftdruck spielt eine untergeordnete Rolle.

Wie reagiert der Körper auf zu starke Wasserabgabe?

Mit Durstgefühl.

Werden hohe Sättigungsprozente der Luft gut vertragen?

Nein. Sie rufen Beklemmung und Beängstigung hervor.

Lufttemperatur.

Wie mißt man die Temperatur der Atmosphäre?

Mit empfindlichen Quecksilberthermometern Metallthermometern (Thermograph, bei dem die Temperaturschwankungen mittels Schreibhebels auf einer rotierenden Trommel registriert werden); für große Kältegrade verwendet man Weingeistthermometer.

Maximal- und Minimalthermometer (Six und Casella) kommen für meteorologische Beobachtungen in Betracht.

Die strahlende Wärme mißt man mit Schwarzkugelthermometern im Vakuum nebst zugehörigem Vergleichsthermometer (Insolationsthermometer).

Wie ist ein Thermometer anzubringen?

An der Nordwand des Hauses, 4 m über dem Boden, geschützt gegen Strahlung vom Boden und von erwärmten Hauswänden, gegen Regen usw.

Was ist ein Schleuderthermometer und wozu dient es?

Ein an einer 1 m langen Schnur befestigtes gewöhnliches Thermometer, das im Kreise geschwungen wird. Es dient zur Bestimmung der wirklichen Lufttemperatur.

Was ist das Assmannsche Aspirationsthermometer?

Ein Thermometer in einem dünnwandigen Metallgehäuse mit einem Federkraft-Laufwerk. Ein konstanter Luftstrom von 2,3 m je Sekunde Geschwindigkeit wird durch ein Exhaustorscheibenpaar an dem Thermometer vorbeigeführt.

Was verstehen Sie unter dem Tagesmittel der Temperatur?

Die Temperatur-Stundenbeobachtungen eines Tages werden addiert, durch 24 dividiert. Auf diese Weise erhält man das Tagesmittel der Temperatur.

Was versteht man unter dem Monats- und Jahresmittel der Temperatur?

Die Tagesmittel addiert und durch die Zahl der Tage des Monats bzw. Jahres dividiert ergeben das Monatsmittel bzw. Jahresmittel.

Der klimatischen Charakteristik legt man die mittlere Monats- und Jahrestemperatur zugrunde. Wie stellt man sie dar?

Als Monats- und Jahresisothermen, Linien, die Orte gleicher mittlerer Monats- bzw. Jahreswärme miteinander verbinden.

Wie nimmt die Lufttemperatur in der Höhe ab?

Für je 100 m Steigung nimmt die Temperatur um 0,57° C im Mittel ab.

Um über die Temperaturverhältnisse der bewohnten Erdoberfläche Aufschluß zu erhalten, ist die Kenntnis der an vielen Orten gesammelten meteorologischen Daten notwendig. Welche Temperaturen kommen in Betracht?

Die mittlere Monats- und Jahrestemperatur, die absoluten und mittleren Extreme, die mittlere Tagesschwankung, die mittlere Jahresschwankung und die interdiurne Veränderlichkeit.

Was versteht man unter absoluten und mittleren Extremen?

Die höchste bzw. niedrigste Temperatur, die überhaupt während der genannten Beobachtungsjahre zu verzeichnen war.

Durch Addition der höchsten bzw. niedrigsten Temperaturen der einzelnen Beobachtungsjahre und Division durch die Zahl der Jahre findet man die mittlere Extreme.

Was versteht man unter mittlerer Tagesschwankung?

Die mittlere Differenz zwischen der Maximal- und Minimaltemperatur eines Tages.

Ist die Tagesschwankung über dem Meere sehr groß?

Nein; sie ist aber inmitten der großen Kontinente selbst in polaren Regionen sehr bedeutend (stärkste Kontraste in der Sahara, Tibet).

Wie mißt man die mittlere Jahresschwankung?

Durch die Differenz zwischen den mittleren Temperaturen des heißesten und des kältesten Monats.

Was bezeichnet man als interdiurne Veränderlichkeit?

Den unperiodischen Temperaturwechsel von einem Tage zum anderen.

Die Temperaturschwankungen beeinflussen die Wärmeregulierung unseres Körpers. Bei welchen anderen Vorgängen gibt der Körper auch Wärme ab?

Die normalerweise vom Körper täglich erzeugten 3000 Wärmeeinheiten werden wie folgt abgegeben:

1. Durch Speisen (40—50 WE).
2. Durch Erwärmung der Atemluft und Wasserverdunstung an der Lungenoberfläche (200—400 WE).
3. Durch Wärmeabgabe von der Haut (2000 WE und mehr), und zwar
   durch Leitung,
   „ Strahlung,
   „ Wasserverdunstung.

Wie viele Wärmeeinheiten werden bei der Verdunstung von 1 g Wasser latent?

0,51 WE.

Wie groß ist der Wärmeverlust bei größerer Körperanstrengung für den Menschen?

Er verliert bei stärkerer Körperanstrengung 2000—2600 g Wasser durch Verdunstung von der Haut = 1000—1500 WE.

Was versteht man unter chemischer Wärmeregulation?

Die Hautnerven regen je nach dem Grade der Abkühlung reflektorisch den Verbrennungsprozeß in den Muskeln mehr oder weniger an.

Die Wärmeproduktion des Körpers kann noch von anderen Faktoren beeinflußt werden. Wodurch zum Beispiel?

Durch Muskelbewegungen und auch durch die Quantität und Qualität der Nahrung.

Wovon ist die Wärmeabgabe abhängig?

Vom Atemvolumen, von der Vergrößerung oder Verringerung der Körperoberfläche, von der Blutfülle, Blutzirkulation und von der Schweißsekretion (physikalische Wärmeregulation).

Durch zu hohe Temperaturen wird die Entwärmung des Körpers behindert, so daß es zu Wärmestauung kommt. Welche akute Krankheitserscheinung kommt durch Wärmestauung zustande?

Der Hitzschlag.

Nennen Sie mir die Symptome des Hitzschlages.

Gesicht gerötet, Augen glänzend, Kopfschmerz, Beklemmung, Trockenheit im Halse, trockene Haut, Flimmern vor den Augen, Ohrensausen, Ohnmacht, Zittern der Glieder, Bewußtlosigkeit.

Wann sind die Bedingungen für den Hitzschlag günstig?

Bei ruhiger, mit Feuchtigkeit gesättigter Luft (Tropen im Anfang einer Regenperiode, in der gemäßigten Zone vor Ausbruch eines Gewitters); begünstigt wird das Auftreten des Hitzschlages beim Marsche in geschlossenen Kolonnen, bei angestrengten Muskelbewegungen (Tunnelarbeiter), durch reichliche Nahrung (erhöhte Wärmeproduktion), ungenügendes Getränk, durch Alkoholgenuß und eng anliegende, warme Kleidung.

Wie kann man demnach dem Hitzschlag vorbeugen?

Durch zweckmäßige Kleidung und Wohnung, mäßige Nahrung, Luftbewegung durch Fächer, kalte Übergießungen. Entwärmung durch Ventilation in Bergwerken und bei Tunnelbauten.

Wie nennt man die Krankheit, die als eine Folge der direkten Einwirkung von Sonnenstrahlen auf den ruhenden Organismus aufzufassen ist?

Sonnenstich.

Wie schützt man sich gegen die direkte Insolationswirkung?

Durch weiße, die Sonnenstrahlen reflektierende Kleidung und Kopfbedeckung.

Wodurch wird die sog. Tropenanämie hervorgerufen?

Durch Erschwerung der Wärme- und Wasserdampfabgabe durch warme und feuchte Luft. Folge: Erschlaffung und Schwächegefühl des Körpers.

Bei längerem Aufenthalt in tropischen Klimaten gesteigerte Empfindlichkeit gegenüber kleinsten Temperaturschwankungen. Disposition zu Erkältungskrankheiten.

Welche Schädigungen des Körpers kommen durch zu niedrige Temperaturen zustande?

1. Erfrierungen.
2. Erkältungskrankheiten.

Wann kommen Erfrierungen am leichtesten vor?

Bei stark bewegter kalter Luft und bei ungenügender Bekleidung (unterstützt durch Alkoholgenuß).

Welche Witterungsverhältnisse geben am leichtesten zu Erkältungskrankheiten Anlaß?

Heftige kühle Winde, in Wohnräumen Zugluft, plötzliche Temperaturschwankungen, Niederschläge (Bodennässe), Durchnässung von Schuhwerk und Kleidung.

Welche Klimate disponieren für Erkältungskrankheiten?

1. Feuchtes tropisches Klima;
2. Klima mit heftigen, kalten Winden und Niederschlägen mit Bodennässe;
3. Klima mit plötzlichen Temperaturschwankungen.

Niederschläge und Sonnenstrahlung.

Wie entstehen Niederschläge?

Durch Kondensation von atmosphärischem Wasserdampf, indem kältere Luftströmungen in wärmere einbrechen und umgekehrt (Nebelniederschlag von Wasser um die feinsten in der Luft schwebenden Staubpartikelchen herum). Vergrößern sich die Nebelbläschen durch Kondensation, so entstehen Wassertropfen, Regen oder bei 0° C Schnee bzw. Hagel.

Wo fallen die größten Regenmengen, d. h. in welcher Zone?

In der tropischen Zone.

Wovon ist die Menge des Regens abhängig?

Von der Sättigung des Luftstromes mit Wasserdampf und der Intensität der Abkühlung.

Die größten Regenmengen fallen innerhalb der tropischen Zone. An der Küste und im Gebirge fällt mehr Regen als im Binnenland und in der Ebene.

Wie werden die Niederschläge gemessen?

Durch ein Auffanggefäß von 500 cm² Fläche; 5 cm³ entsprechen 0,1 mm Regenhöhe.

Hygienische Bedeutung der Niederschläge.

1. Schädigend wirken sie infolge Durchfeuchtung des Schuhwerkes und der Kleidung. Erkältungskrankheiten.
2. Indirekt sind sie ein bedeutungsvoller Teilfaktor des Klimas.
3. Sie reinigen Luft und Boden, schwemmen Staub, Bakterien und Fäulnisstoffe fort.
4. Sie können organisches Leben und auch die Vermehrung und Erhaltung der Mikroorganismen befördern.
5. Der Feuchtigkeitsgehalt der Luft und der oberen Bodenschichten und der Stand des Grundwassers ist von den Niederschlägen abhängig.

Die Sonnenscheindauer wird mit Hilfe eines Sonnenscheinautographen von Campbell bestimmt. Kennen Sie die Konstruktion dieses Apparates?

Durch eine Glaskugel werden die Sonnenstrahlen auf einem dahinter befindlichen, mit Stundeneinteilung versehenen Papierstreifen konzentriert, so daß das Papier an dieser Stelle versengt oder verfärbt wird.

v. Esmarch verwendet bei seinem Apparat lichtempfindliches photographisches Papier.

Welche drei Strahlenarten finden sich im Sonnenlicht?

1. Die langwelligen, unsichtbaren oder Wärmestrahlen,
2. die mittellangen, sichtbaren Strahlen (Rot, Gelbgrün, Blau, sichtbar — Violett),
3. die kurzwelligen, chemisch wirksamen Strahlen (Violettstrahlen),
4. die noch kürzeren, elektrisch wirksamen Ultraviolettstrahlen.

Gehen wir einmal diese Strahlenarten genauer durch.

Die langwelligen oder Wärmestrahlen werden von dem menschlichen Organismus als wohltuend empfunden. Zu intensive Bestrahlung des Körpers kann Sonnenstich hervorrufen. Messung der Wärmestrahlen mit dem Pyrheliometer von Ångström und Michelsons Aktinometer.

Die sichtbaren Strahlen, die mit dem Weberschen Photometer gemessen werden, sind dem Körper im allgemeinen dienlich (erhöhte Kohlensäureausscheidung). Größere oder geringere Lichtfülle beeinflußt das psychische Wohlbefinden und die Stimmung.

Die kurzwelligen Strahlen üben einen erheblichen hygienischen Einfluß aus, der sich in einer Farbstoffbildung der Haut (Pigment) zeigt. Sie werden vollkommen absorbiert. Der Blutdruck sinkt, die Atmung wird tiefer und langsamer; die Abwehrkräfte gegen spezifische und allgemeine Schäden steigen.

Worauf ist die Heilwirkung der Höhenkurorte zurückzuführen?

Auf die ultravioletten Strahlen des Sonnenlichtes, weil hier die starke Absorption der Strahlung durch die Atmosphäre wegfällt.

Welche Wirkungen schreibt man den ultravioletten Strahlen zu?

1. Eine günstige Wirkung durch gesteigerte Oxydation, erhöhte Muskelleistungen, Herabsetzung des Blutdrucks, Vertiefung und Verlangsamung der Atmung, Lähmung der Vasomotoren der Haut. Tuberkulöse Erkrankungen der Knochen und Gelenke werden günstig beeinflußt. Auch mit künstlicher Höhensonne (Quarzlampe) sind ähnliche Erfolge auch bei Rachitis erzielt worden.
2. Eine schädigende Wirkung durch Hyperämie und Entzündung der Haut (Gletscherbrand), durch Auftreten roter und brauner Flecken auf der Haut (Xeroderma pigmentosum). Zur Vermeidung von Augenschädigungen sind Rauchglasbrillen zu tragen.

Welche Wirkung üben die ultravioletten Strahlen auf Bakterien aus?

Sie töten sie ab. (Durch Sonnenlicht gehen sie in 3 Stunden, durch diffuses Tageslicht erst binnen 3—4 Tagen zugrunde.)

Klima.

Was versteht man unter Witterung, was unter Klima?

Witterung ist der jeweilige Zustand der Atmosphäre eines Ortes mit den sich darin in einer engbegrenzten Zeit abspielenden Vorgängen.

Klima ist das durchschnittliche Ergebnis sämtlicher im Laufe der Jahre beobachteten Witterungsverhältnisse.

Nennen Sie mir die klimatischen Charakteristika der tropischen und subtropischen Zone.

Es fehlt der „Wechsel der Witterung" fast völlig. Es wechselt die Zeit der Passate (Winde mit trockenem Wetter) mit der Regenzeit (Sommerregen) ab. Die Luftfeuchtigkeit ist besonderen Schwankungen unterworfen. Eine weitere Eigentümlichkeit dieses Klimas bildet die intensive Sonnenbestrahlung. Durch die günstigen Bedingungen für organisches Leben kommt es einerseits zu doppelten Ernten, andererseits zu starken Zersetzungen, Fäulnis- und Gärungsvorgängen.

Die Mortalität ist in den Tropen eine sehr hohe. Durch welche Krankheiten ist sie bedingt?

Sonnenstich, Hitzschlag, Tropenanämie, Malaria, Ruhr, Darmkatarrh, Cholera asiatica, Cholera infantum, Phthise, Bronchitis, Pneumonie. Ferner Trypanosomenkrankheiten, Rückfallfieber, Gelbfieber, Filarienerkrankungen.

Nennen Sie mir die klimatischen Charakteristika der arktischen Zone.

Hier ist der Wechsel von Winter und Sommer ein ausgesprochener. Im Winter fehlt die Sonnenstrahlung ganz. Niederschläge sind selten. Der Winter bringt eine furchtbare Monotonie. Unter den Menschen greift Schläfrigkeit, Depression und Reizbarkeit um sich.

Die höchste Wärme tritt im Juli-August ein. Im Sommer durchweg angenehme Witterungsverhältnisse.

Welche Krankheiten kommen in der arktischen Zone vor?

Krankheiten der Respirationsorgane sind häufig. Wegen der Erschwerung der Einschleppung infektiöser Krankheiten herrschen hier äußerst günstige Gesundheitsverhältnisse. Phthise fehlt vollkommen. Pneumonien sind relativ selten.

Nennen Sie mir die klimatischen Charakteristika der gemäßigten Zone.

Wechsel der Jahreszeiten, aperiodisches Schwanken der Witterung; starke Tages- und Jahresschwankungen der Temperatur im kontinentalen Klima; ausgeglicheneres Klima in den Küstenstrichen.

Welche Krankheiten kommen für die gemäßigte Zone besonders in Betracht?

Im Binnenlande: Diarrhoea infantum, Cholera. Phthise, Pneumonie, Bronchitis

Im Küstenklima treten diese Krankheiten infolge günstiger klimatischer Verhältnisse bedeutend zurück.

Welches sind die klimatischen Eigentümlichkeiten des Höhenklimas?

Die Sonnenstrahlen wirken intensiver, die Lufttemperatur ist geringer. (Durchschnittliche Abnahme der Lufttemperatur für 100 m Erhebung im Mittel 0,57° C.) Die Tages- und Jahresschwankungen sind geringer. Je höher ein Ort, desto geringer ist die absolute Feuchtigkeit. Gebirgige Gegenden haben relativ häufige Niederschläge, da sich die warmen Luftschichten an den Gebirgen plötzlich abkühlen. Die Luftbewegung ist lebhafter als in der Ebene. Höher gelegene Orte, namentlich waldbedeckte Striche zeichnen sich durch Reinheit, Staubfreiheit der Luft aus. Höhenluft wirkt anregend auf Herz- und Lungentätigkeit, sie erhöht den Stoffwechsel.

Wie beeinflußt das Höhenklima die Cholera infantum, Cholera asiatica, Malaria und Phthise?

Die niederen Sommertemperaturen verursachen im allgemeinen eine Abnahme der Cholera infantum. Eine Immunität gegen Cholera asiatica bringt die Höhenlage nicht, aber die Erschwerung des Verkehrs verringert die Einschleppungs- und Verbreitungsgefahr. Im allgemeinen läßt sich eine Abnahme der Malaria mit zunehmender Höhe feststellen (in den Alpen bis zu 500 m), wohl durch die für die Anopheles ungünstigeren Lebensbedingungen, wie das Fehlen von sumpfigen und muldenförmigen Tälern, herbeigeführt. Die Mortalität an Phthise nimmt ab.

Was versteht man unter Akklimatisation?

Die Gewöhnung des Einzelindividuums oder einer ganzen Rasse an ein ungewohntes Klima.

In welchen Zonen ist für den Europäer die Akklimatisation leicht?

In der arktischen und subtropischen Zone; ungleich schwerer ist sie in den tropischen Gebieten, speziell in Küstengebieten.

Woran scheitert die Akklimatisation in jenen Gegenden?

An infektiösen Krankheiten (Malaria, Dysenterie, Schlafkrankheit, Gelbfieber, Beriberi), denen die Kolonisten ausgesetzt sind; ferner an abnehmender Fruchtbarkeit der Ehen, an Auftreten physischer und psychischer Degeneration der arischen Einwanderer.

Bei der Akklimatisation kommt angeborene und erworbene Rassendisposition in Betracht. Was ist für den Europäer bezüglich seiner Ansiedlungsfähigkeit in den Tropen von Wichtigkeit?

Ob seine Vorfahren sich schon mit Einwanderern aus der tropischen Zone gekreuzt haben (Malteser, Spanier, Portugiesen liefern resistente Kolonisten).

Wovon hängt die angeborene individuelle Disposition zur Akklimatisation ab?

Von der Körperbeschaffenheit des Einzelindividuums.

Was ist für den Ansiedler in den Tropen von ganz besonderer Bedeutung?

Die genaue Einhaltung hygienischer Lebensbedingungen betreffs Wohnung, Kleidung und Beschäftigung.

Luft.

Chemisches Verhalten.

Wieviel Luft etwa atmet der Mensch täglich ein?

11,52 m^3 = 14,9 Kilo.

Wie verteilen sich die einzelnen in der Luft enthaltenen Gase prozentual?

Man findet im Mittel 20,7% Sauerstoff, 78,3% Stickstoff, 1% Argon, Spuren von Crypton, Neon, Metargon und Helium. 1% Wasserdampf, 0,03% Kohlensäure, Spuren von Ozon, H_2O_2, NH_3, HNO_3, HNO_2, zuweilen Kohlenoxyd, Kohlenwasserstoff, schweflige Säure usw.

Ist der Sauerstoffgehalt der Luft konstant?

Ja. Die Schwankungen betragen vielleicht 0,5%. Innerhalb bewohnter Wohnräume sind die Abweichungen des Sauerstoffgehaltes von der Norm nur gering.

Bei welchem Sauerstoffgehalt der Luft treten Atembeschwerden ein?

Wenn der Sauerstoffgehalt der Luft unter 11% sinkt (siehe Bergkrankheit S. 2).

Wann kann der Tod erfolgen?

Bei einem Sauerstoffgehalt der Luft unter 7%.

Ozon (O_3) und Wasserstoffsuperoxyd (H_2O_2) besitzen stark oxydierende Eigenschaften. Wann entsteht Ozon und welche hygienische Bedeutung steht ihm zu?

Ozon entsteht durch elektrische Entladungen (Gewitter) oder künstlich durch Hindurchleiten von elektrischen Entladungen durch Luft oder Sauerstoff, bei Verdunstung von Wasser, bei langsamer Oxydation von Phosphor, Äther, Weingeist usw.; Ozon befreit die Luft von organischem Staub und übelriechenden Substanzen.

Tötet Ozon Bakterien ab, die in der Luft vorhanden sind?

Nein. Die in der atmosphärischen Luft vorhandene Menge Ozon (2 mg Ozon in 100 m^3) genügt nicht. Erst wenn der Gehalt von 2 g Ozon im Kubikmeter überstiegen wird, werden die Luftbakterien abgetötet.

Wann erfolgt eine künstliche Ozonisierung?

Wenn kurzwellige UV-Strahlen in die Luft gelangen, z. B. an Bogen- und Quarzlampen.

Wie wirkt künstlich gesteigerter Ozongehalt der Atmungsluft auf den Menschen ein?

Er erzeugt eine Reizung der Conjunctiva, Schläfrigkeit, Reizung der Respirationsschleimhaut und Glottiskrampf.

Wann ist die Luft besonders ozonreich?

Im Frühjahr, bei feuchter bewegter Luft, nach Gewittern, bei Schneefall.

Wie wird der Ozonnachweis erbracht?

Man führt einen Strom der zu untersuchenden Luft längere Zeit über einen mit Kaliumjodidstärkekleister getränkten Fließpapierstreifen. Durch Ozon wird Jod frei gemacht.

$$2\,KJ + H_2O + O_3 = 2\,KOH + O_2 + J_2$$

Stärke wird gebläut.

Das in der Atmosphäre enthaltene H_2O_2 entsteht in gleicher Weise wie das Ozon, und zwar in größeren Mengen. Kommt ihm eine hygienische Bedeutung zu?

Nein.

Woher stammt die Kohlensäure der Luft?

1. Von der Atmung der Menschen und Tiere (ein Mensch atmet stündlich 22 Liter CO_2 aus). Die Atmungsluft enthält 4% CO_2.

2. Von Fäulnis-, Verwesungs- und Gärungsprozessen.

3. Von der Verbrennung von Brennmaterial.

4. Von unterirdischen CO_2-Ansammlungen.

Wieviel Kohlensäure wird täglich von einem Erwachsenen bei mittlerer Kost und Arbeit durchschnittlich ausgeschieden?

1000 g oder 550 Liter Kohlensäure.

Wie wird die Kohlensäure aus der Luft fortgeschafft?

Durch grüne Pflanzen, die am Tage Kohlensäure zerlegen, durch Niederschläge, die im Mittel 2 cm^3 CO_2 in 1 Liter enthalten, und die kohlensauren Salze des Meerwassers. Eine gleichmäßige Verteilung der CO_2 der Luft findet durch Winde statt, so daß wir überall in der freien Atmosphäre Schwankungen zwischen 0,2 und 0,55‰, im Mittel 0,3‰ beobachten.

Wie hoch kann der Kohlensäuregehalt der Luft innerhalb der Wohnungen steigen?

Bis 1, 2 und 10 pro mille.

Wie wird der Kohlensäurenachweis der Luft geführt?

a) Nach Pettenkofer (genaue Bestimmung). $Ba(OH)_2 + CO_2 = BaCO_3 + H_2O$. Barytwasser gibt mit CO_2 unlösliches $BaCO_3$. Je größer der CO_2-Gehalt der Luft, um so mehr $BaCO_3$ wird gebildet, um so mehr verringert sich der Gehalt des $Ba(OH)_2$ an dem alkalisch reagierenden Ätzbaryt. Durch Titrieren mit Oxalsäure wird auch dieses in Bariumoxalat (unlöslich) übergeführt. $Ba(OH)_2 + C_2H_2O_4 = BaC_2O_4 + 2\,H_2O$. Zum Versuch füllt man einen geeichten Fünfliterkolben mit Blasebalg 50mal (= etwa fünfmaliger Luftwechsel). Vermeiden der Exspirationsluft. Kolben dann rasch mit Gummikappe schließen. Eiligst 100 cm^3 Barytwasser aus der Pipette (ohne zu blasen!) in den Kolben einlaufen lassen. Gut den Kolben verschließen. Luftdruck und Temperatur ablesen. Dann 15 Minuten schütteln und hin und her rollen (vermeiden, daß die Flüssigkeit mit der Gummikappe in Berührung kommt). Jetzt wird das getrübte Barytwasser durch einen Trichter in eine Glasstöpselflasche gegossen. Den Niederschlag läßt man drei Stunden sich absetzen. — In der Zwischenzeit stellt man sich das Barytwasser ein. 25 cm^3 Barytwasser werden mit Pipette in ein Becherglas gefüllt und zwei Tropfen Phenolphthalein hinzugefügt. Titrieren mit Oxalsäurelösung (1,405 g im Liter), bis das Rot verschwindet. Öfters wiederholen.

Aus der Stöpselflasche werden nun 25 cm³ Barythydrat (klar) abgefüllt, drei Tropfen Phenolphthalein zugesetzt und mit Oxalsäurelösung titriert. Aus der Menge des durch die Kohlensäure beschlagnahmten Baryts wird unter Berücksichtigung des angewendeten Luftvolumens der Kohlensäuregehalt der Luft berechnet.

126 Gewichtsteile kristallwasserhaltige Oxalsäure entsprechen 44 Gewichtsteilen Kohlensäure; 2 mg Kohlensäure sind gleich rund 1 cm³ Kohlensäure bei 0° und 760 mm Druck.

b) Nach Lunge-Zeckendorf (approximativ). In ein Pulvergläschen von 80 cm³ Inhalt bringt man 10 cm³ einer mit Phenolphthalein versetzten Sodalösung ($^1/_{10}$ Normalsodalösung 2 cm³ + 100 cm³ Aqu. dest.). Das Pulverglas hat doppelt durchbohrten Stopfen. Durch die eine Öffnung geht ein Glasrohr bis zum Boden des Gefäßes, durch die andere Öffnung führt ein knieförmig gebogenes Glasrohr, an dem ein Gummiballon angebracht ist, der ein Ventil enthält, das die Luft nur heraustreten, nicht aber eintreten läßt. Durch Zusammendrücken des Ballons wird die Luft durch das Ventil nach außen geführt; jetzt saugt der Ballon die Außenluft durch das lange Glasrohr durch die Flüssigkeit in das Fläschchen. Dieses Verfahren ist so lange zu wiederholen, bis Entfärbung eingetreten. Aus der Anzahl der nötigen Füllungen läßt sich der CO_2-Gehalt der Luft annähernd bestimmen.

Bei einem CO_2-Gehalt von 0,3 pro mille braucht man 48 Füllungen,

bei einem CO_2-Gehalt von 0,6 pro mille braucht man 21 Füllungen,

bei einem CO_2-Gehalt von 0,9 pro mille braucht man 10 Füllungen,

bei einem CO_2-Gehalt von 1,2 pro mille braucht man 8 Füllungen,

bei einem CO_2-Gehalt von 1,5 pro mille braucht man 6 Füllungen.

c) Der Wolpertsche Kohlensäuremesser (Karbazidometer) gibt annähernde Bestimmungen. In einem kalibrierten Glaszylinder wird eine konstante kleine (2 cm³), mit Phenolphthalein rot gefärbte Menge von Sodalösung ($^1/_{50}$%) mit steigenden Mengen der zu untersuchenden Luft geschüttelt, bis alle Soda in saures kohlensaures Natron übergeführt ist, was am Verschwinden der Rotfärbung erkennbar ist. 2 cm³ der Sodalösung binden 0,03131 cm³ CO_2 bei 0° und 760 mm.

$$Na_2CO_3 + H_2O + CO_2 = 2\,NaHCO_3.$$

Je kohlensäureärmer die Luft, desto mehr muß bis zur Entfärbung gebraucht werden. Berechnung:

Entweder die dem Kolbenstand entsprechenden ‰ CO_2 ablesen oder aus der abgelesenen Zahl der eingelassenen cm³ Luft den Kohlensäuregehalt berechnen

$$= \frac{0{,}03131}{\text{eingelassene cm}^3\ \text{Luft}}.$$

Wie verhält sich der menschliche Organismus gegenüber dem Kohlensäuregehalt der Luft?

Ein unmittelbar schädlicher Einfluß kann nicht angenommen werden. Die CO_2 wirkt erst in größeren Mengen giftig. Ein CO_2-Gehalt von 1% wird längere Zeit ohne Schaden vertragen. Steigt der CO_2-Gehalt der Luft auf 1—2%, so muß der O-Gehalt entsprechend sinken, ehe Belästigung auftritt.

Der Tod erfolgt bei einem Gehalt von 14%, bei reichlichem Vorhandensein von Sauerstoff sogar erst bei 40%.

Trotzdem ist festgestellt worden, daß freie Luft von mehr als 0,4 pro mille CO_2, wie sie in Industriebezirken, Städten und bei Moorrauch vorkommt, auf die Dauer als belästigend empfunden wird. Wohnungsluft von mehr als 1 pro mille CO_2 beeinträchtigt das Wohlbefinden. Hier treten aber noch andere Momente, wie z. B. übelriechende Gase usw., hinzu.

Wie gelangt Kohlenoxydgas in die freie Atmosphäre?

Mit den Gichtgasen der Hochöfen, mit dem Schornsteinrauch, Leuchtgas und den Heizgasen.

Wie weist man Kohlenoxydgas nach?

Spektroskopisch. Durch Untersuchung von verdünntem Blut (1 : 300), das mit 5—10 Liter der zu untersuchenden Luft gemengt ist, oder mit Palladiumchlorürpapier, das sich bei Kohlenoxydgasanwesenheit schwärzt.

Kennen Sie noch andere Proben für die Kohlenoxydbestimmung?

1. Die Tanninprobe nach Kunkel und Welzel.

2. Die Ferrocyankalium-Essigsäure-Probe.

Für beide Proben gebraucht man eine 10-Liter-Flasche, die mittels Blasebalg mit Luft gefüllt und dann verschlossen wird. Man bringt 50 cm³ 20% Blutlösung (Blut 1 + Wasser 4) hinein, schüttelt 20 Minuten. Für die Ausführung der Proben füllt man mit Trichter den Flascheninhalt in Kölbchen ab.

Tanninprobe: 5 cm^3 Blutlösung + 15 cm^3 1% Tanninlösung, umschütteln. Ebenso wird mit einer Kontrollösung (nicht im Schüttelversuch gewesene, verdünnte Blutlösung) verfahren. Es bildet sich ein Niederschlag, der schon bei 0,023‰ CO Anwesenheit nach 1—2 Stunden bräunlichrot, bei normalem Blut (Vergleichsprobe) graubraun wird. (Dauerprobe.)

Ferrocyankalium — Essigsäureprobe. Zu 10 cm^3 Blutlösung 5 cm^3 Ferrocyankalium (20%) zusetzen + 1 cm^3 Essigsäure (1 Vol. Eisessig + 2 Vol. Wasser). Der bei CO-Blut auftretende Niederschlag wird bald rotbraun, der des normalen Blutes (Vergleichsprobe) graubraun.

Rufen Kohlenwasserstoffe, die durch undichte Heizkörper, Tabakrauch usw. in die Wohnräume gelangen, schwere Gesundheitsstörungen hervor?

Nein.

Nennen Sie mir Metalldämpfe, die sich der Luft beimengen können.

Dämpfe von Quecksilber, Zink, Cadmium, Arsen, Phosphor.

Auch ätzende und giftige Gase finden sich unter Umständen in der Luft. Welche sind es?

Chlor, Phosgen, Tränengase (Weißkreuz), blasenbildende Kampfstoffe (Gelbkreuz), Säuredämpfe, wie Salzsäure, Flußsäure, Schwefeldioxyd, Salpeter- und salpetrige Säure, die nitrosen Gase, weiter Schwefelwasserstoff, Ammoniak, Kohlenoxyd, endlich feuergefährliche C-Verbindungen, wie Methan, Acetylen, Schwefelkohlenstoff, Trichloräthylen, Benzin, Benzol und seine Homologen und Nitro- und Amidoverbindungen der aromatischen Reihe, wie Nitrobenzol, Anilin, Teer.

Wo in der freien Luft finden sich

1. Spuren von Chlor?

1. In der Nähe von Chlorkalkfabriken, Chlorbleichen usw.

2. Spuren von Salzsäure?

2. In der Nähe von Steinguttöpfereien, Sodafabriken usw.

3. Schweflige Säure?

3. In Industriestädten; Alaunfabriken, Ultramarinfabriken usw.

4. Salpetrige Säure?

4. Bei elektrischen Entladungen; sie findet sich in kleinsten Mengen fast stets in der Luft und entsteht in Form von Ammoniumnitrit aus dem Stickstoff, Sauerstoff und Wasserdampf.

5. Schwefelwasserstoff, Schwefelammonium, Ammoniumcarbonat, flüchtige Fettsäuren, übelriechende Gase?

5. In der Nähe von Aborten, Abortgruben, Abdeckereien, Morästen usw.

Was enthalten die Auspuffdämpfe der Automobile?

CO aus nicht vollständig verbranntem Benzin und Acrolein (aus Schmieröl). Im Tierversuch giftig.

Wie bestimmt man in der Luft die schweflige Säure?

Durch ein Peligot-Rohr saugt man mittels Aspirator ein bestimmtes Volumen Luft; vorgelegt sind 20 cm^3 $\frac{n}{50}$ Jodlösung; dann geht die Luft durch eine weitere Vorlage, die 5 cm^3 $\frac{n}{50}$ Natriumthiosulfatlösung enthält. Zusammengießen beider Lösungen; Nachspülen mit Aqu. dest. Als Indicator dient Stärkelösung. Titrieren mit $\frac{n}{50}$ Natriumthiosulfatlösung bis zur Entfärbung.

$$SO_2 + 2\,H_2O + 2\,J = 2\,HJ + H_2SO_4.$$

Werden durch verunreinigte schlechte Luft Beeinträchtigungen der Gesundheit hervorgerufen?

Ja. Bei Ansammlung von Menschen treten infolge zu geringer Zuführung von frischer Luft Schwindel, Ohnmachten und Beklemmungen ein. Diese Erscheinungen beruhen auf Wärmestauung und lassen sich durch Entwärmung beheben. Durch übelriechende Gase wird Ekel und Widerwillen hervorgerufen.

Luftstaub.

Welche Elemente setzen den Luftstaub zusammen?

Gröbere Staubpartikel, Ruß, Sonnenstäubchen, Mikroorganismen.

Wie geschieht die Untersuchung?

a) auf gröberen Staub?

Offene Schalen, deren Boden mit Glycerin angefeuchtet ist, werden gewisse Zeit stehen gelassen. Wiegen des angesammelten Staubes.

b) auf die Aitkenschen Staubkörperchen?

Man saugt in eine Zählkammer, deren Boden aus einer mit Quadrateinteilung versehenen Glasplatte besteht, eine bestimmte Luftmenge. Betrachtung mittels Lupe von oben. Die Luft in der Kammer wird feucht erhalten. Die Kammerluft wird durch eine kleine Luftpumpe verdünnt, und so bildet sich um jedes Staubteilchen ein Wassertröpfchen, das sich auf der Zählplatte niederschlägt.

c) auf Ruß?

Ansaugen der gemessenen Luftmengen durch ausgespannte Papierfilter und Beobachtung des Grades der Verfärbung. Eventuelle Bestimmung durch Wägung.

Wann findet man die größten, wann die kleinsten Mengen von grob sichtbarem Staub in der Luft?

Im Sommer, bei austrocknenden heftigen Winden werden die größten Mengen gefunden, die geringsten nach Regen und bei feuchtem Boden. In der Luft der Städte ist der Staub zu 0,2 mg in 1 m^3 Luft nachgewiesen.

Die Hauptquelle des Staubes bildet die Bodenoberfläche. Der Staub besteht demnach woraus?

Zu $^2/_3$—$^3/_4$ aus anorganischer Substanz, aus Gesteinssplittern, Sand- und Lehmteilchen, organischem Detritus, Pferdedünger, Haaren, Pflanzenteilchen, Fasern von Kleidungsstücken, Pollenkörnern und Sporen von Kryptogamen (Schwefelregen: Blütenstaub von Nadelhölzern), Mikroorganismen.

Woraus besteht Rauch?

Aus unverbrannten Kohleteilchen und Verbrennungsgasen (CO_2, CO, SO_2, H_2, SO_4 usw.).

Woraus besteht Ruß?

Aus Kohlenstoff ($^2/_5$), Kohlenwasserstoff ($^1/_5$) und anorganischen Verbindungen ($^2/_5$).

Was sind Sonnenstäubchen?

Partikelchen von organischem Detritus, feinste Woll- und Baumwollfasern und Mikroorganismen. Die Sonnenstäubchen sind sichtbar, wenn in ein sonst dunkles Zimmer ein Lichtstrahl einfällt (Tyndall).

Kann durch die Einatmung von Staub eine Gesundheitsschädigung hervorgerufen werden?

Die Einatmung von nicht zu großen Mengen von Staub wird nicht als Belästigung empfunden. Es kann durch wiederholte Einatmung von Staub in großen Mengen eine mechanisch und chemisch reizende Wirkung auf die Respirationsschleimhaut zustande kommen. Durch gewerblichen Staub (Blei, Arsen, Phosphor) entstehen Vergiftungskrankheiten oder die Staubinhalationskrankheiten: Anthracosis, Asbestosis, Siderosis, Silicosis usw. Andere der Luft beigemengte gewerbliche Gifte, wie Mangan, Chrom, Thallium, Kobalt, Radium, verursachen auch allerlei Krankheiten.

Haften den Staubteilchen lebende Krankheitserreger an (Staub aus Wohnungen, in denen kontagiöse Kranke sich aufhalten), so kann die Staubeinatmung zu Infektionen führen. Die meisten Bakterien sind aber Saprophyten und gehen in der Lunge rasch zugrunde.

Wie kommen die Mikroorganismen in die Luft?

Von der Bodenoberfläche, von den Kleidern, der Haut, von der Schleimhaut der Menschen (beim Husten, Niesen, Sprechen).

Gehen von feuchten Flächen oder von Flüssigkeiten mit der einfachen Wasserverdunstung Bakterien in die Luft über?

Nein.

Nur beim Verspritzen der Flüssigkeit können Wassertröpfchen und mit diesen auch Mikroorganismen durch die Luft fortgeführt werden.

Krustenartig eingetrocknete Bakterienansiedlungen kommen für den Übertritt in die Luft kaum in Betracht. Welche Einflüsse sind für die Verstäubung derselben notwendig?

Temperaturdifferenzen, durch mechanische Gewalt hervorgerufene Kontinuitätstrennungen und stärkere Luftströme.

Was ist schwerer, Bakterien oder Schimmelpilzsporen?

Bakterien. Sie setzen sich demgemäß nach Staubaufwirbelung rascher zu Boden, weil stets an gröberen Teilchen anhaftend, während die Schimmelpilzsporen sich noch lange schwebend erhalten.

Wieviel Luftkeime findet man in 1 m³ Luft im Freien?

Im Mittel 500-1000 Keime, darunter 100-200 Bakterien, der Rest besteht aus Schimmelpilzen.

Wo trifft man in der Luft verhältnismäßig geringe Keimzahlen an?

In Einöden, auf unbewohnten Bergen, bei feuchtem Wetter, bei mäßigen Winden und auf dem Meere, auch im Winter.

Wann findet man die größten Mengen von Keimen in der Luft?

Bei hoher Temperatur, starkem Sättigungsdefizit und heftigen Winden.

Bietet die Luft im Freien oft Infektionsgelegenheit?

Nur ganz ausnahmsweise; die pathogenen Keime werden verdünnt und sterben durch Lichteinwirkung und Eintrocknung ab.

Welchen Bakterien begegnet man im Straßenstaub?

Eiterkokken, Tetanusbacillen, den Bacillen des malignen Ödems.

Um sich über die Art der in der Luft vorhandenen Luftmikroben Aufschluß zu verschaffen, ist das Kulturverfahren anzuwenden. Welche Verfahren kennen Sie?

1. Das Hessesche Verfahren. Durch eine mit Nährgelatine ausgekleidete Glasröhre von 70 cm Länge und 3,5 cm Weite wird eine bestimmte Menge Luft aspiriert. Die gewachsenen Kolonien werden gezählt und qualitativ untersucht.

2. Das Petrische Verfahren. In ein Glasrohr wird ein Drahtnetz eingeklemmt, darauf kommt eine 3 cm dicke Schicht grober Sand, dann wieder ein Drahtnetz. Die Luft wird durch das Filter gesogen. Nach Beendigung des Versuches wird Sand und Drahtnetz in Agar gebracht; die gewachsenen Kolonien werden gezählt und untersucht. Ein neueres Verfahren ist von Ficker angegeben. Statt Sand enthält das Filter gestoßenes und gesiebtes Glas oder künstlich hergestellte Quarzstückchen. Das Glasrohr mit dem Filter ist bauchig erweitert; um eine völlig sichere Absorption zu erzielen, ist das Rohr, das die Luft zuführt, in das Pulver dieser Erweiterung hineingeführt.

Wie schützt man sich gegen Staubbelästigungen und gegen Gase?

Im Freien durch Straßensprengen, Teeren, Rußverhütung, Naßschleifen usw. Staubige Werkstoffe müssen in geschlossenen Apparaten usw. bearbeitet werden. Auch müssen Staub und Dämpfe vom Arbeitsplatz abgesaugt werden. Lüftungsfilter reinigen die Luft für große öffentiche Gebäude, wenn die zur Lüftung verwendete Straßenluft nicht einwandfrei ist.

Der einzelne schützt sich gegen Gase durch Frischluftgeräte, Filtergeräte (Industrie- und Gasmasken), Sauerstoffgeräte, Gasschutzanzüge mit Sauerstoffgerät.

Boden.

Mechanische Struktur der Bodenschichten.

Neben der äußeren Gestaltung der Bodenoberfläche kommt auch der geognostische und petrographische Charakter der oberflächlichen Bodenschichten in Betracht. Welche vier geologischen Formationen unterscheidet man?

1. Die azoische. Keine Spur von organischem Leben. Granit, Gneis, Glimmerschiefer usw.

2. Die paläozoische. Reste von Algen, Gefäßkryptogamen, Protozoen usw. als Anfänge der organischen Welt.

Grauwacke, Tonschiefer, Steinkohle.

3. Die mesozoische. Amphibien, Reptilien, Vögel, Säugetiere.

Kreide, Jura, Keuper, Muschelkalk, Buntsandstein.

4. Die känozoische Formation, deren älteste das Tertiär. Darin Spuren von Palmen, Angiospermen, Säugetieren, Mensch, Kalkstein, Sand, Ton, Braunkohlenlager, Basalte. Auf das Tertiär folgt das Diluvium und das Alluvium.

Welches sind die Faktoren, die bei der hygienischen Beurteilung des Bodens Interesse bieten?

1. Die physikalische Beschaffenheit (Korngröße, Porenvolumen, Permeabilität, Wasserkapazität, Absorption, Temperatur).

2. Das chemische Verhalten.

3. Das Grundwasser und das Wasser der oberen Bodenschichten.

4. Die Mikroorganismen.

Der Boden setzt sich aus einzelnen Partikeln, „Körnern" zusammen (Ausnahme starrer Fels). Der Korngröße nach gelten welche Bezeichnungen?

Kies = Körner von mehr als 2 mm Durchmesser; Sand = Körner von 0,3—2 mm Durchmesser; Feinsand = Körner unter 0,3 mm Durchmesser. Teilchen unter 0,05 mm Durchmesser bezeichnet man als Staub.

Was ist Ton, Lehm und Humus?

Ton = allerfeinste Partikelchen, besteht größtenteils aus kieselsaurer Tonerde.

Lehm = Ton + Eisen + Sand (Quarz, Glimmer, Kalk).

Humus = Sand oder Lehm + organische Reste (hauptsächlich pflanzlicher Natur).

Wie bestimmt man die Korngröße?

Die Bodenprobe wird bei 100 °C getrocknet, zerrieben, gewogen und auf einen Siebsatz (5 oder 6 Siebe von verschiedener Maschenweite) gebracht. Die auf jedem Sieb zurückgehaltene Masse wird wieder gewogen und auf Prozente des Gesamtgewichtes der Probe berechnet.

Was kommt außer der Korngröße noch in Betracht?

Die Porosität und das Porenvolumen des Bodens.

Wovon hängt das Porenvolumen ab?

Von den Größenverhältnissen der einzelnen Bodenelemente.

Wieviel Prozent des ganzen Bodenvolums wird von den Poren eingenommen?

Bei gleich großen Bodenelementen beträgt das Porenvolumen etwa 38% (gleich ob Kies, Sand oder Lehm).

Wann wird das Porenvolumen kleiner?

Wenn verschiedene Korngrößen gemischt sind, und zwar so, daß die feineren Elemente in den Poren zwischen den größeren sitzen. Das Porenvolumen sinkt bei Kies mit grobem Sand oder Sand mit Lehm auf 5—10%.

Wie bestimmt man das Porenvolumen?

Durch Messung oder Wägung des aufgesogenen Wassers. Die zu untersuchende Bodenprobe wird in einem Zylinder. dessen Volumen und Gewicht bekannt ist, eingestampft und das Ganze gewogen. Nach dem Abzug des Gewichts des leeren Zylinders von dem Gesamtgewicht ergibt sich das absolute Gewicht des Sandes und dies durch sein spezifisches Gewicht = 2,6 dividiert, ergibt das Volumen des Bodens ohne Lufteinschlüsse. Es ist dann Zylindervolumen — Bodenvolumen = Porenvolumen, das in Prozenten des lufthaltigen hineingefüllten Bodens angegeben wird.

Beispiel: $1500 - 500 = 1000$;

$$1000 : 2{,}6 = 379;$$
$$500 - 379 = 121;$$
$$121 : 500 = x : 100;$$
$$12100 = 500\,x;\; x = \frac{12100}{500}.$$

Oder: in einen Blechzylinder von bekanntem Volumen stampft man getrockneten Boden ein. Füllt in einen Glasmeßzylinder 500 cm³ Wasser ein. Schüttet man den Inhalt des Blechzylinders in den Glaszylinder, rührt mit Glasstab um. Feststellen, um wieviel der Inhalt des Glasmeßzylinders zugenommen hat. Berechnung des Porenvolumens in Prozenten.

Schwankt die Porengröße?

Ja. Bei Ton und Lehm ist sie am geringsten.

Je feiner die Poren, um so mehr Widerstände bieten sie der Bewegung von Luft und Wasser. Wovon ist demnach die Durchlässigkeit (Permeabilität) eines Bodens für Wasser und Luft abhängig?

a) Von der Porengröße.

b) Vom Porenvolumen.

Worauf erstreckt sich die Attraktions- und Adsorptionswirkung des Bodens?

a) Auf Wasser. Läßt man durch einen trockenen Boden größere Wassermengen hindurchlaufen, so gewinnt man nach dem Aufhören des Zuflusses nur einen Teil des Wassers wieder. Der andere Teil wird im Boden durch Flächenattraktion zurückgehalten, der ein Maß für die wasserhaltende Kraft oder die sog. „kleinste Wasserkapazität" des Bodens darstellt.

b) Auf Wasserdampf, andere Dämpfe und Gase (Adsorption riechender Gase, z. B. Erdklosetts). Energische Wirkung zeigt nur der feinporige, trockene Boden.

c) Auf gelöste Substanzen (durch die Doppelsilikate des Bodens. Fixierung der Phosphorsäure, des Kalis und NH_3).

Wie bestimmt man die Wasserkapazität des Bodens?

Ein Zylinder von bekanntem Gewicht, dessen Boden mit einem Drahtnetz versehen ist, wird mit trockenem Boden gefüllt und gewogen, darauf langsam in ein Gefäß mit Wasser gesenkt, bis das Wasser von unten bis zur Oberfläche durchgedrungen ist. Jetzt hebt man den Zylinder heraus, läßt abtropfen und wägt wieder. Bei reinem Kiesboden sind nur 12—13% der Poren dauernd mit Wasser gefüllt. Beim Feinsand findet man etwa 84% feine Poren.

Welchen Bodenarten kommen starke Effekte der Adsorption zu?

Humus, Lehm und feinstem Sand.

Beispiel. Schnelle und gründliche Zurückhaltung der Farbstoffe, Retention der Gifte.

Wie prüft man die Capillarität des Bodens?

Durch Glasrohre (mit Boden gefüllt), die in Wasser eingetaucht sind. Man beobachtet dabei teils die Höhe, bis zu welcher das Wasser gehoben wird, teils die Geschwindigkeit des Aufsteigens.

Erfolgt im Boden auch eine Zerstörung und Oxydierung der organischen Moleküle?

Ja. C und N wird vollständig mineralisiert, d. h. in Kohlensäure und Salpetersäure übergeführt unter Mitbeteiligung nitrifizierender Bakterien. Daher leistet jeder feinporige Boden eine Mineralisierung der organischen Stoffe.

Temperatur und chemisches Verhalten des Bodens. die Bodenluft.

Wie bestimmt man die Temperatur des Bodens?

Durch Messung mit Thermometern, die in Gasrohre eingelassen werden.

Wovon ist die Erwärmung des Bodens abhängig?

1. Von der Intensität der Bestrahlung und dem Einfallswinkel der Sonnenstrahlen.
2. Von der Neigung des Terrains.
3. Vom Absorptionsvermögen des Bodens für Wärmestrahlen, von der Wärmeleitung und Wärmekapazität.
4. Von der Verdunstung.
5. Von Fäulnis- und Oxydationsvorgängen (Mikroorganismen).

In welcher Bodentiefe ist die Tagesschwankung konstant?

In 0,5 m Tiefe.

Wie verhält sich dazu die Jahresschwankung?

In 0,5 m Tiefe beträgt sie noch 10° C,
„ 4 „ „ „ „ „ 4° C,
„ 8 „ „ „ „ „ 1° C.

In welchen Tiefen finden wir das ganze Jahr hindurch die gleiche mittlere Temperatur?

Zwischen 8 und 30 m Tiefe. Von da ab findet beim weiteren Vordringen in die Tiefe eine Zunahme der Temperatur statt, und zwar auf je

35 m um etwa 1° C (im Gotthardtunnel bis +31° C).

Welche hygienische Bedeutung kommt der Bodentemperatur zu?

Sie ist von Einfluß auf die klimatischen Verhältnisse eines Ortes und auf das Leben der Bakterien. (In 1 m Tiefe kein Leben von Mikroorganismen mehr.)

Die Anlage von Wasser- und Kanalröhren hat mit der Bodentemperatur zu rechnen.

Was ist in den verschiedenen Gesteinsarten enthalten?

Kieselsäure, Kohlensäure, Tonerde, Kali, Natron, Eisen, Kalk, Magnesia. Daneben organische Stoffe, aus den Abfallstoffen des menschlichen Haushaltes und aus pflanzlichem und tierischem Detritus und aus den Niederschlägen.

Wann führt der Gehalt des Bodens an organischen Substanzen zur Benachteiligung der Bewohner?

Wenn auf und in dem Boden so intensive Fäulnisprozesse verlaufen, daß riechende Produkte sich in merkbarer Menge der atmosphärischen oder der Wohnungsluft beimischen.

Wodurch kann es zum Ausströmen der Bodenluft kommen?

1. Durch das Sinken des Barometerstandes wird die Bodenluft ausgedehnt.

2. Heftige Winde, die auf die Erdoberfläche drücken, pressen die Bodenluft in die Häuser hinein.

3. Bei stärkeren Niederschlägen wird die Bodenluft ebenfalls ausgepreßt.

4. Bei Temperaturdifferenzen, besonders in der Heizperiode.

Welche Zusammensetzung der Bodenluft ergibt die chemische Analyse?

Stete Sättigung mit Wasserdampf; CO_2 (0,2 bis 14% [2—3% durchschnittlich]), geringe Mengen von NH_3 und O. In tiefen Brunnenschächten CO_2, H_2S und Kohlenwasserstoffe.

Findet man Mikroorganismen in der Bodenluft?

Nein.

In welchen Fällen kann die an sich unschädliche Bodenluft für bewohnte Baulichkeiten hygienisch beanstandet werden?

Wenn Leuchtgas, übelriechende Beimengungen durch ungepflasterte Kellerräume in die Wohnungen dringen.

Verhalten des Wassers im Boden, die Mikroorganismen des Bodens.

Was versteht man unter Grundwasser?

Unter Grundwasser versteht man jede unterirdische, auf einer undurchlässigen Schicht stehende Wasseransammlung, welche die Poren des Bodens völlig und dauernd ausfüllt.

Woher rührt das Grundwasser?

1. Von den Niederschlägen.

2. Von kondensiertem atmosphärischem Wasserdampf.

3. Von seitlichen Zuflüssen, die ihm von höher gelegenen Grundwasseransammlungen zuströmen.

4. Von Flüssen, deren Flußbett keine verschlammenden Bestandteile, sondern lockeren Sand aufweist.

Wie mißt man den Stand des Grundwassers?

In Schachtbrunnen mittels Schwimmer oder Schalenapparat. (Pettenkofer.) Bei dem Schälchenapparat handelt es sich um einen Messingstab, der in Abständen von je 1 cm 31 kleine Schälchen trägt und an einem Bandmaß befestigt ist. Das oberste mit O bezeichnete Schälchen bildet den O-Punkt des Bandmaßes. Zur Messung des Abstandes des Grundwasserspiegels von der Bodenoberfläche läßt man den Apparat in den Brunnen hinab, bis er eintaucht, notiert die Ziffer des Bandmaßes, die dem oberen Rand des Brunnenschachtes entspricht. Jetzt hebt man den Apparat nach oben, zählt die unbenetzten Schälchen außer dem obersten, addiert sie in Zentimeter zu der notierten Länge; es ist schließlich noch die Höhe des Brunnenrandes über der Bodenoberfläche abzuziehen.

Die Messung mit Hilfe einer Schwimmervorrichtung empfiehlt sich für fortlaufende Grundwasserstandsmessungen. Von dem Schwimmer läuft eine Kette über eine über dem Brunnen angebrachte Rolle; an der anderen Seite trägt sie ein Gegengewicht mit Zeiger, der sich je nach dem Steigen oder Sinken des Grundwasserspiegels auf- oder abbewegt. An einer Skala kann die tägliche Ablesung vorgenommen werden.

Wofür ist es wichtig, das Maximum bzw. Minimum des Grundwasserstandes zu kennen?

Das Maximum ist bestimmend für die Fundamentierung der Häuser, für die Anlage von Friedhöfen und für Abwässerreinigungen; das Minimum ist von Bedeutung für die Brunnenanlage.

Bewegt sich das Grundwasser?

Ja. In 24 Stunden bewegt es sich bis zu 35 m, im Mittel nur etwa 25 cm in der Stunde.

Welche Zonen unterscheidet man in den über dem Grundwasser gelegenen Bodenschichten?

1. Die Verdunstungszone.
2. Die Durchgangszone.
3. Die Zone des durch Capillarität gehobenen Wassers.

Inwiefern ist ein bestimmter Abstand des Grundwasserspiegels von der Bodenoberfläche von Wichtigkeit?

Bei zu großem Abstand des Grundwassers von der Bodenoberfläche ist die Trink- und Nutzwasserbeschaffung erschwert. Durch zu hohen Grundwasserspiegel entsteht sumpfiges Terrain (Malaria). Auch sind die Fundamente der Häuser gefährdet (feuchte Keller).

Wie untersucht man den Boden auf Mikroorganismen?

Probeentnahme von der Oberfläche des Bodens mittels Platinlöffels, der etwa $^1/_{50}$ cm^3 faßt, aus der Tiefe durch Bohrer. Mit den entnommenen Proben werden Agar- bzw. Gelatineplatten gegossen. Keimzählung.

In welcher Bodentiefe finden sich keine Bakterien mehr?

In 1—3 m Tiefe beginnt die bakterienfreie Zone. Im sog. jungfräulichen, unbebauten Boden und insbesondere in den oberflächlichsten Bodenschichten findet man in 1 cm³ 100000 Keime und mehr.

Worin liegt der Grund für die Keimfreiheit der tieferen Schichten?

Darin, daß im feinporigen Boden die Bakterien teils adsorbiert, teils mechanisch abfiltriert werden, nachdem sie durch Sedimentierung eine schleimige Schicht in der ersten Schicht der Durchgangszone gebildet haben.

Welche Bakterien findet man hauptsächlich im Boden?

1. Nitrifizierende,
2. Kohlensäurebildende,
3. Oxydation hervorrufende und
4. Pathogene Bakterien, vor allem die anaeroben Wundinfektionserreger (Tetanus-, Gasödem- und Gasbrandbacillen). In oberflächlichen Bodenschichten kann ferner der Milzbrandbacillus wuchern bzw. Sporen bilden.

Nur die oberflächlichsten Bodenschichten können zur Verbreitung von Infektionskrankheiten Anlaß geben. Wie läßt sich eine derartige Infektion vermeiden?

Eine Verhütung der Infektion vom Boden ist durch Pflasterung, Asphaltierung und Zementierung erreichbar. Öftere Reinigung der Bodenoberfläche ist notwendig; jede oberflächliche Ansammlung von Abfallstoffen ist zu vermeiden.

Wasser.

Beschaffenheit, hygienische Anforderungen und Untersuchungsmethoden.

Woraus kann der Wasserbedarf des Menschen gedeckt werden?

1. Aus dem Meteorwasser.
2. Aus dem Grundwasser.
3. Aus dem Quell-, Fluß- und Seewasser.

Was enthält das Meteorwasser?

Salpetrige Säure, organische Stoffe, Mikroorganismen. Es hat einen faden Geschmack. Meteorwasser ist nur im Notbehelf für den Wassergenuß zu verwenden.

Welche Wandlungen macht das Oberflächenwasser auf dem Wege zum Grundwasser durch?

Durch die Niederschläge werden von der Bodenoberfläche gelöste und suspendierte Stoffe mitgerissen, das Wasser wird zunächst schlechter. Dann findet beim Durchgange durch den Boden eine Veredelung des Wassers statt, d. h. suspendierte und gelöste Stoffe werden abgefiltert und mineralisiert. Die Kohlensäure der Bodenluft dringt in das Wasser ein und bewirkt eine teilweise Lösung von Bodenbestandteilen, die den Geschmack des Wassers erhöhen. Calciumcarbonat, Magnesiumcarbonat, Kieselsäure usw. gehen in das Wasser über; auch wird die Temperatur des Wassers eine gleichmäßige.

Das Grundwasser ist im städtischen Boden starken Verunreinigungen ausgesetzt. Welche Verunreinigungen kommen hier in Frage?	Harn und Faeces; pflanzliche und tierische Abfälle. In den Abfallstoffen finden sich Harnstoff, Hippursäure, Kalk- und Magnesiaverbindungen. Produkte der Eiweißfäulnis, der Zersetzung von Fetten und Kohlenhydraten und Mikroorganismen.
Auf welchem Wege gelangen diese Stoffe in das Wasser?	1. Von der Bodenoberfläche. Suspendierte Bestandteile und Mikroorganismen werden dabei abfiltriert. Harnstoff, Hippursäure, stickstoffhaltige Fäulnisprodukte werden in Nitrate übergeführt. Phosphorsäure wird im Boden zurückgehalten. Chloride gehen vollständig und die Sulfate größtenteils ins Wasser über. Ist nicht genügend Sauerstoff vorhanden, finden sich Nitrate, Nitrite, Ammoniak und noch nicht mineralisierte organische Stoffe im Wasser. Ist der Boden übersättigt, sind die organischen Stoffe, daneben Nitrate, Chloride usw., stark vermehrt. 2. Von Gruben und Kanälen. Undichtigkeiten der Brunnendeckung. Hier keine Beeinflussung durch den Boden (keine Mineralisierung der organischen Stoffe, kein Abfiltrieren von Mikroorganismen). Hygienisch bedenklich.
Was ist Quellwasser?	Freiwillig zutage tretendes Grundwasser. Im zerklüfteten Kalkgebirge ist das Quellwasser nichts anderes als ungereinigtes Oberflächenwasser. Quellwasser ist in chemischer Beziehung und auch in bezug auf Infektionsgefahr sehr verschieden.
Was sind artesische Brunnen?	Springende Wässer, die dadurch hochgetrieben werden, daß Wassermassen, die zwischen undurchlässigen Schichten eingeschlossen sind, die sich mit starkem Gefälle senken, angebohrt werden.
Ist Bach- oder Flußwasser für häusliche Zwecke verwendbar?	Nein. Es enthält Verunreinigungen (Faeces), Industrieschlamm, Kanal- und Spüljauche; Abwässer der Textilindustrie, Leim, Blut, Seife, Farbstoffe, Abwässer der Schlachthäuser, Gerbereien und Gasfabriken.
Es ist bekannt, daß die Flüsse sich mit gutem Erfolg nur bei sehr geringer Stromgeschwindigkeit und längerer Berührung mit dem Sauerstoff der Luft „selbstreinigen“. Wie erklärt sich diese Selbstreinigung?	Die suspendierten Bestandteile reißen die Mikroorganismen mit zu Boden. Die Kohlensäure der Bicarbonate des Calciums und des Magnesiums entweicht; es entstehen unlösliche Erdverbindungen, die sich ebenfalls absetzen. Die organischen Stoffe werden durch Mikroorganismen, Algen und kleinste Tiere verzehrt. Viele Bakterien werden durch die ultravioletten Lichtstrahlen abgetötet, ein Teil wird von den Infusorien aufgenommen. Fluß- und Bachwasser

darf ohne besondere Vorbereitung zu häuslichen Zwecken nicht verwendet werden.

Wie steht es in dieser Beziehung mit dem Wasser aus Landseen und Talsperren?

Das Wasser der Landseen ist chemisch und bakteriologisch verhältnismäßig rein. Es kommen aber Schwankungen vor. Talsperren führen ein relativ reines Wasser von ziemlich gleichmäßiger Temperatur.

Welche hygienischen Anforderungen hat man an ein Wasser zu stellen?

Es soll wohlschmeckend und appetitlich, es soll nicht zu hart sein, es soll nicht zur Krankheitsursache werden können. Die Menge soll hinreichend sein.

Was ist für den Wohlgeschmack und die Appetitlichkeit eines Wassers erforderlich?

1. Es muß geruchlos sein (Petroleum, Carbol, Schwefel).

2. Es darf keinen Beigeschmack haben (faulig, modrig, nach gelöstem Eisen und Mangan).

3. Es soll erfrischend wirken (abhängig von der Temperatur 7—11°, vom CO_2- und O-Gehalt). Ein gewisser Kalkgehalt wirkt günstig.

4. Es soll farblos und klar sein. (Trübung meistens durch Eisengehalt, Ferrihydrat, aber auch durch Crenothrix, weiter durch Mangan.)

5. Grob sichtbare Verunreinigungen müssen fehlen.

Wodurch ist die Härte eines Wassers bedingt?

Durch den Gehalt an Kalk und Magnesiasalzen, z. B. aus Gipslagern ($CaSO_4$- und $CaCO_3$-Lagern), oder aus Harn und Faeces.

Die vorübergehende Härte bedingen Calcium- und Magnesiumcarbonat. Nach dem Kochen des Wassers fallen die Bicarbonate von Calcium und Magnesium als unlösliche Monocarbonate aus und setzen sich an den Wandungen und am Boden des Gefäßes ab (Kesselstein).

Die bleibende Härte, die auch nach dem Kochen des Wassers unverändert fortbesteht, bedingen Calcium-Magnesiumsulfat, -nitrat usw. Die Bestimmung des Härtegrades eines Wassers siehe Seite 35.

Wie erkennt man, ob ein Wasser freie Kohlensäure enthält?

Zu 100 cm³ Wasser 10 Tropfen Rosollösung zusetzen; das Kölbchen auf eine weiße Unterlage bringen und beobachten, ob die rote Farbe in eine gelbliche übergeht. Gelbfärbung zeigt freie CO_2 an. — Bei alkalischen Wässern: 50 cm³ Wasser + 10 Tropfen alkoholische Phenolphthaleinlösung. Sofortige Rotfärbung zeigt, daß freie CO_2 nicht vorhanden.

Wie weist man im Wasser halbgebundene und ganzgebundene CO_2 nach?

Halbgebundene CO_2 mit Kalkwasser = schwache bis starke Trübung = Monocarbonat von Calcium (Magnesium). Die ganzgebundene CO_2 erkennt man folgendermaßen: Abdampfrückstand des Wassers + HCl = Entwicklung von CO_2 aus Monocarbonaten.

Wie berechnet man die Härte eines Wassers?

Nach deutschen Härtegraden. Ein deutscher Härtegrad (1° d) entspricht 1 mg CaO in 100 cm^3 oder 10 mg CaO im Liter Wasser (auch der äquivalenten Menge anderer Calcium-, Magnesium-, Baryum-Strontiumverbindungen). Unter 12° d ist ein Wasser weich, zwischen 12—20° d mittelhart, über 20° d hart.

Welche Nachteile bietet ein zu hartes Wasser?

Es ist zum Kochen von Hülsenfrüchten, Tee, Kaffee ungeeignet, weil sich unlösliche Verbindungen zwischen den Kalksalzen und Bestandteile dieser Nahrungsmittel bilden. Hartes Wasser verbraucht ungewöhnlich viel Seife (Zerlegung der Seife durch Kalksalze), es setzt in Dampfkesseln viel Kesselstein ab und scheint zuweilen, aber nur sehr selten, bei einem 20° überschreitenden Gehalt an Kalksalzen bei manchen Menschen gastrische Störungen zu verursachen.

Kann Wasser zur Krankheitsursache werden?

Ja. Mehrfach sind durch Wassergenuß Vergiftungen hervorgerufen worden, und zwar durch den Gehalt des Wassers an Arsen- und Bleiverbindungen. Weiter kommen Erkrankungen durch tierische und pflanzliche Parasiten in Betracht.

a) Tierische Parasiten:
in der tropischen und subtropischen Zone, wie
- Amöben (Dysenterie),
- Schistosomum (Distoma) haematobium (Bilharziakrankheit),
- Filaria Medinensis (Medinawurm in Hautgeschwüren).

Im gemäßigten Klima:
- Ascaris lumbricoides,
- Oxyuris vermicularis,
- Cestoden (Taenia solium, saginata, Botriocephalus latus),
- Anchylostomum duodenale (perniziöse Anämie bei Tunnelarbeitern).

b) Pflanzliche Parasiten:
- Choleravibrionen,
- Typhusbacillen,
- Dysenteriebacillen,
- Spirochaeta icterohaemorrhagiae (Weilsche Krankheit).

Wieviel Liter Wasser sollen je Tag und Kopf zur Verfügung stehen, wenn man von ausreichender Menge spricht?

In der heißen Jahreszeit: 150 Liter; für den Kopf und Tag genügen 20—30 Liter; auf Schiffen werden für den Genuß und die Speisebereitung als Minimum etwa 4 Liter pro Kopf und Tag berechnet.

Worauf erstreckt sich die Untersuchung eines Wassers?

a) Auf eine Vorprüfung, die über Wohlgeschmack und Appetitlichkeit des Wassers entscheidet. Geruch, Geschmack und Temperatur, Farbe und Klarheit kommen hier in Frage.

b) Auf eine chemische Prüfung, die nie allein ausreicht, da auch chemisch einwandfreies Wasser seuchenverdächtig und somit gesundheitsschädlich sein kann.

c) Auf eine mikroskopische Prüfung zum Nachweis von Krankheitserregern (Entozoen, Larven und Eier) oder Bestandteilen aus menschlichen oder tierischen Abgängen.

d) Auf eine bakteriologische Prüfung, die den Nachweis von Krankheitserregern (Choleravibrionen, Typhusbacillen und Colibacillen) erbringen soll. Auch wird bakteriologisch die Keimzahlbestimmung ausgeführt. Keine Infektionsgefahr liegt vor, wenn keine oder sehr wenige (unter 20 in 1 cm^3) Keime im Wasser gefunden werden. Bei mäßigen Mengen von Bakterien (20 bis 200 in 1 cm^3) ist Infektionsgefahr nicht dauernd ausgeschlossen. Die fortlaufende Bakterienzählung ist eine gute Kontrolle für Filterbetriebe bei Flußwasserversorgungen.

Vermögen die organischen Stoffe, Ammoniak, salpetrige Säure, Salpetersäure, Chlor, Schwefelwasserstoff, Schwefelsäure und Phosphorsäure, Kalk und Magnesia, wenn sie in größeren Mengen im Trinkwasser vorkommen, Gesundheitsschädigungen auszulösen?

Nein; diese Beimengungen, die auf Verunreinigungen des Wassers hinweisen, machen sich durch Geschmack, Geruch und Färbung des Wassers schon bemerkbar, so daß das Wasser nicht getrunken wird.

Wie untersucht man das Wasser auf seine Farbe?

Man stellt zwei 70 cm lange Glaszylinder mit flachem Boden auf eine weiße Unterlage. In den einen Zylinder gießt man das zu untersuchende Wasser, in den anderen ein farbloses Brunnenwasser oder destilliertes Wasser. Vergleich der beiden Wässer bei der Durchsicht von oben auf die weiße Unterlage.

Gehen wir auf die wichtigsten chemischen Wasseruntersuchungen ein. Welche anorganischen stickstoffhaltigen Substanzen kommen in Betracht?

1. Salpetrige Säure,
2. Salpetersäure,
3. Ammoniak.

Wie weist man salpetrige Säure nach?	a) Mit Jodzinkstärkekleister. Das Reagensglas wird zu $^3/_4$ mit Wasser gefüllt; dann Zusatz von 3—5 Tropfen verdünnter Schwefelsäure, hierauf Zusatz von 0,5 cm^3 Jodzinkstärkekleister. Blaufärbung. b) Nachweis mit Metaphenylendiamin. Das Reagensglas wird zu $^3/_4$ mit Wasser gefüllt. Zusatz von 3—5 Tropfen verdünnter Schwefelsäure, hierauf Zusatz von 0,5 cm^3 Metaphenylendiamin. Gelb-, Braun- oder Rotfärbung [Triamidoazobenzol (Bismarckbraun)]. c) Nachweis mit Sulfanilsäure + α-Naphthylamin — etwa 10 cm^3 Wasser versetzen mit etwas Sulfanilsäure (0,5 g in 150 cm^3 verdünnter Essigsäure) + (nach einiger Zeit) etwas α-Naphthylamin. Rotfärbung.
Wie wird der Nachweis von Salpetersäure oder Nitraten im Wasser erbracht?	a) Mit Brucin. 2 cm^3 Wasser versetzt man mit einigen Tropfen Brucinlösung; dann am Rande des Reagensglases vorsichtig konzentrierte H_2SO_4 herunterfließen lassen. An der Berührungsfläche beider Flüssigkeiten entsteht ein rosafarbener Ring. b) Nachweis mit Diphenylamin. Etwa 2 bis 3 cm^3 Diphenylaminschwefelsäurelösung werden tropfenweise mit dem zu untersuchenden Wasser versetzt und kräftig geschüttelt. Blaufärbung.
Wie geschieht der Nachweis von Phosphorsäure?	Der Abdampfrückstand von dem zu untersuchenden Wasser wird mit Salpetersäure aufgenommen, filtriert und das erwärmte Filtrat mit molybdänsaurem Ammonium versetzt. Gelber Niederschlag = phosphormolybdänsaures Ammonium.
Wie weist man Ammoniak nach?	Mit Neßlers Reagens (alkalische Quecksilberkaliumjodidlösung). Da das Neßlersche Reagens in kalkhaltigen Wässern einen Niederschlag erzeugt, der die Abschätzung der Färbung hindert, werden zunächst die Kalksalze durch Zusatz von Natronlauge und Sodalösung entfernt, und zwar: 300 cm^3 Wasser + 1 cm^3 Natronlauge (1 : 4) + 2 cm^3 Sodalösung (1 : 3). Nach 6—12stündigem Stehenlassen kann dann die Probe mit Neßlers Reagens vorgenommen werden. 10 cm^3 H_2O + 10 Tropfen Seignettesalzlösung + 5 Tropfen Neßlers Reagens. Von oben nach unten durch das auf weiße Unterlage gehaltene Reagensglas hindurchsehen. Gelbfärbung (Ammoniumquecksilberjodid).

Wie weist man Chloride nach?

a) Qualitativ.

Ein Reagensglas wird zu $^3/_4$ mit Wasser gefüllt. Zusatz von 1 Tropfen chlorfreier HNO_3 + einige Tropfen Silbernitratlösung. Trübung. Niederschlag (löslich in NH_3; unlöslich in HNO_3).

b) Quantitativ.

100 cm³ Wasser werden im Becherglase mit 3—5 Tropfen neutraler, chlorfreier Kaliumchromatlösung (Indicator) versetzt. Aus der Bürette $^n/_{10}$ Silbernitratlösung zufügen, bis die grüngelbe Farbe in Rotgelb umschlägt (Silberchromat) und nach Umrühren bestehen bleibt. Aus der Menge der zugefügten Silberlösung berechnen, wieviel Milligramm Chlor im Liter Wasser vorhanden sind.

Wie werden im Wasser Schwefelsäure oder Sulfate nachgewiesen?

Ein Reagensglas wird zu $^3/_4$ mit Wasser gefüllt; Zusatz von 1 Tropfen Salzsäure, wodurch die Schwefelsäure frei gemacht wird, und $^1/_2$ cm³ Chlorbariumlösung. Durchmischen. Weiße Trübung = Bariumsulfat.

Wir kommen nun zum Nachweis der organischen Stoffe (Sauerstoffverbrauch). Was wissen Sie davon?

Da es nicht möglich ist, die gesamten organischen Stoffe zu ermitteln, bestimmt man nur einen kleinen Bruchteil derselben, und zwar den, der leicht oxydabel ist, der bei Behandlung mit Kaliumpermanganatlösung den Sauerstoff der letzteren adsorbiert und dieselbe dadurch entfärbt.

Der Eisennachweis erstreckt sich auf die Ferrosalze und Ferrisalze. Ich bitte um genauere Angaben.

1. Die Ferrosalze.

a) Qualitativer Nachweis:

α) Im Reagensglas: etwas Wasser + Stückchen Ferricyankalium. Blaufärbung.

β) Im farblosen Glaszylinder mit plattem Boden: Wasser + 1 cm³ 10%ige Natriumsulfidlösung. Auf weißer Unterlage von oben durchsehen. Braunfärbung bei Anwesenheit von Ferrosalzen.

Handelt es sich um ein eisenhaltiges Wasser, ist das Eisen als Ferrobicarbonat im Wasser gelöst, erkennt man, daß die bei der Entnahme völlig klare Wasserprobe beim Stehen an der Luft nachtrübt. Es bildet sich aus dem gelösten Ferrobicarbonat unter Sauerstoffaufnahme und CO_2-Abgabe das im Wasser unlösliche Ferrihydroxyd.

b) Quantitativ. Becherglas mit 50 cm³ H_2O + 5 cm³ verdünnte H_2SO_4, titrieren mit genau eingestellter $KMnO_4$-Lösung, bis bleibende Rosafärbung entsteht. Aus der verwendeten Menge $KMnO_4$ Eisengehalt berechnen.

2. Ferrisalze.

a) Im Reagensglas etwas Wasser + 20%ige Ferrocyankaliumlösung + 1 Tropfen verdünnte HCl-Lösung = Blaufärbung.

b) Im Reagenzglas etwas Wasser + 10%ige Rhodankaliumlösung + verdünnte HCl-Lösung = Rotfärbung.

Wie weisen Sie Mangan nach?

a) 10 cm³ Wasser + etwa 1 cm³ verdünnte Salpetersäure + 1 cm³ 10%iges Ammoniumpersulfat + einige Tropfen Silbernitrat; etwas erwärmen = Rotfärbung (Bildung eines löslichen Permangansalzes).

b) 25 cm³ Wasser + 10 cm³ 25%iger Salpetersäure im Erlenmeyerkolben einige Minuten kochen; Flamme wegnehmen, 2 Minuten warten. Dann ein Messerspitze Bleisuperoxyd hinzufügen, nochmals kochen, absetzen lassen = Rotfärbung (Bildung von Permangansäure).

c) 100 cm³ filtriertes Wasser, das mit Salzsäure versetzt ist, + 2 cm³ Weinsäurelösung + Ammoniak, bis das Wasser nach dem Umschütteln deutlich nach NH_3 riecht, + 2 cm³ Ferrocyankaliumlösung. Mischen. Mäßige Trübung oder Niederschlag innerhalb von 2 Stunden zeigen die Anwesenheit von Mangan an.

Wie wird der Nachweis von Blei geführt?

Wasser + Schwefelammonium (unter dem Abzug!) = Braunfärbung (Schwefelblei); oder man setzt zu dem zu prüfenden Wasser im Reagensglas (halbvoll) 3 Tropfen Kochenillelösung. Bei Bleianwesenheit violetter Farbumschlag.

Wie prüft man das Bleilösungsvermögen eines Wassers?

Eine weithalsige, 1 Liter fassende Stöpselflasche enthält ein blank geputztes, längs gespaltenes Bleirohr oder eine Bleiplatte. Das zu untersuchende Wasser wird eingefüllt. Die Flasche mit Inhalt 24 Stunden gut verschlossen stehenlassen. Nach öfterem Hin- und Herbewegen des Bleirohres im Wasser wird es herausgenommen.

300 cm³ dieses Wassers werden in einen Glaszylinder eingefüllt und mit 3 cm³ Essigsäure versetzt. Zusetzen unter Umrühren 1,5 cm³ Natriumsulfidlösung (10%). Der Zylinder wird auf eine weiße Unterlage gestellt und beobachtet, ob

eine gelbbraune bis braune Färbung oder Ausscheidung braunschwarzer Flocken auftritt.

Wie prüft man Wasser auf den Gehalt an Schwefelwasserstoff?

1. Mit Bleipapier. $H_2S + Pb(C_2H_3O_2)_2 = PbS + 2\,C_2H_4O_2$ = Bräunung oder Schwärzung.

2. Mit Natronlauge und Nitroprussidnatriumlösung = Violettfärbung.

3. Durch Zusatz von Kupfersulfatlösung, wodurch H_2S gebunden wird.

4. Durch den Geruch, evtl. nach leichtem Erhitzen, wodurch Spuren von Gerüchen besser hervortreten.

Wie bestimmt man den Härtegrad eines Wassers?

100 cm^3 Leitungswasser werden mit der Pipette in eine Glasstöpselflasche eingefüllt. Dann läßt man aus der Bürette Seifenlösung anfangs kubikzentimeterweise einfließen; nach jedem Zusatz kräftig schütteln. Solange mit dem Seifenzusatz fortfahren, bis auf der ganzen Oberfläche der horizontal gelegten Flasche feinblasiger Schaum 5 Minuten stehen bleibt. Härtegrad ergibt sich nach der Tabelle.

Die chemische Untersuchung ist ohne Belang für die Feststellung der Infektionsgefahr eines Wassers. Wofür gibt sie aber zuweilen einen Anhalt?

Für die Beurteilung der Appetitlichkeit des Wassers. Sind reichlich organische Stoffe, viel Chloride und Nitrate vorhanden, so entstammt das Wasser einem mit Abfallstoffen übersättigten Boden und könnte vielleicht bei weiterer Verschmutzung der Umgebung in grobsinnlicher Weise unappetitlich werden.

Sind Ihnen für die Beurteilung des Wassers die Grenzzahlen der chemischen Befunde in Milligramm in 1 Liter Wasser bekannt?

Für Ammoniak (NH_3 bzw. NH_4) ..	Spuren
Salpetrige Säure (Nitrite)	Spuren
Salpetersäure (Nitrate)	unter 10
Chloride	unter 30
Organische Stoffe	unter 63
Gemessen am Kaliumpermanganat-($KMNO_4$-) Verbrauch	unter 12[3]
Entsprechend einem Sauerstoffver-verbrauch	unter 3
Phosphorsäure (Phosphate = P_2O_5)	Spuren
Schwefelwasserstoff (H_2S)	meist unter 0,1[4]
Eisen	0,3
Mangan	0,1
Schwefelsäure (Sulfate SO_3 bzw. SO_4)	unter 60
Gesamthärte, deutsche Grade	unter 15
Summe der gelösten Bestandteile (Abdampfrückstand)	unter 500
Wasserstoffionenkonzentration (p_H)	über 7,0
Reaktion gegen Lackmus und Rosolsäure	schwach alkalisch

Mittels der bakteriologischen Untersuchung gelingt es unter Umständen, Infektionserreger direkt nachzuweisen. Wie geschieht die bakteriologische Untersuchung?

Im Kulturverfahren (Gelatineplattenkultur). Für den Nachweis von Typhusbacillen und Choleravibrionen sind besondere Methoden notwendig. — (Siehe bakteriologischer Teil.)

Der Nachweis von Colibacillen deutet auf eine Verunreinigung der Wassergewinnungsanlagen, der Quellwässer und Brunnen usw. mit Abgängen menschlicher und tierischer Herkunft hin.

Eine Ergänzung der chemischen und bakteriologischen Untersuchung bietet die Lokalinspektion. Worauf hat die Lokalinspektion bei Bach- und Flußwässern zu achten?

Ob Dejekte von Menschen und Tieren, Abwässer usw. Zugang zum Wasser finden, ob in der Nähe Wäschereinigung stattfindet, ob Schiffe auf dem Flusse verkehren. Bei Quellwässern ist darauf zu achten, ob sie nicht aus oberflächlichen Rinnsalen entstehen, ob letztere nicht im Bereich gedüngter Wiesen liegen, ob Verbindung mit Bächen und Flüssen besteht.

Worauf hat sich die Lokalinspektion bei Grundwasserbrunnen zu erstrecken?

Auf die Musterung der oberflächlichen Umgebung, auf die Neigung des Terrains, auf den Brunnenkranz, auf Defekte in der Mauerung usw., durch die Spülwasser von Wäsche, Geschirren usw. in den Schacht gelangen kann.

Wie prüft man das Bestehen von Kommunikationen mit dem Innern des Brunnens?

Durch Eingießen von Fluorescin- (Uraninkali) oder Saprollösungen, auch durch Aufschwemmungen von Hefe, B. prodigiosus bzw. Wasservibrionen.

Die Wasserversorgung.

Welche Wässer kommen für die Wasserversorgung in Betracht?

1. Das Grundwasser, und zwar
   a) das oberflächlich zutage tretende Grundwasser (Quellwasser),
   b) das Grundwasser aus der Tiefe.
2. Fluß- oder Seewasser,
3. Regenwasser.

Wie hebt man das Grundwasser?

Durch Kesselbrunnen (Schachtbrunnen) und durch Abessinierbrunnen (Röhrenbrunnen).

Woraus bestehen die Röhrenbrunnen?

Aus einer eisernen Röhre mit reichlichen Löchern, welche durch Drahtnetze gegen Verstopfung geschützt sind.

Welchen Vorzug haben die Röhrenbrunnen vor den Kesselbrunnen?

Sie sind leicht zu desinfizieren und geben ungefährliches Wasser.

Welchen Nachteil aber haben die Röhrenbrunnen?

Da kein Wasserreservoir vorhanden ist, lassen sie bei größeren Wasserentnahmen vollkommen im Stich.

Auf welche Weise läßt sich eisenhaltiges Grundwasser eisenfrei zutage fördern?

Dadurch, daß man den Brunnenschacht mit einem Mantel von Ätzkalkstücken füllt oder eine Filtration des Wassers durch ein Grobsandfilter einrichtet mit evtl. Lüftung des Wassers durch Niederfall aus einer Brause.

Die ganze Menge des Eisenbicarbonats wird in Eisenoxydhydrat verwandelt.

Bei der zentralen Wasserversorgung hat man den Vorteil, daß der verunreinigte städtische Untergrund umgangen und somit ein appetitliches Wasser beschafft werden kann. Die Entnahme der Wässer erfolgt auch hier aus Quellen, Grundwasser, Bach- und Flußwasser. Bei der Benutzung von Flußwasser ist größte Skepsis am Platze. Das Wasser muß vor dem Gebrauch einer Reinigung unterzogen werden. Welche kommt in Betracht?

Die Reinigung durch zentrale Filtration mittels Sandfilter.

Wie ist ein derartiges Filter zusammengesetzt?

In der Tiefe	Feldsteine	305 mm
Darüber	kleine Feldsteine	102 „
„	mittlerer Kies	76 „
„	grober Kies	127 „
„	feiner Kies	152 „
„	grober Sand	51 „
„	scharfer Sand	559 „

Als wesentlichsten Teil des Filters betrachtete man früher die sogenannte Filterhaut, die aus Sinkstoffen, Algen und Bakterien besteht. Kennen Sie die neuesten Anschauungen über die Wirkung der Filter?

Die Wirkung der Filter ist nur zum geringeren Teil mechanisch, zum größeren dagegen biologisch zu erklären. Die Bakterien werden von den im Filtersand befindlichen Protozoen und Algen vernichtet.

Wie denken Sie sich die Inbetriebsetzung eines Sandfilters?

Im Anfang der Filtration läßt man das Wasser etwa 1 m über der feinen Sandschicht stehen. Wenn durch Sinkstoffe eine Filterschicht entstanden ist, genügt zur Filtration ein Druck von wenigen Zentimetern, um ausreichende Wassermengen zu filtern. Bei zunehmender Verschleimung muß der Wasserdruck von oben zunehmen, um die gleiche Menge Wasser zu filtern. Er soll aber 60 cm nicht überschreiten, da das Filter sonst aufgerührt wird. Reinigung des Filters wird notwendig, wenn die Wassermenge trotz erhöhten Druckes unzureichend wird.

Wie reinigt man das Sandfilter?

Nach Ablassen des Wassers Abtragen der Schlammschicht höchstens bis 2 cm in den Sand hinein.

Wie überwacht man die Sandfilter?

Indem man Filtrationsdruck und Fördermenge beobachtet, täglich bakteriologische Untersuchungen der einzelnen Filterabläufe macht.

Wie groß ist die Geschwindigkeit der Wasserbewegung im Sandfilter?

Höchstens 100 mm je Stunde. Fördermenge je Stunde und Quadratmeter Filterfläche = 0,1 m^3.

Kennen Sie noch sonstige Verfahren der Trinkwasserreinigung im großen?

Die sogenannten Filtersteine, das amerikanische Schnellfilter (Jewell), die chemischen Verfahren, wie die Chlorung und das Permanganatverfahren, das Ozonverfahren, das ultraviolette Licht.

Beschreiben Sie mir das amerikanische Schnellfilter?

Das zu reinigende Wasser wird in Sedimentierbottichen mit 10—30 g Aluminiumsulfat (Alaun) je Kubikmeter versetzt. Es kommt zu einer Umsetzung mit dem Calciumcarbonat des Wassers; es entsteht Tonerde, Aluminiumhydrat als flokkiger Niederschlag, der die Trübungen zum Teil mit zu Boden reißt. Nach 1—2 Stunden wird das Wasser auf ein Sandfilter geleitet; hier bildet die Tonerde die *künstliche* Filterhaut. Schon nach wenigen Stunden filtert dieses Filter bei 50mal so schneller Filtration als in den großen Sandfiltern alle Bakterien ab. Nach 24 Stunden wird das Filtern durch ein Rührwerk und Gegenspülung (maschinell) in etwa 10 Minuten wieder gebrauchsfähig gemacht. Sorgfältige Überwachung notwendig, da bei stark trübem Wasser die Zurückhaltung der Bakterien ungenügend sein kann. Am besten folgt der Filtration noch eine Bakterientötung, z. B. durch Chlor.

Zusammenfassung der Merkmale:

beim *Sandfilter*:	beim *amerikanischen Filter*:
Filterhaut natürlich;	Filterhaut künstlich;
Filtrationsgeschwindigkeit 100 mm bei einem Druck von 60—70 mm;	Druckdifferenz $2^1/_2$ bis 3 mm; 40—50fache Filtrationsgeschwindigkeit;
Seltener Wechsel des Filters notwendig (umständlich);	Häufiger Wechsel (Reinigung des Filters (sehr einfach);
Gebrauchsfähig nach der Reinigung erst nach 48-72 Stunden.	Nach der Reinigung in 10 Minuten wieder gebrauchsfähig.

Beschreiben Sie mir kurz eine Ozonanlage?

Das filtrierte klare Wasser wird in sehr feiner Verteilung in den Skrubberturm geführt, wo es in innige Berührung mit dem von unten in den Sterilisationsturm eingeleiteten aufsteigenden Ozon gebracht wird. Das elektrisch hergestellte Ozon wirkt auf das Wasser in solcher Konzentration ein, daß die Bakterien der Coligruppe noch sicher zugrunde gehen.

Weiter kommt für die Vernichtung der Keime im Wasser das ultraviolette Licht in Frage. Wie sind diese Sterilisationsapparate eingerichtet?

Quecksilberdampflampen mit doppeltem Quarzmantel sind in besonderen Metallgefäßen eingehängt, die langsam vom Wasser durchströmt werden. Das benutzte Wasser darf keine Trübungen, keine gelbbräunliche Färbung aufweisen.

In der Praxis hat sich dieses Verfahren bewährt; es ist einstweilen noch zu teuer.

Kennen Sie die Wasserfiltration mit dem Seitzschen Filter (Seitz-Werke, Kreuznach), das auch zur Filtration von Wein und Serum usw. benutzt wird?

Ja. Man unterscheidet zur Filtration kleinerer und mittlerer Wassermengen das Entkeimungs- und Klärfilter „Seitz-EK", zur Filtration großer Wassermengen das Seitzsche Anschwemmfilter.

Worin besteht der Vorteil der Seitzschen Filter?

Die zeitraubende Sterilisation der Filterkörper fällt fort; es werden die gebrauchten Schichten beseitigt und durch neue ersetzt (Filterplatten), die in Apparate eingesetzt werden. Durch Verwendung vieler Schichten vergrößert man die Filterfläche und somit die Mengenleistung.

Was wissen Sie vom Seitzschen Anschwemmfilter?

Die filtrierende Schicht wird mit einer geringen Menge Seitzschen Filtermaterials auf dem sinnreichen Siebsystem gebildet. Große Leistung. Einfache Bedienung.

Ein einfaches und sehr billiges Keimtötungsmittel ist das Chlor. Was wissen Sie darüber?

Anfänglich wurde mit Chlorkalk desinfiziert und der Überschuß auf chemischem Wege wieder beseitigt. Geruch und Geschmack des Wassers nicht sehr angenehm. Gleichmäßiger gelingt die Chlorierung durch Zusatz von Chlorgas.

Wieviel Chlorgas muß dem Wasser beigemengt werden?

Die Menge richtet sich nach dem Grad der Trübung, nach dem Gehalt an gelösten organischen Stoffen und nach der Zahl der Keime im Rohwasser. In Philadelphia wird täglich in 900000 m^3 Wasser durch Zusatz von 25 g Cl auf 100 m^3 Wasser der Keimgehalt von 25000 je 1 cm^3 auf 20 abgesenkt. Zur Desinfizierung von Schwimmbassins nimmt man 1 mg Chlor auf 1 Liter Wasser.

Wie geschieht die Zuleitung des Wassers zu den Wohnungen?

Von hochgelegenen Reservoiren wird das Wasser mit dem natürlichen Gefälle in die höher gelegenen Stockwerke getrieben. Bei zu geringem Gefälle ist der Druck durch maschinelle Vorrichtungen (Pumpstationen und Hochreservoire) zu verstärken. Die Leitungsrohre aus Eisen sollen möglichst tief gelegt werden. Der Anschluß der Straßenleitungen an die Hausleitungen erfolgt durch Bleirohre.

Wann können die Bleirohre die Gefahr der Bleivergiftung mit sich bringen?

Die Gefahr der Lösung von metallischem Blei aus den Hausanschlüssen besteht besonders bei sauerstoffhaltigen weichen Wässern mit viel freier Kohlensäure. Die Bleilösung wird durch sauere Reaktion, Nitrate und mooriges Wasser begünstigt. Ein hoher Gehalt an Bicarbonaten der Erdalkalien verhindert dagegen die Bleiaufnahme. Wasser mit 0,3 mg PbO in 1 Liter wird dauernd ohne Schaden genommen.

Wie kann man sich vor Bleivergiftungen schützen?

Durch Verwendung von Bleirohren, die im Innern verzinnt sind, Röhren aus reinem Zink oder von galvanisiertem Eisenrohr.

Wie erfolgt am einfachsten die Entfernung der Infektionserreger aus einem Wasser?

1. Durch 5 Minuten langes Kochen. Bei größerem Wasserverbrauch ist der Wasserkochapparat von Siemens & Co., Berlin, zu empfehlen.

2. Mit Chemikalien, z. B. Chlorkalk (1 : 300000 bei 6 Stunden langer Einwirkung) oder mit $KMnO_4$. 4 Liter Wasser + 3 g $CuSO_4$ (Katalysator) + 3 g $KMnO_4$ (Desinfiziens). Nach 10 Minuten 4 Tabletten je 1 g festes 36%iges H_2O_2. Filtration durch Sucrofilter (Kunow).

3. Filtration im Hause. Zeitweise sicher bakterienfreies Filtrat liefern die Pasteur-Chamberlandschen Tonfilter und die Berkefeldschen Kieselgurfilter.

Wie desinfiziert man Schachtbrunnen?

Durch Einleiten von heißem Wasserdampf mittels einer Lokomobile in das Wasser des Schachtes, bis es eine Temperatur von 80—90° C erreicht hat, oder mit Schwefelsäure 1 : 1000, Ätzkalk.

Wie desinfiziert man Reservoire und Leitungsrohre größerer Wasserleitungen?

Mit Schwefelsäure 1 : 1000 (zweistündige Einwirkung).

Enthalten Eis und künstliches Selterswasser Bakterien?

Ja. Sie sind sehr reich an Bakterien. Für Nahrungszwecke und Krankenbehandlung sollte nur aus reinem Wasser hergestelltes Eis verwendet werden. Choleravibrionen und sporenfreie Milzbrandbacillen sterben in künstlichem Selterswasser rasch ab, Typhusbacillen, Micrococcus tetragenus usw. aber bleiben Tage bis Wochen lebensfähig. Daher empfiehlt es sich, Selterswasser nur aus destilliertem Wasser oder aus völlig unverdächtigem Brunnenwasser zu bereiten.

Ernährung und Nahrungsmittel.

Nennen Sie mir die Bestandteile der Nahrungsmittel?

Eiweißstoffe, Fette, Kohlenhydrate, Wasser, Salze (ferner Lipoide, Purine, Vitamine) und gewisse Genußmittel.

Was ist der Zweck der Ernährung?

Die Erhaltung des substantiellen Bestandes der gesamten Organe.

Wie groß ist die Verbrennungswärme für
1 g Eiweiß?
1 g Kohlenhydrate?
1 g Fett?

Für 1 g Eiweiß .... 4,1 Calorien
„ 1 „ Kohlenhydrate .... 4,1 „
„ 1 „ Fett .... 9,3 „
bei Verbrennung im Organismus.

Eiweißstoffe.

Welcher Nährstoff, hauptsächlichster Baustoff, nimmt die erste Stelle ein?

Das Eiweiß, teils tierischen, teils pflanzlichen Ursprunges.

Ist die Konstitution des Eiweißmoleküls bekannt?

Nein. Es handelt sich um ein sehr kompliziertes Molekül, das sehr zahlreiche verschiedene Gruppen, insbesondere Aminosäuren enthält. Bei der Resorption durch den Darm werden die Aminosäuren zerlegt, aus denen der Körper synthetisch das arteigene Eiweiß aufbaut.

Der Eiweißbestand des Körpers muß unbedingt erhalten werden. Was erfolgt bei Eiweißmangel?

Zerfall von Körperzellen, die Neubildung des Blutes, ebenso die Regeneration der Muskeln leidet. Die Verdauungsfermente werden spärlicher gebildet. Schwächegefühl, Arbeitsunlust, gereizte Stimmung sind die Folgen.

Wann befindet sich der Körper im Stickstoffgleichgewicht?

Wenn kein Eiweißverlust und kein Ansatz stattfindet, wenn je Tag gerade ein der Zufuhr entsprechendes Quantum Eiweiß zerstört wird.

Nimmt die Stickstoffausscheidung rasch ab, wenn der Ersatz für das zerstörte Eiweiß ungenügend ist?

Am ersten Hungertage wird noch eine den vorausgegangenen Nahrungstagen gleichkommende N-Menge ausgeschieden; von da ab wird die N-Ausscheidung geringer.

Genügt eine erhöhte Eiweißzufuhr, um einem eiweißverarmten Körper einen besseren Eiweißbestand zu verschaffen?

Nein. Der Eiweißzerfall wird erst eingeschränkt bei richtiger Kombination von Eiweiß, Fett und Kohlenhydraten.

Auf welchem Wege läßt sich das im Körper zerstörte Eiweiß ersetzen?

Nur durch Zufuhr von Eiweiß in der Nahrung. Die Eiweißstoffe lassen sich infolge ihres N-Gehaltes nicht ganz durch die N-freien Kohlenhydrate und Fette ersetzen.

Welche anderen N-haltigen Stoffe kommen außer den echten Eiweißkörpern noch in der Nahrung vor?

Leim, Glutin, Chondrin, Pepton, Nuclein, Lecithin, Kreatin, Asparagin und andere Amidoverbindungen. Diese Stoffe sind als Eiweißersatz verschieden zu bewerten. Jedes Nahrungsmittel hat eine besondere biologische Wertigkeit in bezug auf seine N-Substanz; so ist z. B. das N-Gleichgewicht bei Kartoffelnahrung mit viel geringerer N-Zufuhr herzustellen als bei Brotnahrung.

Wie werden die mit der Nahrung aufgenommenen Eiweißkörper im Darm weiter zerlegt?

Sie werden durch das Trypsin zu Peptonen und Albumosen und bis zu den Aminosäuren abgebaut. Durch ein weiteres Ferment, das Erepsin, werden die Peptone und Albumosen, aber nicht eigentliches Eiweiß, bis zu den Aminosäuren weiter gespalten.

Fette.

Welche Fettarten unterscheidet man ihrer Herkunft nach?	Die tierischen und pflanzlichen Fette.
Woraus bestehen die tierischen Fette?	Fette sind Verbindungen von Glycerin und Fettsäuren, teils höherer Ordnung, wie Tripalmitin, Tristearin, Triolein, teils niederer Ordnung, wie in reichlicher Menge in der Kuhbutter.
Wie setzen sich die pflanzlichen Fette zusammen?	Sie unterscheiden sich in ihrer Zusammensetzung nur wenig von den tierischen Fetten und bestehen zum Teil aus Neutralfetten, zum Teil aus Mischungen solcher mit freien Fettsäuren (Erucasäure).
Wird Fett im Körper leicht zerlegt?	Nein, für gewöhnlich nur in einer Menge von 50—100 g. Bei größerer Fettaufnahme wird der Rest in den Depots abgelagert.
Wann wird viel Fett zerstört?	Bei Muskelarbeit.
Worin bestehen die Leistungen des Fettes bei seiner Zerlegung?	1. In der Erzeugung von Wärme. 2. In der Eiweißsparung.
Wie wird das im Körper zerstörte Fett ersetzt?	Durch Nahrungsfett (tierisches und pflanzliches). Die resorbierbaren Fette müssen alle einen Schmelzpunkt unter 40° C haben, widrigenfalls sie unausgenutzt ausgeschieden werden (Stearin).
Wieviel Wasser enthält das Fettgewebe?	6—10% Wasser (1—2% Membranen).
Kann man einen Körper dauernd mit Eiweiß und Fett allein ernähren?	Nein; er bedarf noch der Zufuhr von Kohlenhydraten, die zu den Endprodukten, Kohlensäure und Wasser, verbrannt werden.

Kohlenhydrate.

Welche Kohlenhydrate kennen Sie?	I. Hexosen. 1. Monosaccharide, $C_6H_{12}O_6$ (Glucose oder Dextrose, Fructose oder Lävulose, Galaktose). 2. Disaccharide, $C_{12}H_{22}O_{11}$ [Rohrzucker (Saccharose), Milchzucker (Lactose), Malzzucker (Maltose)]. 3. Polysaccharide, $(C_6H_{10}O_5) \cdot x$, Stärke, Dextrin (Stärke, Cellulose, Pektinstoffe). II. Pentosen (mit 5 C-Atomen) und Pentosane (Anhydride der Pentosen).
Was liefern die Kohlenhydrate dem Körper?	1. Wärme. 2. Sie wirken eiweißsparend. 3. Sie wirken fettsparend. 4. Sie können selbst eine Umwandlung in Körperfett erfahren.

Wie geschieht die Deckung des Kohlenhydratbedarfes im Körper?

Durch Zufuhr von Kohlenhydraten der Nahrung, Rohrzucker, Milchzucker und besonders Stärke, die im Darm in resorbierbaren Zucker übergeht.

Wasser.

Ist das Wasser für den Organismus von Bedeutung?

Ja; es ist als Lösungsmittel von Bedeutung und dient zum Transport der löslichen Substanzen; auch beteiligt es sich an der Wärmeregulierung des Körpers.

Was bewirkt eine vorübergehende Erhöhung der Wasserzufuhr?

Vermehrte Stickstoffausscheidung durch Ausspülung angesammelter Excrete.

Was bewirkt eine anhaltende abnorm starke Wasserzufuhr?

Eine starke Verdünnung der Verdauungssäfte, eine Überbürdung des Pfortaderkreislaufes, Änderung des Blutdruckes usw.

Salze.

Welche Salze nimmt der Körper auf?

Verbindungen des Eisens, Calciums, Magnesiums, Kaliums und Natriums mit Phosphorsäure, Kohlensäure, Schwefel und Chlor.

Wozu werden die Salze verwertet?

Zur Bildung der Organzellen und der Körpersäfte.

Was geschieht, wenn die ausgeschiedenen Salze des Körpers nicht ausreichend ersetzt werden?

Der Körper gibt zunächst eine Zeitlang aus seinem Bestande her; bei andauernd salzarmer Kost (künstlich salzfrei gemacht) treten eigentümliche nervöse Erscheinungen und schließlich der Tod ein.

Wer liefert dem Körper die nötigen Salze?

Die grünen Gemüse. Der für das Kind notwendige phosphorsaure Kalk wird in der Milch in ausreichender Menge genossen.

Die akzessorischen Nährstoffe.

Den akzessorischen Nährstoffen fällt eine wichtige Rolle im Stoffwechsel des Körpers zu. Sie sind zum Aufbau notwendig. Nennen Sie mir Nährstoffe, die hierher zu rechnen sind.

Die Nucleoproteide, Bestandteile der Zellkerne; sie spalten sich in Eiweiß und Nucleine, die in Kohlenhydrate, Phosphorsäure und Purine zerfallen; letztere gehen in den Harn über.

Die Lipoide; hierher gehören die Lecithine, besonders im Nervengewebe und in der Eidotter enthalten, weiter das Cholesterin, im Stroma der roten Blutkörperchen, in der Leber und Galle vorhanden.

Daneben sind in der Nahrung noch Nährstoffe für verschiedene Bauelemente des Körpers vorhanden, so für das Chondrin, Glutin, Elastin usw.; für die Bildung der roten Blutkörperchen müssen die das Hämatin aufbauenden Pyrrholringe in den Körper eingeführt werden. Für die Knochenbildung muß Kalk, Magnesia, Phosphor eingeführt werden; auch beeinflussen endokrine Drüsen die Knochenentwicklung.

Endlich sei noch auf die Organtherapie hingewiesen, die sich mit der Einführung von Substanzen und Endokreten der Hormondrüsen beschäftigt (Nebennieren, Hypophyse, Thymus, Schilddrüse und Keimdrüsen).

Was sind Vitamine und welche Gruppen von Vitaminen unterscheidet man?

Zur Aufrechterhaltung des Aufbaues und des Stoffwechsels gewisser Organe unentbehrliche Stoffe, die gegen Kochhitze, langes Trocknen, längeres Lagern äußerst empfindlich sind. Man unterscheidet die fettlöslichen, N-freien, auch Vitasterine genannt, und die fettunlöslichen, wasserlöslichen, N-haltigen Vitamine.

Welches Vitamin gehört zur ersten Gruppe, den fettlöslichen, N-freien?

Das Vitamin A, das seine Wirksamkeit durch Erhitzen über 100° C verliert. Es fehlt daher in Gemüsekonserven. Auch wird es durch Oxydation zerstört.

Wo findet man das Vitamin A?

In grünen Blättern (Spinat, Salat, Grünkohl), dann in Tomaten, in Apfelsinenschalen, in Wurzeln, wie Möhren (Karotten) und gelben Kartoffeln, im Handel als „Vogan" zu haben.

Wo fehlt es?

Fast ganz in Pflanzenölen, in Margarine, im Gegensatz zur Butter, im Lebertran des Dorsches, besonders des Heilbutts. Im Lebertran wird das Vitamin durch Bleichen, also Oxydation, unwirksam; nicht dagegen durch einfaches Erhitzen. Auch in der Butter wird Vitamin A durch Lagern an der Luft, beim Ranzigwerden, also auch durch Oxydation zerstört.

Kennen Sie noch weitere Vitamine, die zu dieser Gruppe gehören?

Das antirachitische Vitamin D und das Fortpflanzungsvitamin E. Das Vitamin D ist im Gegensatz zum Vitamin A oxystabil.

Ist es Ihnen bekannt, daß man Rachitis durch Ultraviolettbestrahlungen heilen kann? Wie ist der Vorgang zu erklären?

Ja. Durch Bestrahlung von Fetten, tierischen Geweben und Milch kann man antirachitische Nahrung erzeugen. Es werden wahrscheinlich die in der Nahrung und im Hautgewebe vorhandenen Lipoide, und zwar Sterine durch Bestrahlung aktiviert und in Vitamin D verwandelt.

Ist standardisiertes Vitamin D im Handel erhältlich?

Als Vigantol, aus Hefefett gewonnen.

Wo kommt Vitamin D vor?

In Pflanzen sind hauptsächlich die Vorstufen enthalten, die Provitamine, die durch Bestrahlung ihre Wirksamkeit erlangen; weiter im Lebertran, im Eigelb.

Was wissen Sie vom Fortpflanzungsvitamin E?	Es verhütet die Unfruchtbarkeit und hat einen besonderen Einfluß auf den Eisenstoffwechsel. Es ist sehr widerstandsfähig gegen Erhitzen und Oxydation.
Wo kommt es vor?	Im Öl der Keimlinge der Getreidesamen (Weizenkörner, Baumwollsamen), in grünen Pflanzen. Im Lebertran fehlt es.
Die zweite Gruppe umfaßt die wasserlöslichen, stickstoffhaltigen Vitamine. Welche Vitamine gehören hierher?	Das Anti-Beriberi Vitamin B_1 (Betaxin) oder Nervenvitamin, das Anti-Pellagra-Vitamin B_2 (G, PP) (chemisch noch ungenügend aufgeklärt), das antiskorbutische Vitamin C.
Wo findet sich das Vitamin C?	In frischen Pflanzen, in Früchten, besonders Citronen, Apfelsinen, schwarzen Johannisbeeren, Himbeeren, Tomaten, weniger in Pflaumen, Äpfeln, Birnen, Bananen, roten Johannisbeeren. Reichlich aber in Möhren, Radieschen. Weniger in Kartoffeln, im frischen Fleisch; in der Milch bei Grünfütterung. Es fehlt in getrockneten Nahrungsmitteln, wie Dörrgemüse, Trockenmilch.
Wie verhält sich das Vitamin C gegenüber äußeren Einflüssen?	Es ist wasserlöslich, alkalilabil; es wird durch langdauernde Hitzeeinwirkung bei O-Zutritt geschädigt.
Was wissen Sie vom Anti-Beriberi-Vitamin B_1?	Es ist oxystabil, aber alkalilabil; Überhitzung in Konserven macht es unwirksam. Es findet sich in Pflanzensamen, in Hülsenfrüchten, in der Randschicht der Getreidekörner, in der Kleie, nicht im Mehlkern. Im Roggenbrot, Vollkornbrot ist es enthalten, nicht in reinem Weißbrot. Weiter in grünen Pflanzenteilen. In der Hefe findet es sich sehr reichlich. In Leber, Nieren, Eier, Hirn ist es auch vorhanden, weniger im frischen Fleisch.
Welche Krankheiten (Avitaminosen) führt man auf das Fehlen der Vitamine zurück?	Skorbut, Pellagra, Rachitis, Beri-Beri.
In der Nahrung müssen demnach mindestens drei Vitamine vorhanden sein. Welche meine ich?	1. Das rachitisverhütende, wachstumsfördernde (der fettlösliche A-Faktor). 2. Der gegen Polyneuritis und Beri-Beri schützende B-Faktor. 3. Der Heil- und Schutzstoff gegen Skorbut und Barlowsche Krankheit (C-Faktor).

Nährstoffmengen.

Welche Wege dienen zur Ermittlung der erforderlichen Nährstoffmengen?	1. Untersuchungen im Respirationsapparat und Stickstoffbestimmungen in der 24stündigen Harnmenge. 2. Stickstoffbestimmungen in der Nahrungsmenge, die genossen wird.

3. Gut geführte Haushaltungsbücher können die gewünschten Bedarfszahlen berechnen lassen.

Wie groß ist der 24stündige Nährstoffbedarf erwachsener Männer? (Voit.)

= 3000 Calorien,
105 g resorbierbares Eiweiß.
56 g Fett,
500 g Kohlenhydrate.

Sind die genannten Zahlen genau oder schwanken sie?

Sie schwanken
1. nach der Körpergröße,
2. nach der Arbeitsleistung,
3. nach dem Lebensalter; im Kindesalter erhöhter Stoffumsatz,
4. nach der individuellen Energie und Reizbarkeit,
5. nach dem Geschlecht,
6. Witterung und Klima beeinflussen sie.
7. Bei Frauen sehr erhöhter Verbrauch während der Gravidität und Lactation.

Wie erreicht man eine Einschränkung des Eiweißzerfalles und Schonung der Fettdepots bei fieberhaften Krankheiten und in der Rekonvaleszenz?

Durch Darreichung von Kohlenhydraten. Sie ersetzen auch die im Fieber vermehrt ausgeschiedenen Kalisalze.

Wodurch kommt es zu übermäßigem Fettansatz?

Durch genügende Eiweiß- und reichliche Fett- und Kohlenhydratzufuhr neben möglichster Körperruhe.

Bei Pflanzenfressern gelingt die Mästung lediglich mit Eiweiß und Kohlenhydraten bei leicht gesteigerter Eiweißmenge.

Die schnellste Wirkung zeigt beim Menschen eine Kombination von Fett und reichlichen Kohlenhydraten (Ruhe und ruhiges Temperament notwendig). (120 g Eiweiß, 100 g Fett, 500 g Kohlenhydrate.)

Wodurch kann eine Entfettung des Körpers erzielt werden?

1. Durch erhöhte Körperbewegung.

2. Durch fast völliges Fortlassen des Fettes und der Kohlenhydrate und bei fast ausschließlicher Ernährung mit Eiweiß (Bantingkur).

3. Mit der Ebsteinmethode, die darin besteht, daß man sehr wenig Kohlenhydrate, reichlich Fett und mäßig Eiweiß aufnimmt.

4. Mit der Voit-Oertelschen Kur. Reichlich Eiweiß, normale Fett- und zu niedrige Kohlenhydratzufuhr bei starker Körperbewegung. Die Wasseraufnahme ist zwischen die Mahlzeiten verlegt.

Wie muß die Nahrung beschaffen sein?

Gut ausnutzbar, leicht verdaulich, gut zubereitet, schmackhaft ohne Zusatz schädlicher Bestandteile. Sie muß in solcher Menge vorhanden sein, daß sie das Gefühl der Sättigung hervorruft und muß temperiert genossen werden.

Werden animalische Stoffe besser ausgenutzt als vegetabilische?

Ja.

Was verstehen Sie unter einem leicht verdaulichen Nahrungsmittel?

Ein solches, das auch in größeren Mengen genossen, rasch resorbiert wird und selbst bei empfindlichen Menschen keine Belästigung in den Verdauungswegen hervorruft.

Wie konserviert man Nahrungsmittel?

Durch Aufbewahren in Vorratsräumen, in Eisschränken (+ 7° C). Durch Kochen, Trocknen, Räuchern, durch Zusatz von Zucker, Salz, Salicylsäure usw.

Welche Vorsichtsmaßregeln soll man bei den verschiedenen Kochgeschirren anwenden?

In Kupfer- und Messinggefäßen dürfen saure Speisen nicht gekocht werden (Grünspan). Auch sollen mehl- und zuckerhaltige Speisen nicht darin aufbewahrt werden, weil durch allmähliche Bildung von organischer Säure Kupfer gelöst werden könnte. Vernickelte Gefäße geben geringe Spuren von Nickel ab, wenn saure Speisen darin aufbewahrt werden. Ähnlich verhalten sich Aluminiumgeschirre.

Verzinnte Kochgefäße, ferner glasierte bzw. emaillierte, irdene oder eiserne Gefäße enthalten oft Blei.

Wie prüft man Kochgeschirre auf bleiabgebende Glasur oder Emaille?

Das Kochgeschirr wird mit 4%iger Essigsäure gefüllt; $^1/_2$ Stunde unter Ersatz des verdampften Wassers kochen, filtrieren und einleiten von H_2S. Braunfärbung oder schwarzer Niederschlag zeigt Blei an.

Wie groß soll im Mittel das Quantum der zur Sättigung eines Erwachsenen notwendigen fertigen Speise sein?

1800 g, bei vegetabilischer Nahrung und bei fettarmer Kost aber entsprechend höher = 2500 bis 3000 g.

Wie soll die Nahrung temperiert sein?

Für Säuglinge + 35° C bis + 40° C, für Erwachsene + 7° C bis + 55° C. Habitueller Eisgenuß ist bedenklich.

Wie wird die Tageskost zweckmäßigerweise auf die Mahlzeiten verteilt?

Beim Gesunden variiert die Einteilung nach der Beschäftigung und nach der Art der Kost.

Bei körperlicher Arbeit und vegetabilischer Kost sind fünf Mahlzeiten zweckmäßig. Bei geistiger Arbeit und eiweiß- und fettreicher Kost morgens eine reichliche Fleischmahlzeit, im Laufe des Tages nur einmal leichte Speisen und abends die Hauptmahlzeit.

Der Verkehr mit Nahrungsmitteln, Genußmitteln und Gebrauchsgegenständen wurde in Deutschland zuerst durch das Gesetz vom

Es bezweckt die Abwendung von Gefahren für die menschliche Gesundheit durch das Verbot der Herstellung und des Vertriebes gesundheitsschädlicher Lebensmittel sowie bestimmter Be-

14. Mai 1879, das jetzt außer Kraft gesetzt ist, geregelt und durch das Gesetz vom 1. Oktober 1927 ergänzt und als Gesetz über den Verkehr mit Lebensmitteln und Bedarfsgegenständen (Lebensmittelgesetz) in der Fassung vom 17. Januar 1936 erweitert. Was besagt es?

rufsgegenstände, sowie den Schutz der Verbraucher vor Täuschung und Übervorteilung durch das Verbot der Herstellung und des Vertriebes verdorbener, nachgemachter, verfälschter, irreführend bezeichneter oder irreführend aufgemachter Lebensmittel. Ausführungsbestimmungen ergänzen das Gesetz, z. B. Verordnung über Honig, Kunsthonig, Kakao, Kaffee, Obsterzeugnisse, Teigwaren, Fleischsorten, Knochenfett, coffeinhaltige Erfrischungsgetränke, die äußere Kennzeichnung von Lebensmitteln, weiter über Mineralölverwendung im Lebensmittelverkehr sowie über nikotinfreiere und nikotinarme Tabake usw.

Milch.

Was ist Kuhmilch?

Eine Emulsion von Fett in einer Lösung von Eiweiß und Zucker. Reaktion amphoter. Sie enthält in frischem, rohem Zustande alle 3 Sorten von Vitaminen, deren Gehalt von der Fütterung abhängig ist.

Wie ist sie chemisch zusammengesetzt?

Wassergehalt 87,75—89,5%,
Spezifisches Gewicht 1028—1033,
Eiweißgehalt 3,5%, darunter
Casein 2,9%,
Lactalbumin 0,5%,
Lactoglobulin in Spuren,
Fett 2,7—4,3%,
Milchzucker 3,5—5,5%,
Salze 0,6—1,0%.

Welche Fütterungsart liefert die gleichmäßigste Milch?

Die Trockenfütterung.

Das Reichsmilchgesetz vom 31. Juli 1930 regelt den Verkehr mit Milch. Welche Milchsorten unterscheidet man danach?

1. Vollmilch.
2. Markenmilch.
3. Vorzugsmilch.

Ist die Ausnutzung der Nährstoffe der Milch eine gute?

Ja. Das Eiweiß wird zu 90%, Fett zu 95%, Salze zu 50% und der Zucker vollständig resorbiert.

Warum ist die Milch zur ausschließlichen Ernährung Erwachsener nicht geeignet?

Es finden sich nicht genügend Calorien in der schwer resorbierbaren Menge von 4 Liter Milch.

Worin bestehen die Nachteile der Milch?

Ihre Verwendbarkeit wird leicht beeinträchtigt:

1. Unter dem Einfluß von Mikroorganismen kommt es zu Zersetzungen der Milch.
2. Sie ist leicht zu fälschen.
3. Sie ist zur Verbreitung von pathogenen und infektiösen Bakterien und evtl. von Giftstoffen besonders disponiert.

Worin bestehen die Veränderungen, die eine frisch gemolkene Milch allmählich durchmacht?

Schon nach kurzem Stehen bildet

1. sich eine Rahmschicht (Aufrahmen). Trennung in Rahm und abgerahmte Milch oder Magermilch.

2. Nach längerem Stehen bildet sich ein oberflächlicher pilziger, weißlicher Überzug aus Oidium lactis. In der Flüssigkeit, die unter dem Rahm steht, entwickeln sich reichlich Milchsäurebakterien (Streptococcus lacticus, Bac. acidi lactici).

Bei welchem Prozentgehalt von Milchsäure kommt es zur Gerinnung des Caseins und zur Abscheidung der Molke?

Bei etwa 0,2%.

Was enthält das Serum (Molke)?

Milchzucker und Salze.

Müssen immer Bakterien die Milchgerinnung herbeiführen?

Nein; auch ein labähnliches Ferment kann Milch gerinnen machen.

Was entwickelt sich in der Milch, die man 8—10 Tage stehen läßt?

1. Gestank nach Buttersäure.

2. Gasbildung (Wasserstoff und Kohlensäure, Ausfällung des Caseins durch Lab). Buttersäurebacillen sind in den Vordergrund getreten.

Hält man eine von Milchsäurebakterien befreite Milch in offenen Gefäßen bei 30 oder 40° C oder kocht man die Milch vorher mindestens eine Stunde lang, so tritt wieder eine andere Zerlegung der Milch auf. Welche ist es?

Die Peptonisierung der Milch. Unter der Rahmschicht bildet sich eine transparente Zone, die Peptonreaktion gibt. Sonst verändert sich die Milch äußerlich nur wenig, das Casein gerinnt nicht. Sie schmeckt bitter und kratzig. Die Zersetzung wird durch Heubacillen bewirkt.

Wie kommen die Bakterien in die Milch?

1. Aus den Ausführungsgängen der Euter,
2. aus den Kuhexkrementen,
3. aus den Sammeleimern,
4. von den Händen des Melkers,
5. von Fliegen,
6. vom Heustaub.

Welche Fermente enthält frische Milch?

1. Ein pepsin- und trypsinartiges Ferment, das Eiweiß zu spalten vermag.

2. Ein diastatisches Ferment, das Stärke in Zucker und Milchzucker in Glycose überführt.

3. Superoxydase (Katalase) zerlegt Wasserstoffsuperoxyd ($2\,H_2O_2 = 2\,H_2O + O_2$).

4. Indirekte Oxydasen, Peroxydasen ($H_2O_2 = H_2O + O$).

5. Die Reduktasen.

Worin besteht gewöhnlich die Milchverfälschung?

Im Entrahmen und Zusatz von Wasser; selten durch Zusatz von Stärke, Dextrin, Gehirnsubstanz, Gips; ferner muß man achten auf eine Zufügung von Konservierungsmitteln, Soda, Borax, Natrium bicarb., Salicylsäure (0,75 p. m.),

Formalin (0,2 p. m.) und Wasserstoffsuperoxyd (2,0 p. m.).

Welche pflanzlichen Gifte können in die Milch übergehen?

Colchicin, Gifte von Hahnenfuß, Dotterblumen, Solanin.

Wie stellt man Milchfälschungen fest?

Durch Bestimmung des spezifischen Gewichtes und des Fettgehaltes, durch Nachweis von Nitraten, die auf einen Zusatz von Brunnenwasser deuten, durch den Nachweis von Konservierungsmitteln.

Wie bestimmt man das spezifische Gewicht der Milch?

Mit dem Aräometer (Soxhlet). Eiweiß, Zucker und Salze machen die Milch schwerer, das Fett dagegen leichter.

Gut durchgemischte Milch ohne Schaumbildung in Zylinder einfüllen; Einführen des gereinigten und getrockneten Aräometers (Milchwaage, Lactodensimeter). Der Abstand des Milchspiegels (nicht Meniscus) ablesen, 2 in der 4. Dezimale für jeden Grad C über $+15°$ zuzählen, unter $+15°$ abziehen. Spezifisches Gewicht normaler Milch 1,028—1,033.

Wodurch kann ein hohes spezifisches Gewicht bedingt sein?

Durch feste Bestandteile, Wasserarmut und durch Fettmangel.

Wodurch kann ein niedriges spezifisches Gewicht bedingt sein?

Durch Fettreichtum und Wasserzusatz.

Wie wird die Fettbestimmung ausgeführt?

Mit dem Cremometer, Gerbers Butyrometer, dem Feserschen Lactoskop und mit Hilfe des Soxhletschen Verfahrens.

1. Mit dem Cremometer. Nach dem 24stündigen Stehenlassen der Milch bei mittlerer Temperatur Aufheben derselben 36—48 Stunden bei niederer Temperatur. Ablesen der Höhe der Rahmschicht an der Skalenteilung. Gute Milch liefert 10—14% Rahm; 3,2 Skalenteile entsprechen ungefähr 1% Fett. Ungenaue Methode.

2. Mit Gerbers Butyrometer. In das Butyrometer nacheinander einfüllen: 10 cm^3 konz. H_2SO_4 vom spezifischen Gewicht 1,825. Dann 11 cm^3 Milch, 1 cm^3 Amylalkohol. Hals des Butyrometers trocknen, Kautschukstopfen fest eindrehen; schütteln, bis alles braun ist. In Spezialzentrifuge zentrifugieren. Fettsäule ablesen, nachdem mit dem Stopfen die untere Grenze des Fettes auf einen Teilstrich eingestellt ist. Abgelesene Höhe der Fettsäule = % Fett. Jeder Teilstrich entspricht 0,1% Fett. Ablesen bei 60 bis 70° C (Butyrometer in ein Wasserbad von 60 bis 70° C bringen).

3. Mit dem Feserschen Lactoskop. Diese Methode ist eine optische; sie ist unzuverlässig;

es kommt viel auf die Beleuchtung und das Auge des Beschauers an, auch ist die Durchsichtigkeit von der Zahl und Größe der Milchkügelchen abhängig. Je fettreicher die Milch, um so undurchsichtiger wird sie.

In das Lactoskop 4 cm³ Milch einfüllen, langsam Wasser zusetzen, bis schwarze Striche auf einem am Boden des Gefäßes befindlichen Milchglaszapfen eben sichtbar werden. An einer Skalenteilung kann man direkt die Fettprozente ablesen.

4. Mit dem Soxhletschen Verfahren. Hier sucht man das spezifische Gewicht des Ätherextraktes der Milch zu bestimmen.

200 cm³ Milch + 10 cm³ Kalilauge + 60 cm³ Äther. Kräftig schütteln. Nach 15 Minuten wird die oben angesammelte Ätherfettlösung in ein Glasrohr gebracht, das außen von einem Kühlrohr umgeben ist. Konstante Temperatur im Innern 17,5° C. Bestimmung des spezifischen Gewichts der Ätherfettlösung mittels Aräometer. Mit Hilfe einer Tabelle findet man den Fettgehalt.

Wie weisen Sie Nitrate in der Milch nach?

Die Milch wird durch Zusatz von Essigsäure oder Chlorcalciumlösung (auf 100 cm³ Milch 1,5 cm³ einer 20%igen Lösung) und darauffolgendes Kochen koaguliert. Dem Filtrat setzt man tropfenweise Diphenylamin in konzentrierter H_2SO_4 zu. Blaufärbung.

Wie untersucht man die Milch auf Konservierungsmittel?

Bei Anwesenheit von Soda, Natrium bicarb. oder Borax zeigt die Milch nach 1- bis 2stündigem Kochen Braunfärbung.

Alkalische Beimengungen lassen sich auch nachweisen durch Zusatz von Alkohol und Rosolsäure = Rosafärbung.

Mengenverhältnis: 10 cm³ Milch + 10 cm³ Alkohol, mischen, dazu 3 Tropfen 1%ige Rosolsäure.

Bei Salicylsäuregehalt gibt Milch + Eisenchlorid = Violettfärbung. Bei Wasserstoffsuperoxydgehalt entsteht eine Bläuung von Jodkaliumstärkepapier.

Wie weist man Formalin in der Milch nach?

1. Schwefelsäurereaktion: Milch + Wasser $\overline{aa}$ im Reagensglas unterschichtet mit konz. chemisch reiner H_2SO_4 = blauer Ring.

2. Fuchsinprobe: Von 100 cm³ Milch 20 cm³ abdestillieren; zu 10 cm³ Zusatz von 1 cm³ Fuchsinlösung, die durch SO_2 entfärbt ist = Rotfärbung.

Wie wird der Borsäurenachweis geführt?

100 cm^3 Milch werden in der Platinschale mit Kalkmilch alkalisiert, eingedampft und verascht. Die Asche löst man in wenig Salzsäure. 1 Tropfen der Lösung auf Curcumapapier gibt rote, beim Aufbringen von 1 Tropfen Sodalösung in Blau übergehende Färbung, falls Borsäure zugesetzt war.

Wie weist man Wasserstoffsuperoxyd in der Milch nach?

a) Mit der Titansäurereaktion: 10 cm^3 Milch + 10—15 Tropfen Titansäure = Gelbfärbung.

b) Mit der Vanadinsäurereaktion: 10 cm^3 Milch + 10 Tropfen 1%ige Vanadinsäure = Rotfärbung (Empfindlichkeit 1 : 10000).

Wie geht man vor, um rohe und gekochte Milch zu unterscheiden?

1. Mit der Oxydasenreaktion.

a) Guajacreaktion. 5 cm^3 Milch + 1 Tropfen Guajactinktur. Nach 2—3 Minuten Blaufärbung bei Rohmilch; wenn nicht positiv: 5 cm^3 Milch + 5 Tropfen 0,2%iges H_2O_2 + 1 Tropfen Guajactinktur (indirekte Oxydase). (Katalasenreaktion.)

b) Storchsche oder Paraphenylendiamin reaktion. 10 cm^3 Milch + 1 cm^3 0,2%iges H_2O_2 + einige Tropfen Paraphenylendiaminlösung. Rohe Milch in 2—3 Minuten indigoblau (Peroxydasenreaktion).

c) Benzidinreaktion. 3—5 cm^3 Milch + 1 Tropfen alkoholische Benzidinlösung (mit Zusatz von 0,6%iger Essigsäure + 5—10 Tropfen 0,2%iges H_2O_2) = Blaugrünfärbung bei Rohmilch.

2. Schardinger-Reaktion:

10 cm^3 Milch + 0,5 cm^3 Schardinger-Reagens (Methylenblau-Formalinmischung)+ flüssiges Paraffin. Wasserbad 45° C. Rohmilch ist in spätestens 20 Minuten entfärbt (Reduktasereaktion).

3. Rubners „Albuminprobe“.

Die Milch wird mit Kochsalz übersättigt, auf 30—40° C erwärmt, filtriert und geprüft, ob im Filtrat noch durch Kochen gerinnendes Albumin vorliegt.

Bei Rohmilch fällt das Molkenprotein aus.

Wie erkennt man die Zersetzungen der Milch?

1. Milch + 70% Alkohol $\overline{aa}$ gibt Gerinnung bei zersetzter Milch.

2. Methylenblauprobe. Man bringt in ein 20-cm^3-Fläschchen 10 cm^3 Milch + 15 Tropfen einer Methylenblaulösung (0,02 g in 100 g Aqua dest.), mischt gut durch, füllt 1 cm^3 hoch mit

Speiseöl auf, setzt die verkorkte Flasche in warmes Wasser ein.

Tritt ein Verschwinden der blauen Farbe innerhalb einer Stunde auf, so ist die Milch für Säuglinge nicht geeignet.

Zur genauen Feststellung des Grades der Zersetzung titriert man nach Soxhlet den Säuregrad. 50 cm^3 Milch werden mit $^1/_4$ Normalnatronlauge titriert. Als Indicator werden 2 cm^3 einer 2%igen alkoholischen Phenolphthaleinlösung zugefügt. Jeder für 100 cm^3 Milch verbrauchte Kubikzentimeter Natronlauge ist ein Säuregra d Zulässig sind noch 7 Säuregrade.

3. Durch Feststellung der Bakterienzahl.

Wie viele Keime enthält eine frische, reinlich behandelte Milch in 1 cm^3?

2000—3000 Keime.

Ist eine Überwachung der Milchwirtschaften notwendig?

Ja. Die Tiere sind von einem Tierarzt öfters zu untersuchen. Fälle von Typhus und anderen menschlichen Infektionskrankheiten unter dem Personal sind mit besonderer Vorsicht zu behandeln; für Absperrung und Desinfektion ist zu sorgen, auf Bacillenträger zu fahnden, eine Revision der Brunnenanlagen ist notwendig, eventuell zeitweilige Unterbindung des Milchverkaufes.

Gefäße müssen sauber gehalten werden. Die Milchaufbewahrungsräume müssen kühl, luftig und leicht zu reinigen sein. Es muß ein guter Schutz gegen Fliegen bestehen.

Wie kann man die Milch vor dem Verkauf präparieren, d. h. haltbarer machen?

1. Durch Abkühlen nach dem Melken und Aufbewahren in kühlen Räumen (bis höchstens 10° C). Es kommt hier aber auch noch zu einer gewissen Vermehrung der Bakterien; die pathogenen Keime bleiben lebensfähig.

2. Durch Hitze.

a) Pasteurisieren. Kurzes Erhitzen auf 65—90° C und rasches Abkühlen, so daß der Rohgeschmack der Milch erhalten bleibt; am besten Einwirkung von 85° C 2 Minuten lang.

b) Durch Behandlung im Biorisator (Lobeck). Milch wird in feinverteilter Form in einem auf 75° C erhitzten Kessel eingeblasen. Die Saprophyten und pathogenen Keime gehen zugrunde. Sporen bleiben lebensfähig.

c) Durch partielles Sterilisieren in bakteriendicht verschlossenen Flaschen 30—60 Minuten auf 100—103° C.

Die Sporen der Heubacillen werden dabei nicht abgetötet.

d) Durch vollständige Sterilisation. Sie ist oft ungenügend und unzuverlässig. Auch verdirbt die Milch. Am besten 10—30 Minuten langes Erhitzen bei gespanntem Dampf von 120 bis 125° C; Milch in Blechdosen.

e) Durch Kondensieren der Milch.

Im Vakuum auf $^1/_3$ oder $^1/_5$ ihres Volumens eingedickte Milch wird in zugelöteten Büchsen auf 100° C erhitzt. Am besten wird die Milch mit Rohrzucker versetzt (80 g auf 1 Liter).

f) Durch rasches Eintrocknen auf heißen rotierenden Walzen oder Versprayen (Milchpulver). Der Geschmack des Milchfettes ändert sich aber in störender Weise, es ist daher geboten, derartige Milchpulver aus Mager- oder Buttermilch zu bereiten.

Wie ist die Frauenmilch zusammengesetzt, und wie reagiert sie?

Sie enthält:
88,6% Wasser,
11,4% Trockensubstanz,
0,16—0,25% Eiweißstickstoff
= etwa 1—1,5% Eiweiß,
3% Fett,
0,2% Salze.

100 g Milch liefern 70 Calorien.

An Aschenbestandteilen enthält sie in 1 Liter 0,7 g Kali, 0,25 g Natron, 0,33 g Kalk, 0,06 g Magnesia, 0,004 g Eisen, 0,47 g Phosphorsäure, 0,43 g Chlor.

Spezifisches Gewicht 1028—34. Sie reagiert alkalisch.

Woraus bestehen die Eiweißstoffe der Frauenmilch?

Aus Albumin, aus Casein in kleinen Mengen, Protalbumin und Pepton.

Wird die Frauenmilch vom Säugling gut ausgenutzt?

Ja. 91,6% der gelieferten Calorien werden ausgenutzt.

Wie oft soll dem Säugling Frauenmilch gegeben werden?

Am ersten Tage nach der Geburt 2—3mal, an den folgenden Tagen 6—7mal, in Abständen von $2^1/_2$—$3^1/_2$ Stunden. Vom 7. Monat ab sind Kohlenhydrate und Salze hinzuzugeben (Zwieback, Grieß, Spinat). Vom 10. Monat an ist die Frauenmilch durch Kuhmilch zu ersetzen.

In welchen Punkten unterscheidet sich Kuhmilch von Frauenmilch?

Kuhmilch enthält mehr Eiweißstoffe, weniger Zucker. Die Eiweißstoffe bestehen hauptsächlich aus Casein, das im Magen derbe Gerinnsel gibt, die sauer reagieren. Auch enthält sie erheblich mehr Salze. Sie reagiert amphoter.

Wird Kuhmilch oder Frauenmilch vom Säugling besser ausgenutzt?	Die Ausnutzung ist bei der Frauenmilch eine bessere; die Faeces enthalten hier nur 3% der Nahrung im Gegensatz zu 6—7% bei Kuhmilchernährung. Die Kuhmilch ist schwerer verdaulich.
Da es häufig vorkommt, daß Säuglinge mit Kuhmilch ernährt werden müssen, muß man die Kuhmilch in besonderer Weise so präparieren, daß sie der Frauenmilch in ihrer Zusammensetzung ähnlich wird. Wie präpariert man sie?	1. Durch Wasserzusatz, der die Eiweißstoffe und Salze der Kuhmilch verdünnt und Zusatz von Zucker (26 g Milchzucker auf 1 Liter). 2. Durch Tötung der in der Kuhmilch befindlichen Bakterien.
Wie tötet man am besten die in der Milch vorhandenen Bakterien ab?	Durch Erhitzen: a) Kochen 5 Minuten bei 97—100° C. b) Für kleinere Portionen benutzt man kleine Wasserbäder (20 Minuten). c) Für größere Portionen: α) Soxhlets Milchkocher, β) Milchkocher in Kannenform. γ) Töpfe mit durchlochtem Deckel.
Es sind noch eine ganze Reihe von Milchsurrogaten angegeben, die die Frauenmilch ersetzen sollen. Welche kennen Sie?	Man hat versucht, eine leichtere Verdaulichkeit der Milch und eine Gerinnung des Caseins in weicheren Flocken herbeizuführen durch 1. Zusatz von Gersten- und Haferschleim zur Milch; oder durch teilweise Überführung des Caseins durch Behandlung mit Verdauungsfermenten in Albumosen (Loeflund, Backhaus). Auch Buttermilch ist vielfach empfohlen. 2. Durch Schaffung caseinfreier Milchmischung aus Rahm und Molke (Biedertsches Rahmgemenge: Emulsion aus Eiereiweiß, Butterfett, Milchzucker und Milchsalzen). Finkelsteins Eiweißmilch enthält vor allem wenig (1%) Milchzucker, dessen Säurebildung in erster Linie die Enteritis veranlassen soll, während das Casein mit seinen mehr alkalischen Produkten dafür nicht in Betracht kommt.

Molkereiprodukte.

Wie wird Butter gewonnen?	Durch Schlagen von Rahm. Heutzutage werden Zentrifugen zur Abrahmung der Milch benutzt.
Besitzt die abgerahmte Milch noch hohen Nährwert?	Ja; sie vermag den täglichen Eiweißbedarf des Menschen zu decken.

Wie ist Butter zusammengesetzt?

Sie enthält:
14,1% Wasser,
0,9% Eiweiß,
83,1% Fett,
0,5% Kohlenhydrate,
0,66% Salze.

Schmelzpunkt bei 31—37° C, Erstarrungspunkt zwischen 19 und 21° C.

Enthält Butter Bakterien?

In 1 g Butter oft 1—10 Millionen Bakterien. Unter Umständen auch Tuberkelbacillen und säurefeste Stäbchen.

Worauf beruht das Ranzigwerden der Butter?

Durch die Wirkung von Bakterien und Fadenpilzen (Penicillium, Oidium) erfolgt eine hydrolytische Spaltung des Butterfettes unter Freiwerden von Fettsäure- und Buttersäureestern.

Wodurch wird Butter talgig?

Durch Belichtung und Zutritt des Luftsauerstoffes zu den im Butterfett enthaltenen Fettsäuren.

Wie wird Butter gefälscht?

Durch Zusatz von Wasser und Kochsalz, durch Beimengungen von Farbstoff, Mehl usw. und fremden Fetten.

Worauf erstreckt sich eine Butteruntersuchung?

1. Auf die Wasserbestimmung.
2. Auf die Feststellung des Kochsalzgehaltes.
3. Auf den Gehalt an freien Fettsäuren.
4. Auf die Feststellung fremder Fette.

a) Mikroskopisch: Einbetten in Glycerin. In Butter bleiben die Fettkügelchen erhalten, alle anderen Fette müssen geschmolzen werden; es entstehen dabei immer krystallinische Gebilde (Fette und Fettsäuren).

b) Durch Untersuchungen des Butterfettes auf das spezifische Gewicht, auf den Schmelz- und Erstarrungspunkt; auf das Brechungsvermögen mittels des Refraktometers von Zeiß; letztere Methode nicht immer zuverlässig, da Mischungen von Margarine und Cocosfett sich wie reine Butter verhalten.

c) Durch den Nachweis von Phytosterin in den unverseifbaren Bestandteilen des Fettes; in pflanzlichen Fetten stets enthalten.

d) Durch das Mengenverhältnis der niederen und höheren Fettsäuren. Butter enthält 87 bis 88% höhere und 12—13% niedere Fettsäuren. Andere tierische und pflanzliche Fette dagegen 95—96% höhere und nur sehr wenig niedere Fettsäuren.

Wie untersucht man die Butter auf ihren Wassergehalt?

Im Apparat von P. Funke. Schälchen auf die Waage stellen; Gleichgewicht herstellen. Dann 10 g Butter in das Schälchen abwiegen. Schälchen über der Flamme erhitzen, bis das Knistern aufhört; abkühlen lassen. Wiegen. Vergleich des Anfang- und des Endgewichtes gibt den Wassergehalt in 10 g Butter an.

Wie wird der Gehalt der Butter an freien Fettsäuren festgestellt?

5 g Butter werden in Äther gelöst, mit alkoholischer $^1/_{10}$ n-KOH nach Zusatz von Phenolphthaleinlösung titriert. Als Säuregrad bezeichnet man die zur Sättigung von 100 g Fett verbrauchten Kubikzentimeter n-KOH.

Wie geschieht der Nachweis fremder Fette in der Butter?

3—4 g Fett werden in einer Porzellanschale von 10 cm³ Durchmesser mit 1—2 g Ätznatron und 50 cm³ 70%igen Alkohol versetzt, unter Umrühren vorsichtig erhitzt und die entstehende Seifenlösung zur Sirupdicke eingedampft. Der Rückstand wird in 100 cm³ Aqua dest. gelöst.. Ein Teil hiervon im Reagensglas geschüttelt (= Schaumbildung); ein anderer Teil wird mit verdünnter H_2SO_4 übergossen. In der wässerigen Lösung sind die zwei Anteile der freien Fettsäuren in freiem Zustande enthalten, lösliche und unlösliche. — Das Destillat enthält bei Butter große Mengen von Säuren, bei anderen Fetten nur Spuren von Säuren.

Welche Methoden werden noch zur genaueren Charakterisierung der Fettsäuren und zur Erkennung von Verfälschungen herangezogen?

1. Die Bestimmung der Köttstorferschen Zahl, die angibt, wieviel Millimeter KOH zur Verseifung von 1 g Fett nötig sind. (Milchfett 221—230, Oleomargarine 193—198.)

2. Die Bestimmung der Reichert-Meißlschen Zahl. Sie gibt an, wieviel Kubikzentimeter $^1/_{10}$ n-NaOH zur Neutralisation der aus 5 g Butterfett abdestillierten, flüchtigen, wasserlöslichen Fettsäuren notwendig sind. (Butter 26 bis 31, Oleomargarin 0,4—1,0, Talg 0,2—0,8.)

3. Die Bestimmung der Hehnerschen Zahl, die die Menge der in 100 Teilen Fett enthaltenen in Wasser unlöslichen, nicht flüchtigen Fettsäuren angibt.

4. Die Bestimmung der Polenskeschen „neuen Butterzahl"; sie gibt an, wieviel $^1/_{10}$ n-Barytlauge erforderlich ist zur Neutralisation der nach Reichert-Meißl überdestillierten, aber noch im Kühlrohr befindlichen, in H_2O unlöslichen, dagegen in 90%igen Alkohol löslichen Fettsäuren.

5. Die Bestimmung der Hüblschen Jodzahl. Die in pflanzlichen Fetten vorhandenen ungesättigten Fettsäuren lagern bei Gegenwart von $HgCl_2$ Jod an. (Butter 26—38% des Fettes, Erd-

nußöl 83—105, Pferdefett z. B. 70 und mehr, Leinöl 178.)

Kennen Sie ein Surrogat der Butter?

Margarine (tierische und pflanzliche Fette oder Öle).

Palmin (pflanzliche Fette).

Wie weist man Sesamöl in Margarine nach?

2—3 g Butter bzw. Margarine werden im Reagensglase mit 10 cm³ konz. HCl ausgeschüttelt. Färbt sich die Salzsäure rot, wird abgegossen und das Verfahren wiederholt. Zusatz einiger Tropfen Furfurollösung = Rotfärbung bei Margarine.

Ist die Kunstbutter vom hygienischen Standpunkte zu empfehlen?

Ja. Sie ist billig, wird gut ausgenützt und empfiehlt sich als Volksnahrungsmittel. Es ist unbedingte Überwachung der Produktion und der Verkaufsstellen notwendig. Gesetz vom 20. Dezember 1933 über den Verkehr mit Milcherzeugnissen.

Welche Zusammensetzung zeigt die Buttermilch?

$^1/_2$—1% Fett.

3% in Flocken geronnenes Casein.

3% Milchzucker und etwas Milchsäure.

Wie bereitet man Käse?

Durch Fällen des Caseins mittels Lab. 10 Liter Milch liefern 1 kg Käse.

Welche Käsearten unterscheidet man?

1. Weichkäse.
2. Überfetteten Käse (Gervais) aus Rahm.
3. Fette Käse aus ganzer Milch (Holländer, Schweizer).
4. Magerkäse aus der abgerahmten, meist sauren Milch (Quark, Handkäse).

Der Vitamingehalt des Käses richtet sich nach seinem Fettgehalt.

Was ist Kefir?

Ein berauschendes und moussierendes, aus Milch hergestelltes Getränk, das als Diätetikum gebraucht wird. Durch Kefirferment aus Hefe und Bakterien wird der Milchzucker der Milch zum Teil in Glycose umgewandelt. Aus dieser entsteht durch die Hefe Alkohol und Kohlensäure.

Womit bereitet man Yoghurt?

Mit Reinkulturen des Bac. bulgaricus oder mit Majaferment (eingedicktem, eingetrocknetem Yoghurt).

Eier.

Wie setzt sich das Durchschnittsgewicht eines Hühnereies (56 g) zusammen?

Aus 6 g Schale, 30 g Eiklar, 20 g Dotter.

Wie verteilen sich Eiweiß, Vitellin, Fett, Lecithin und Vitamine im Ei?

Eiweiß als Albumin im Eiklar, als Vitellin im Dotter, als Fett und das P-haltige Lecithin nur im Dotter.

Vitamine finden sich hauptsächlich im Dotter (B und D reichlich, C spärlich).

Können sich auch Fremdkörper im Ei finden?	Ja, Bandwurmglieder, Trematodeneier, Coccidien, Federchen, Steinchen, Blutstropfen. Auch Eingeweidewürmer, z. B. Hühnerspulwürmer können vom Darm her in die Eier geraten.
Können auch Bakterien in die Eier gelangen?	Ja. Die beweglichen Bakterien können die Schale durchwandern (Enteritisbakterien bei kotbeschmierten Eiern) oder beim Öffnen der Eier ins Innere von der Schale aus gelangen.
Sind Enteritiserkrankungen durch Eiergenuß schon öfter beobachtet worden?	Ja. Durch Enteneier. Die Eier stammen von Enten, als Keimträger, deren Eierstock infiziert ist. Im Jahre 1933 wurde von der Medizinalabteilung des preußischen Innenministeriums und später durch Verordnung vom 24. Juli 1936 vor dem Genuß roher Enteneier gewarnt, die oft zu Mayonnaisen, Herings-, Kartoffelsalaten und Speiseeis verwendet wurden. Auch Hühnereier können Enteritisbakterien (Typus Breslau) enthalten.
Gehen Tuberkelbacillen in die Eier tuberkulöser Hühner über?	Bei tuberkulösen Hühnern sind in den Eiern, und zwar auch im Dotter Tuberkelbacillen (Typus gallinaceus) nachgewisen. Für den Menschen ist die Gefährdung gering.
Wann ist die Infektionsgefahr der Eier beseitigt?	Wenn die Eier bis zur Gerinnung des Dotters erhitzt sind.

Fleisch.

Was faßt der Begriff Fleisch zusammen?	Die quergestreifte Muskulatur der Schlachttiere mit eingelagerten Gefäßen und Nerven, mit dem zugehörigen Fett, Sehnen, Knochen, dem Bindegewebe und den genießbaren Teilen der inneren Organe, wie Lunge, Leber, Milz, Niere, Thymus und die glatte Muskulatur.
Was findet man außer Fett, leimgebender Substanz und Salzen noch im Fleisch?	Eiweißstoffe: Syntonin, Myosin, Muskelalbumin, Serumalbumin; Extraktivstoffe: Kreatin, Xanthin, Hypoxanthin, Milchsäure, Inosit, Glycogen.
Schwankt die Zusammensetzung des Fleisches?	Ja. Nach 1. der Tierspezies, 2. dem Mästungszustande, 3. dem Alter des Tieres.
Wie weit wird Fleischnahrung ausgenutzt?	Eiweiß und Leim werden zu 98%, Fett zu 95%, Salze zu 80% resorbiert.
Welche Gefahren kann der Fleischgenuß für den Menschen mit sich bringen?	1. Es können Trichinen und Finnen (tierische Parasiten), 2. pflanzliche Parasiten im Fleisch enthalten sein. 3. Es können durch längere Aufbewahrung des Fleisches pathogene und saprophytische Bakterien mit dem Fleisch genossen werden.

4. Es kann durch eine Anhäufung giftiger Stoffwechselprodukte, giftiger Arzneimittel u. dgl. zu Erkrankungen des Menschen kommen.

In welcher Fleischart finden sich Trichinen?

Im Schweinefleisch.

Im Menschenmagen werden die in den Muskeln des Schweines befindlichen Kapseln gelöst. Die Würmer werden damit frei und wachsen im Darm weiter. Nach $2^1/_2$ Tagen sind die Darmtrichinen geschlechtsreif; sie begatten sich, und nach 7 Tagen gebiert jedes Weibchen 1000 bis 1300 Embryonen, die von der Darmwand aus in die Lympbbahnen und schließlich in die Muskelprimitivfasern gelangen, wo sie sich wieder einkapseln.

Welche Fleischteile untersucht man, um Trichinose festzustellen?

Die Muskeln des Bauches und Kehlkopfes, die Intercostalmuskeln und Teile des Zwerchfelles.

Wie geht die Untersuchung auf Trichinen vor sich?

Mit feiner Schere wird ein kleines Muskelstückchen (aus Zwerchfellpfeilern, dem Rippenteil des Zwerchfelles, den Kehlkopfmuskeln und den Zungenmuskeln) abgeschnitten, auf dem Objektträger in Glycerin zu feinen Fäserchen zerzupft, mit Deckglas bedeckt und mit schwacher Vergrößerung, neuerdings mit Hilfe des Projektionsapparates, da weniger ermüdend und Personal sparend, betrachtet. Für jedes Schwein sind 24 Proben zu durchmustern.

Welche Parasiten werden auch durch Fleischgenuß übertragen?

Die Bandwürmer, und zwar:

Taen. solium (Finne im Schwein und gelegentlich im Menschen).

Taen. saginata (Finne im Rinde),

Bothriocephalus latus (Finne in Fischen: Hecht, Lachs usw.).

Wie beugt man der Bandwurmübertragung am besten vor?

Da die Finnen schon bei 50° C getötet werden, genügt Räuchern des Fleisches. Der beste und sicherste Schutz besteht darin, nur gargekochtes Fleisch zu genießen.

Welche weiteren Krankheiten können durch Schlachttiere auf den Menschen übertragen werden?

Perlsucht, Tuberkulose, Milzbrand, Rotz, Wut, Eiterungen, Septicämie und Pyämie.

Fleischvergiftung:

1. Durch parasitäre Bakterien:
   a) Durch Bac. paratyphus B (40%).
   b) Durch Bac. enteritidis Gärtner (60%) und vom Typus Breslau.

(Hier handelt es sich um Fleisch von Schlachttieren, die vor der Schlachtung schon erkrankt waren.)

2. Durch Toxine, die postmortal von bestimmten saprophytischen Bakterien, na-

mentlich dem Bac. botulinus in einzelnen Stücken des aufbewahrten Fleisches gebildet sind.

Wodurch kann das Fleisch postmortal verändert werden?

Da das Fleisch ein gutes Nährsubstrat für Bakterien darstellt, siedeln sich selbstverständlich leicht darauf Infektionserreger an. Es kommen hauptsächlich in Betracht die Erreger der Typhusgruppe und der anaerob wachsende Bacillus botulinus (im Innern von Würsten, Pasteten und Schinken).

Wie weisen Sie eingetretene oder beginnende Fäulnis des Fleisches nach?

Nach der Eberschen Reaktion. Etwas verdächtiges Fleisch wird in ein Zylinderglas gegeben, dann in den Zylinder ein Glasstab eingelassen, der in einer Mischung von 1 Teil reiner Salzsäure, 3 Teilen Alkohol und 1 Teil Äther eingetaucht war. Bei Fäulnis Ammoniakbildung (Salmiaknebel).

Wie äußert sich eine Vergiftung mit Toxin des Bac. botulinus (Botulismus)?

Nach vorhergehendem Erbrechen ohne Durchfälle kommt es zu Lähmungen der Augenmuskeln, der Muskeln des Schlundes, der Zunge, des Kehlkopfes, zur Erweiterung der Pupille, Ptosis, Akkomodations- und Motilitätsstörungen des Auges, erschwertem Sprechen und Schlingen, Stuhl und Urinverhaltung.

Bei welcher Temperatur wird das Gift zerstört?

Bei 60° C.

Womit sucht man die rote Farbe des Hackfleisches länger zu erhalten?

Durch Beimengungen von Konservesalz (Natriumsulfit + Natriumsulfat).

Wie weist man Sulfit im Fleisch nach?

Das Fleisch wird in einem Pulverglase mit verdünnter H_2SO_4 übergossen und das Gefäß geschlossen; bei Vorhandensein von Sulfit tritt bald ein starker Geruch nach Schwefeldioxyd auf.

Welche Methode für die biologische Untersuchung auf Pferdefleisch und andere Fleischarten gibt es?

Die Präcipitation.

Wie wird die Präcipitation z. B. bei der Untersuchung auf Pferdefleisch ausgeführt?

Dem verdächtigen Fleisch werden durch Auslaugen mit 0,85%iger Kochsalzlösung die löslichen Eiweißsubstanzen entzogen. Das völlig klare Filtrat wird mit vollständig klarem, vom Kaninchen gewonnenen, Pferdeeiweiß ausfällendem Serum von bestimmtem Titer versetzt und beobachtet, ob eine Trübung (Präcipitalbildung) eintritt. (Uhlenhuth.)

Welche Methode steht Ihnen sonst noch zur Verfügung, wenn der biologische Nachweis von Pferdefleich versagen sollte?

Die Untersuchung des Fettes mittels Refraktometers und die Feststellung der Hüblschen Jodzahl (siehe S. 57).

Wie lassen sich die Gefahren des Fleischgenusses auf ein Mindestmaß herabsetzen?	1. Durch Vorsichtsmaßregeln bei der Viehhaltung, durch Schlachten in Schlachthäusern. Gesetz betreffend die Schlachtvieh- und Fleischbeschau vom 3. Juni 1900 nebst Änderungen und Ausführungsbestimmungen. 2. Durch Seuchengesetze. 3. Durch obligatorische Fleischbeschau in Zentralstellen. 4. Durch Aufbewahren des Fleisches in Kühlhallen.
Man unterscheidet zwischen tauglichem, bedingt tauglichem und untauglichem Fleisch. Was fällt unter den Begriff des bedingt tauglichen?	1. Fett von Tieren mit frisch ausgebreiteter Tuberkulose, Finnen und Trichinen. 2. Fleisch mit mäßiger Tuberkulose (1 kranke Lymphdrüse). 3. Der ganze Tierkörper, wenn eine frische, nur auf Eingeweide oder Euter beschränkte Blutinfektion ohne hochgradige Abmagerung vorliegt, bei mäßigem Schweinerotlauf und bei Finnen.
Wie ist das taugliche fehlerfreie Fleisch gekennzeichnet?	Mit dem runden blauen Stempel.
Wie wird das bedingt taugliche Fleisch, das durch den Quadratstempel kenntlich gemacht ist, zum menschlichen Genuß brauchbar gemacht?	Durch Einwirkung von Hitze oder dreiwöchige Pökelung. (Verkauf auf der Freibank.) Für finniges Fleisch genügt die mindestens 21tägige Aufbewahrung im Kühlraum.
Welche Tierkrankheiten machen das Fleisch des ganzen Tieres für den Genuß untauglich?	Milzbrand, Rauschbrand, Tollwut, Rotz, Rinderseuche, Rinderpest, eitrige und jauchige Blutvergiftung, schwere Tuberkulose, Schweineseuche, Schweinerotlauf und Trichinose. Das Fett bleibt nach Erhitzung verwendbar. Das untaugliche Fleisch erhält einen Dreieckstempel.
Was muß mit derartigem Fleisch geschehen?	Es muß durch Einwirken höherer Hitzegrade oder auf chemischem Wege bis zur Auflösung der Weichteile oder durch Vergraben in mindestens 1 m Tiefe unschädlich beseitigt werden.
Wie soll das Fleisch aufbewahrt werden?	In relativ trockener, etwas bewegter Luft, damit die Oberfläche des Fleisches eintrocknet und die Bakterien hier nicht wuchern können. Am besten eignen sich dazu die Kühlhallen der Schlachthäuser. Bei Aufbewahren von Fleisch in den Fleischerläden ist größte Reinlichkeit notwendig. Jede engere Verbindung der Verkaufslokale mit Wohn- und Schlafräumen ist zu verbieten.
Ist Fischfleisch eiweißhaltiger als das der Warmblüter?	Es enthält etwas weniger Eiweiß (rund 17%) (bei Warmblütern 20%).
Welche Vitamine enthält das Fischfett?	Die Vitamine A und D.

Wo findet sich das wasserlösliche Vitamin B_1?	Reichlich im Rogen der Fische.
Ist Fischgenuß anzuraten?	Ja. Fische sind billige Eiweißspender. Ein- bis zweimal in der Woche sollte in jeder Familie Fisch gegessen werden.
Kommen Infektionen durch Fische vor?	Fischbandwürmer und Leberegel als Folge des Rohessens von Fisch, Enteritisinfektionen, auch Typhus- und Milzbrandinfektionen sind nachgewiesen.
Welche sonstigen Kaltblüter dienen noch als Fleischnahrung?	Die Muscheln, Austern, Schnecken und Krebse.
Kommen durch den Genuß derselben Erkrankungen vor?	Besonders durch Austern; da sie roh genossen werden, können Infektionen (Typhus) erfolgen. Durch die Weinbergschnecke können Vergiftungen hervorgerufen werden, besonders dann, wenn sie Blätter der Wolfsmilch oder der Tollkirschenpflanze gefressen hat. Auch durch Krabbengenuß sind Vergiftungen vorgekommen. Idiosynkrasien sind nach Hummer- und Krabbengenuß beobachtet.
Soll rohes Fleisch genossen werden?	Niemals. Einzelne Finnen werden leicht übersehen; auch ist es nicht immer möglich, die Trichinenschau überall in hinreichend zuverlässiger Weise durchzuführen.
Bei welcher Temperatur sterben Trichinen, Finnen und die meisten Kontagien ab?	Trichinen bei 65° C, Finnen bei 52° C, die meisten Kontagien bei einer Hitze von 60—65° C, die etwa $^1/_4$—$^1/_2$ Stunde einwirkt.
Nennen Sie mir verschiedene Konservierungsmethoden für Fleisch!	1. Die Konservierung durch Kälte (Eisschränke, Kühlräume), 2. durch Trocknen (Stockfisch), 3. durch Salzen, Pökeln, 4. durch Räuchern. 5. Erhitzen in bakteriendicht verschlossenen Gefäßen. (Zur Abtötung aller Bacillensporen bei 110° C mindestens 2 Stunden, bei 120° C 8 Minuten.) Hygienisch sind alle nicht unbedingt notwendigen Konservierungsmittel schon deshalb zu verwerfen, weil sie, abgesehen von dem schädigenden Einfluß auf die Gesundheit des Menschen, die „unsaubere Arbeit im Nahrungsmittelgewerbe begünstigen", s. Verordnung über unzulässige Zusätze und Behandlungsverfahren bei Fleisch und dessen Zubereitungen vom 30. Oktober 1934 und 9. Mai 1935.
Lassen Sie sich einmal über Konservierungsmittel für Fleisch, wie	1. Borsäure, meistens zur Konservierung von Krabben und Kaviar benutzt. Ihr Zusatz

Borsäure, Salicylsäure, schweflige Säure und deren Salze aus.

zum Fleisch ist durch das Gesetz betr. die Schlachtvieh- und Fleischbeschau vom 3. Juni 1900 in den Bekanntmachungen betr. gesundheitsschädliche und täuschende Zusätze zu Fleisch und dessen Zubereitungen vom 18. Februar 1902 und 4. Juli 1908 verboten. Der Genuß von Borsäure verringert die Ausnutzung der Nahrung und führt zur Abnahme des Körpergewichtes.

2. Salicylsäure. Sie ist als Zusatz zum Fleisch verboten.

3. Schweflige Säure und ihre Salze geben einer minderwertigen oder verdorbenen Ware den Schein einer besseren und unverdorbenen (Hackfleisch). Durch den Genuß größerer Mengen üben die schweflige Säure und ihre Salze erhebliche Reizerscheinungen im Magendarmkanal aus. Gesetzlich verboten ist ihre Anwendung nur beim Fleisch.

Vegetabilische Nahrungsmittel.

Welche verschiedenen Schichten unterscheidet man an einem Getreidekorn?

Außen hat man eine Reihe von Celluloseschichten, dann folgt nach innen die eiweißreiche Kleberschicht und der Mehlkern mit reichlichen Stärkezellen.

Wodurch läßt sich beim Brotteig die Lockerung herbeiführen?

Durch Gase, die sich im Innern des Brotteiges entwickeln, z. B. Wasserdampf (Graham-Brot), Kohlensäure (durch Natr. bicarbonat. + Salzsäure, Hirschhornsalz, Hefe und Sauerteig).

Enthalten Getreidekörner Vitamine?

Ja, Vitamin B_1 und B_2. Das Vitamin B_1 ist am reichlichsten im Keimling enthalten (Roggenkorn enthält etwas weniger Vitamin B_1 als das Weizenkorn. Roggen- und Weizenmehl von 97%-iger Ausmahlung, d. h. Vollkornmehle enthalten praktisch noch das gesamte Vitamin B_1 des Kornes).

Wird der Vitamingehalt durch das Backen beeinträchtigt?

Nein; durch die Verwendung von Hefe wird er erhöht.

Werden die Fermente durch die Backhitze vollständig unwirksam gemacht?

Ja.

Welche Veränderungen erleiden die Eiweißkörper und die Stärke durch den Backprozeß?

Die Stärke wird in Kleister, in Dextrin und Gummi verwandelt, das Pflanzenalbumin und der Kleber werden in den geronnenen unlöslichen Zustand übergeführt.

Welches Brot zeigt den höchsten Gehalt an verdaulichem Eiweiß?

Weizenbrot, das mit Milch bereitet ist; vom Eiweiß des Weizenbrotes werden 80%, von den Kohlenhydraten 98% resorbiert.

Man kann die verschiedenen Mehle mikroskopisch voneinander trennen. Nennen Sie mir die Hauptkennzeichen der verschiedenen Mehle im mikroskopischen Bilde!

Weizen, Roggen, Gerste: Runde Formen. die Roggenkörner sind größer und mit drei- oder vierstrahligem Nabel versehen.

Kartoffel: Birnförmige Körner, auch Muschelform, groß, Schichtung um den exzentrischen Kernpunkt.

Leguminosen: Nieren- und Eiformen, selten Kugelformen; konzentrische Schichtung, länglicher oder auch sternförmiger Nabel.

Reis und Hafer: Kleine kantige einfache Körnchen oder aus vielen kantigen zusammengesetzte kugelige oder ovale große Stärkekörner.

Mais: Wie bei Reis oder Hafer; nur sind die Körner größer mit sternförmiger Kernhöhle.

Welche Beimengungen oder auch absichtliche Fälschungen findet man im Mehl?

1. Claviceps purpurea, der Mutterkornpilz.
2. Brandpilze.
3. Schädliche Unkrautsamen (Taumellolch und Kornrade), Wachtelweizen, Rhinantusarten bewirken eine grünblaue Färbung des Brotes.
4. Zusätze von billigem Mehl (Kartoffel-, Wickenmehl) und anderen weißen Pulvern.

In heißen Ländern erhält man die Backfähigkeit mancher Weizensorten durch „Veredelung" mit Ammoniumpersulfat, Benzylsuperoxyd, Novadelox.

Wie untersucht man Mehl auf Beimengungen von Mutterkorn?

a) Mikroskopisch: Mutterkorn zeigt ineinander verschlungene schimmelpilzähnliche Fäden mit Fetttröpfchen.

b) Chemisch: 10 g Mehl + 20 cm^3 Äther + 1,2 cm^3 5%ige H_2SO_4; schütteln, zugekorkt 6 Stunden stehenlassen. Filtrieren. Rückstand mit Äther nachwaschen bis man 40 cm^3 Filtrat hat, mit 1,8 cm^3 einer konzentrierten Lösung von Natriumbicarbonat versetzen und schütteln. Violettfärbung.

Wann kann Brotgenuß gesundheitsschädigend wirken?

1. Wenn Zink- und Bleiverbindungen durch den Mahlprozeß usw. (Blei der Mühlsteine, wenn mit Bleiweiß gestrichenes Holz zum Heizen des Backofens benutzt war) mit dem Brot in Berührung gekommen sind.

2. Wenn das Brot das sog. Brotöl enthält (ein billiges Mineralöl, das aus den bei 300° C nicht flüchtigen Petroleumrückständen bereitet ist, mit dem die Backbleche bestrichen werden).

3. Durch giftige Farben, die bei Konditorwaren benutzt werden.

Kennen Sie die Zusammensetzung von Reis und Mais?

Reis = 8% Eiweiß (zu 80% ausnutzbar), Spuren von Fett (0,5%), 77% Kohlenhydrate.

Mais = 10% Eiweiß, 4,6% Fett, 69% Kohlenhydrate.

Wodurch sind die Leguminosen ausgezeichnet?

Durch reichlichen Eiweißgehalt (23—28%), Fehlen von Kleber, daher zur Brotbereitung nicht geeignet.

Das Eiweiß wird nur zu 50—70% ausgenutzt. Die präparierten Mehle aus Leguminosen sind besser ausnutzbar (Eiweiß zu 85%) und leichter verdaulich.

Sind Kartoffeln ein gutes Nährmittel?

Ja. Die Kartoffeln sind eine vorzügliche Quelle für Kohlenhydrate, sie geben mit Eiweiß, z. B. Fleisch oder Käse und Fett eine gute Nahrung. Häufigere Wiederholung ruft keinen Widerwillen hervor. Wegen ihrer Billigkeit sind sie ein gutes, beliebtes Volksnahrungsmittel. Bei ausschließlicher Kartoffelnahrung treten Ernährungsstörungen auf.

Wie hoch ist der Gehalt an Kohlenhydraten, Eiweiß und Fett bei der Kartoffel?

Kartoffeln ohne Schale enthalten: 21% Kohlenhydrate (Stärke), 2,1% Eiweiß, 0,1% Fett, 75% Wasser.

Enthalten Kartoffeln Vitamine?

Ja. Vitamin A, B_1, B_2, C, und zwar letzteres sehr reichlich.

Die Gemüse, die die Darmperistaltik anregen, die durch ihr großes Volumen Sättigung hervorrufen, die dem Körper Salze, Eisen zuführen, haben auch ihre Nachteile. Worin bestehen dieselben?

Darin, daß Parasiten und Infektionserreger an den Gemüsen haften können (Bandwurmeier, Typhusbacillen usw.). Die Infektionserreger und Parasiten werden auf die Gemüse von den Verkäufern, die eine infektiöse Erkrankung durchgemacht haben, übertragen oder sie stammen aus einem infizierten Wasser, das zum Besprengen der Gemüse benutzt wird, oder aus gedüngtem Boden. Vorsicht beim Rohgenuß geboten! Am besten Kochen sämtlicher Vegetabilien.

Hierher gehören noch Nahrungsmittel, wie Obst und Pilze. Der Vollständigkeit halber habe ich sie erwähnt. Welches ist der wichtigste Giftpilz Deutschlands?

Der Knollenblätterschwamm (Amanita phalloides), dann folgt die Lorchel und der Fliegenpilz; s. Spezialbücher.

Genuß- und Reizmittel.

Was versteht man unter „Genußmittel"?

Die in der Nahrung enthaltenen oder ihr zugesetzten schmeckenden Stoffe.

Worin liegt die Bedeutung der Genuß- und Reizmittel?

In der Anregung zur Nahrungsaufnahme, in der günstigen Wirkung auf die Verdauungsorgane (Peristaltik, Sekretion der Verdauungssäfte anregend).

Die eigentlichen Reizmittel verdecken die Empfindung ungenügender Ernährung und Leistungsfähigkeit.

Wozu führt der Alkoholmißbrauch?	Zu Erkrankungen des Herzens, der Leber, der Nieren und des Zentralnervensystems, zu leichtsinnigen Handlungen, Roheiten, Vergehen und Verbrechen, Unfällen, ungenügender Ernährung und Verelendung der Familie.
Durch Alkoholgenuß, besonders der Kraftwagenlenker, erhöht sich die Unfallstatistik. Zur Feststellung des Alkoholgehaltes wird daher heute bei Unfällen sofort bei den beteiligten Autoführern eine Blutalkoholbestimmung polizeilich angeordnet. Wann liegt Berauschung vor?	Mit Sicherheit, wenn die Blutprobe einen Alkoholgehalt von mehr als 2,0‰ ergibt.
Wie wird der Alkoholmißbrauch bekämpft?	Durch Alkoholsteuern und -zölle, Alkoholverbote für Jugendliche, Kontrolle und Beschränkung der Schankstätten, Trinkerheilstätten, Einrichtung von Tee- und Kaffeehäusern, heilbringende Tätigkeit von Vereinen (Blaues Kreuz und der Kreuzbund).
Welche Genußmittel kennen Sie?	I. Alkoholische Getränke: a) Bier, b) Wein, c) Branntwein. II. Kaffee, Tee, Kakao. III. Tabak. IV. Gewürze: a) Pfeffer, b) Senf, c) Essig.
Was ist Bier?	Ein durch Hefegärung ohne Destillation aus Gerstenmalz, Hopfen und Wasser hergestelltes Getränk, das sich im Stadium der Nachgärung befindet.
Was enthält das Bier?	1,5—6% Alkohol, 2—8% Extrakte, wovon Dextrin und Zucker die Hauptmasse ausmachen, ungefähr 0,5% Glycerin, 0,5% Eiweiß bzw. Pepton, die Bitterstoffe des Hopfens, Salze, freie CO_2, Milch- und Bernsteinsäure und Spuren von Essigsäure.
Wie bereitet man Bier?	Angefeuchtete Gerste wird auf einen Haufen geworfen; man läßt sie auskeimen. Dabei entsteht Diastase, welche die Stärke durch Umwandlung in Maltose und Dextrin gärfähig macht. Das von den Keimen befreite Getreide wird gedarrt und grob gemahlen, das Malz mit warmem Wasser angesetzt und später gekocht. Zu dieser Dextrin und Maltose enthaltenden Würze wird Hopfen zugegeben. Seine bitteren

und aromatischen Stoffe gehen in die Würze über und geben dem Bier den eigentümlichen Geschmack. Die Würze wird nun mit Hefe versetzt, der Gärung unterworfen, wobei fast alle Maltose in CO_2 und Alkohol zerlegt wird. Die Unterhefe bewirkt bei niedriger Temperatur eine langsame Gärung und haltbare Biere. Die Oberhefegärung geht bei höherer Temperatur vor sich und erzeugt ein wenig haltbares Getränk.

Wie fälscht man das Bier?

Statt Gerstenmalz kommt Stärke und Stärkezucker zur Verwendung. Es entstehen bei ihrer Vergärung Fuselöle, die das Bier unbekömmlich machen. Statt Hopfen werden andere Bitterstoffe, wie Quassia, Aloe usw. benutzt. Ein Teil dieser Präparate ist giftig und keines ist dem Hopfen gleichwertig.

Wie setzt sich der fertige Wein zusammen?

Er enthält:
9—12% Alkohol,
2—11% Extrakt,
0,2—11% Zucker,
bis 0,6% Farb- und Gerbstoff,
0,2% Asche,
85—88% Wasser.

Das Weingesetz vom 7. April 1909 schützt gegen nachteilige Zusätze und Fälschungen.

Wie hoch ist der Alkoholgehalt des Branntweins?

35—75%.

Welche Substanzen wirken, wenn sie im Branntwein enthalten sind, schädigend auf die Gesundheit des Menschen?

Bedenklich ist der Gehalt an Fuselöl (Gemenge von Propyl-, Amyl-, Butylalkohol und Furfurol). Bei einem Gehalt an diesen Substanzen über 1 Promille stellen sich Übelkeit und Kopfschmerzen ein. Auch kommt eine giftige Wirkung zustande durch einen stärkeren Zusatz von Methylalkohol (Sehstörungen, Pupillenerweiterung, Erbrechen, Dyspnoe und Kollaps).

Wie wird der Branntwein gewonnen?

Durch die Alkoholgärung zuckerhaltiger Substanzen (Weintrauben, Pflaumen) oder gärfähig gemachter Stärke (Korn, Kartoffeln) und Destillation des gewonnenen Alkohols.

Was enthält die Kaffeebohne?

10% Stickstoff (Eiweiß),
15—16% Fett,
5% Asche,
10% Zucker,
1% Coffein (Theïn), Methyl-Theobromin, Gerbsäure und ätherisches Öl.

In einer Tasse Infus aus 8 g Bohnen finden sich etwa 0,1 g Coffein.

Welcher Stoff ist im Tee der wirksame?

Das Theïn (0,5—2%).

Welche Zusammensetzung hat der aus Kakaobohnen bereitete Kakao?

16% Eiweiß,
50% Fett,
3—4% Asche,
1,5% Theobromin.

Welche Wirkungen schreibt man dem Kakao zu?

Eine anregende Wirkung (Theobromin) und einen nicht unbeträchtlichen Nährwert wegen des Fettes, Eiweißes und der Kohlenhydrate.

Der wichtigste Bestandteil des Tabaks ist das Nicotin. Was ist Nicotin?

Nicotin ist ein farbloses, giftiges Öl, $C_{10}H_{14}N_2$.

Worin besteht die Gesamtwirkung des Rauchtabaks?

In einer leichten Erregung des Nervensystems. Bei Tabakmißbrauch treten nervöse Herzschwäche, Skotome, Unempfindlichkeit für Farben usw. auf.

Welche Stoffe finden sich im Tabakrauch?

Nicotin, Pyridinbasen, Kohlenoxydgas als giftige Stoffe; daneben flüchtige Fettsäuren und Kohlenwasserstoffe.

Welche Gewürze kennen Sie?

Pfeffer, Senf, Essig.

Kleidung und Hautpflege.

Welche Aufgabe haben die Kleider?

Sie sollen den Körper vor zu großer von außen auf ihn eindringender Wärme schützen und ihn vor zu starker Wärmeabgabe bewahren.

Woraus besteht gewöhnlich die Kleidung?

Zum kleinsten Teil gewöhnlich aus dichten ungewebten Stoffen, weiter aus gewebten Stoffen: aus vegetabilischen Fasern, Haaren von Tieren, aus Seidenfäden.

Nennen Sie mir die vegetabilischen Fasern!

a) Baumwolle (Kattun, Shirting, Musselin, Tüll, Köper, Barchent usw.),
b) Leinen,
c) Rheafaser,
d) Hanf und Jute.

Welche tierischen Materialien kommen hier in Betracht?

a) Die Wolle,
b) die Seide.

Woraus bestehen:

a) Seidenfasern?

Aus dem erhärteten Sekret der Spinndrüsen der Seidenraupe.

b) Leinenfasern?

Aus den Sclerenchymfasern des Flachses (Linum usitatissimum).

c) Baumwollfasern?

Aus den Samenhaaren der Malvaceengattung Gossypium.

d) Rheafaser?

Aus Bastfasern von Chinagras (Boehmeria nivea).

e) Kunstseide?

Die Kunstseide wird heute hauptsächlich in drei Abarten hergestellt.

1. Acetatkunstseide. Durch Einwirkung von Essigsäureanhydrid auf Baumwollabfälle

entsteht Actylcellulose, die durch feinste Düsen gepreßt wird.

2. Kupferseide. Baumwollabfälle werden in Kupferoxydammoniak aufgelöst. Aus der kolloiden Kupfercelluloselösung wird die Hydrocellulose gefällt.

3. Viscoseseide aus Rohstoffen, Sulfitcellulose oder Baumwoll-Linters hergestellt, die in starker Natronlauge Natroncellulose bildet, die sich mit CS_2 zu Natroncellulose-Xanthogenat umsetzt. Durch „Reifen" erhält man die zähflüssige Viscose.

Ein weiteres Kunstprodukt ist die Zellwolle. Wie wird sie gewonnen?

Aus Zellstoff, aus Fichten- oder Buchenholz. Zellwolle = Vistra; Mischungen von Vistra mit Wolle = Wollstra, Zellwolle nach dem Kupferverfahren = Cuprama, Aceta nach dem Acetatverfahren.

Was ist Loden?

Tuch wie es vom Webstuhl kommt.

Diese verschiedenen Stoffelemente kann man nicht nur mikroskopisch, sondern auch chemisch voneinander unterscheiden. Welche chemischen Reaktionen kennen Sie?

Kalilauge löst tierische Fasern beim Kochen; sie färben sich mit Pikrinsäure nachhaltig (waschecht), brennen angezündet nicht fort.

Vegetabilische Fasern werden durch Kalilauge nicht gelöst, sie färben sich nicht dauernd mit Pikrinsäure, brennen angezündet fort. Bei Pflanzenfasern gibt konzentrierte Schwefelsäure + Thymollösung eine purpurrote Färbung.

Seide ist in Salpetersäure und Ammoniak leicht löslich. Weniger löslich darin ist Wolle. Baumwolle in H_2SO_4 getaucht wird gallertig bzw. gelöst. Leinenfäden bleiben in H_2SO_4 unverändert.

Zellwolle und Kunstseide lösen sich nicht beim Kochen in konzentrierter Natronlauge. Wässerige Methylenblaulösung färbt Kupferkunstseide nur schwach, Viscosekunstseide stärker; auf Acetatkunstseide entstehen nur Flecken. In Diphenylaminoschwefelsäure (1:100) lösen sich Kunstseide und Zellwolle, die Kupferseide aber mit blauer Farbe. Mit Eisen-Gallus-Eosin angefärbt wird Kupferzellwolle blau, Viscosezellwolle rot. Die Fasern verbrennen leicht unter Hinterlassung von wenig Asche.

Wie verhält sich das Wärmeleitungsvermögen der Stoffelemente untereinander?

Bei Baumwollfasern (wenig hygroskopisch) = 29,9 (wenn das der Luft = 1 gesetzt wird). Bei Leinen = 29,9, bei Wolle = 6,1 (sehr hygroskopisch, Wolle nimmt 25—28 Teile Wasser auf). Bei Seide = 19,2 (100 Teile Seide nehmen 16,5 Wasser aus feuchter Luft auf).

Wie hoch stellt sich der Luftgehalt bei den verschiedenen Geweben?

Bei glatten Geweben 50%.
Bei gewirkten Stoffen, z. B. Trikot, 70—86% (Wolltrikot 86, Baumwolltrikot 85, Seidentrikot 83, Leinentrikot 73).
Bei Flanell 90%.
in Pelzen 98%.

Wovon hängen die wasserhaltende Kraft und die capillare Aufsaugung der Kleidung ab?

Vom Luftgehalt des Gewebes.

Und wovon wieder hängt die Permeabilität der Kleider für Luft und andere Gase ab?

Von dem Porenvolumen und der Größe der Lufträume.

Wofür ist der Luftgehalt von größter Bedeutung?

Für das reelle Wärmeleitungsvermögen der Kleiderstoffe. Daneben kommt die Dicke der Stoffe und in geringerem Grade das Leitungsvermögen der Grundstoffe in Betracht.

Bei welchen Stoffen ist die Abstrahlung der Wärme am niedrigsten, bei welchen am größten?

Am niedrigsten bei glatten Stoffen, am stärksten bei rauher Trikotwolle.

Welchen hygienischen Anforderungen hat also die Kleidung zu entsprechen?

1. Sie soll die Wärmeabgabe vom Körper herabsetzen, sowohl im trockenen wie im feuchten Zustande.

2. Sie soll die normale Abgabe von Wasserdampf vom Körper ermöglichen.

3. Sie soll die direkte Bestrahlung des Körpers hindern.

4. Sie soll die Haut nicht reizen, die Hautsekrete gut aufnehmen und leicht zu reinigen sein.

Weiter darf die Farbe der Kleidung keine giftigen Stoffe enthalten.

Um wieviel Prozent vermindert jedes Kleidungsstück die Wärmeabgabe?

Um 10—40%.

Wodurch wird die Wärmeabgabe des Körpers verhindert?

Durch die schlechte Wärmeleitung der Kleidung, die wieder von dem Luftgehalt des Gewebes und seiner Dicke abhängig ist.

Wie wirkt durchfeuchtete Kleidung?

Durch das Gewicht sehr schwer und belästigend. Durchfeuchtete Kleidung fördert die Wärmeabgabe und wirkt infolge der Verdunstung des aufgenommenen Wassers kühlend.

Ein gewisser Luftwechsel durch die Kleidung ist erforderlich. Wie bestimmt man die Größe des Luftwechsels durch die Kleidung?

Durch Bestimmung des CO_2-Gehaltes der Kleiderluft; man nimmt dabei die CO_2-Produktion seitens der Haut als gleich an. Unbehagen tritt schon ein, wenn jener CO_2-Gehalt über 0,08 pro Mille steigt. In einer Stunde gehen durch einen leichten Sommeranzug etwa 935 Liter Luft.

In den Tropen sind lockere, porös gewebte Stoffe zu empfehlen. Gegen häufige Durchnässungen bedient man sich zweckmäßig der imprägnierten, aber porösen Wollstoffe. Was sind imprägnierte Stoffe?

Stoffe, die mit einer Mischung von Alaun, Bleiacetat und Gelatine getränkt sind. Durch diesen Prozeß wird die Adhäsion zwischen der Faser und dem Wasser vermindert und das capillare Aufsaugungsvermögen des Stoffes beseitigt. Zum Imprägnieren von Kleidungsstoffen gegen das Verbrennen ist das Zinnoxyd empfohlen worden.

Welchen Prozentsatz von Feuchtigkeit zeigt die Luft zwischen Körper und Kleidung?

30—40%.

Wie hoch kann bei undurchlässiger Kleidung, bei warmer, feuchter und windstiller Außenluft die Feuchtigkeit (in Prozenten ausgedrückt) in der Luft zwischen Körper und Kleidung steigen?

Auf 60%; es tritt dann eine Belästigung und ein Gefühl des Unbehagens ein.

Wie schützt man sich gegen die direkte Insolation?

Durch weiße oder hellgelbe Kleiderstoffe.

Welche Übelstände haften porösen Stoffen an?

Sie nehmen viel Staub auf, Hautsekrete dringen ein, flüchtige, riechende Bestandteile werden reichlich absorbiert (besonders von Wolle).

Ist die Kleidung reich an Bakterien?

Ja. Je rauher die Oberfläche der Stoffe, um so größer ist der Bakteriengehalt.

Welche Schädigungen können durch fehlerhaften Sitz der Kleidung hervorgerufen werden?

Schnürleber und im weiteren Gefolge Erkrankungen der Gallenblase (Gallensteine); Verlagerung der Baucheingeweide sowie Störungen der Blutzirkulation im ganzen Pfortadersystem, Stauungen in den inneren Geschlechtsorganen und deren Verlagerung. Weiter seien genannt die schädlichen Folgen enger Halsbekleidung, die Unzweckmäßigkeit der Strumpfbänder, die durch schlechtes Schuhwerk sich einstellende partielle Schwielenbildung durch Druck (sog. Hühneraugen), Verkrüppelung des Fußes in seiner horizontalen Fläche und Deformationen des Fußgewölbes bis zur Plattfußbildung. Zu hohe Absätze lassen den Fuß nach vorn gleiten und führen somit eine Verkrümmung der Zehen herbei.

Großer Wert ist auf eine gute Hautpflege zu legen. Wozu dient die Verwendung des Wassers (Waschungen und Bäder) noch außer zur Reinhaltung der Haut?

Zur heilsamen Beeinflussung des Organismus, z. B. infolge Reizes des Wassers auf die nervösen Zentren, den Kreislauf, den Blutdruck, die Atmung; zur Kräftigung des Körpers, zur Steigerung der Widerstandsfähigkeit gegen die verschiedenartigsten Erkrankungen.

Welche Bäder dienen der Reinigung und Erfrischung?

1. Das Baden und Schwimmen in Flüssen und Seen (offene Schwimmbäder), evtl. in Verbindung mit Luft- und Sonnenbädern.

2. Schwimmbäder mit künstlich erwärmtem Wasser. Bei geordnetem Betrieb keine hygienischen Bedenken. Gelegentlich soll eine ansteckende Conjunctivitis übertragen sein.

3. Voll- oder Wannenbäder.

4. Brause- oder Duschebäder.

Eine häufige Reinigung des ganzen Körpers durch lauwarme Bäder sollte daher auch für die ärmere Bevölkerung zur Gewohnheit werden. Welche Einrichtungen wären da segenbringend?

1. Die Einführung der Volksbäder (Brausebad),

2. der Schulbäder,

3. der Arbeiterbäder (in industriellen Betrieben).

Siehe auch Kapitel „Entlausung".

Weite Verbreitung haben die Luftbäder und die Licht-Luftbäder gefunden.

Zur Körperpflege gehört auch die Haar- und Bartpflege, die Zahn- und Mundpflege. Die in den Haaren vorkommenden Parasiten sind tierischer und pflanzlicher Art. Welche kennen Sie?

Die Läuse (Pediculi capitis). Von den Haarpilzen den Favus, die Kopftrichophytie und die Mikrosporien der Schulkinder. Durch Trichophytiepilze entsteht auch die Bartflechte (Sycosis parasitaria); weiter Staphylokokkenerkrankungen der Haut (Sycosis non parasitaria, vulgaris). (Sauberkeit in der Barbierstube unerläßlich.)

Kennen Sie die Hauptursache der Zahncaries?

Die saure Gärung kohlenhydrathaltiger Nahrungsreste, die durch Bakterien, Streptokokken, acidophile Stäbchen, Milchsäurebildung im Verlauf von Stunden herbeigeführt wird.

Welche Folgen bedingt die Zahncaries?

Schmerzen, Fäulnis in den Zahnlöchern, Foetor ex ore. Infektionen, wie Zahngeschwüre, Drüsenschwellungen, Eiterungen, Fistelbildungen, Kieferosteomyelitiden. Evtl. Sepsis.

Wie kann man die Zahncaries verhüten?

Durch Verzehren harter Bissen, die Zahnreinigung bewirken, durch Bürsten der Zähne (Zahnbürste), Reinigen mehrmals am Tage und vor allem abends.

Welches Zahnpulver ist zu verwenden?

Kein hartkörniges Pulver, wie Schlämmkreide, Bimstein, Austernschalenpulver. Geeignet ist Calcium carbonicum praecipitatum purum mit etwas Oleum menthae piperitae. Zahnärztliche Überwachung notwendig (Schulzahnpflege).

Bei welcher Erkrankung kommt Zahnausfall ohne Caries vor?

Bei Zahnbettschwund, bei Paradentose, bes. im höheren Lebensalter.

Was umfaßt im hygienischen Sinne der Begriff „Leibesübungen"?

Alle regelmäßig körperlichen Anstrengungen: Säuglingsgymnastik, häusliche Gymnastik, Tanz, Wandern, Radfahren, Skilaufen, Bergsteigen, die gewerbliche körperliche Arbeit, der Wehrdienst, Schwimmen, Turnen, und sonstiger Sport.

Die Leibesübungen sind von großem Nutzen für die körperliche und geistige Ertüchtigung des Menschen. Können sie auch Heilung von Gebrechen fördern?

Ja, bei verkrüppelten Kindern durch orthopädische Kriechübungen, durch „Terrainkuren" für Herzkranke usw.

Die Leibesübungen bieten unter Umständen körperliche Gefahren. Welche kennen Sie?

Äußere Verletzungen beim Fechten, innere Verletzungen beim Boxen, der „Tennisellenbogen", Gelenkmäuse, Reitknochen, Sportherz, Übertraining, Ertrinken, Erkältungen, Infektionsgefahren beim Baden.

Worin besteht die Aufgabe des Sportarztes?

Er soll wegen seiner Kenntnis der Leibesübungen dem Sporttreibenden ein guter Berater sein, die Jugendlichen auf ihre Eignung zum Sport untersuchen. Dazu kommt die ständige Überwachung der Sporttreibenden und das Achten auf die Gefahr des Übertrainings.

Wohnung.

Worauf hat man bei der Auswahl eines Bauplatzes zu sehen?

Daß der Boden porös, trocken und frei von stärkeren Verunreinigungen ist. Bei zu feuchtem Baugrund muß Trockenlegung folgen.

Die Ursache der Feuchtigkeit kann darin liegen, daß der Bauplatz entweder zu einem Überschwemmungsgebiet eines Flusses gehört, oder daß der Abstand des Grundwassers von der Bodenoberfläche ein zu geringer ist. Auch kann die Bodenfeuchtigkeit durch einen dichten, schwerdurchlässigen Boden von geringer Neigung des Terrains herbeigeführt werden. Wie kann man die Feuchtigkeit eines Bauplatzes vermindern?

Durch Aufschüttung des Terrains, durch Drainieren des Untergrundes bzw. mit Hilfe der Kanalisation, durch Anpflanzung schnell wachsender Pflanzen (Sonnenblume; Gummibaum [Eucalyptus globulus]).

Welche Bauweisen kennen Sie?

Die Kleinhäuser (freie Bauweise), dann die Reihenhäuser (geschlossene Bauweise), die sog. Mietskasernen, die leider in großen Städten vorherrschend geworden sind.

Das System der Mietskasernen führt zu schweren sozialen und auch allerlei hygienischen Mißständen. Welche hygienischen Übelstände kommen in Betracht?

In Betracht kommen die Temperatureinflüsse (Säuglingssterblichkeit abhängig von der Wohnungstemperatur im Hochsommer). Weiter begünstigt die Mietskaserne die Ausbreitung ansteckender Krankheiten (Diphtherie, Scharlach, Masern, Typhus, Ruhr, Cholera). Ferner haben die Mietskasernen den Nachteil, daß ihre Bewohner keinen Platz im Freien zur Verfügung haben, wo sie sich tagsüber aufhalten können. Durch die zu große Wohndichtigkeit wird die Wärmestauung, die Ansammlung ekelerregender Gerüche begünstigt und die Übertragung von Kontagien innerhalb der Familie gefördert (Tuberkulose).

Wie kann man derartigen, durch die moderne Wohnweise herbeigeführten Gesundheitsschädigungen entgegentreten?

1. Die Säuglingssterblichkeit ist zu bekämpfen durch Förderung der Brustnahrung, durch Vorkehrungen zum Kühlhalten der Milch, durch Einrichten von Krippen usw.

2. Zur Bekämpfung der ansteckenden Krankheiten hilft die Entlastung der Wohnung von Kranken durch Überführung derselben in Krankenhäuser, der Leichen in die Leichenhallen, durch Maßnahmen der Wohnungsdesinfektion.

3. Es ist wünschenswert, einen zeitweisen Aufenthalt im Freien durch Kinderspielplätze, Schrebergärten usw. zu ermöglichen. Das System der Mietskasernen ist möglichst einzuschränken und der Bau kleinerer Häuser für einzelne oder eine beschränkte Zahl von Familien zu begünstigen.

Bei Erweiterung einer Stadt muß ein sog. Bebauungsplan aufgestellt werden. Was wird durch den Bebauungsplan geregelt?

Die Anlage der Straßen- und Bahnlinien, die möglichst günstige Verteilung der Großindustrie, der Arbeiterviertel, der gewerbetreibenden Teile.

Welche hygienisch wichtigen Punkte enthält das für Preußen am 18. März 1918 erlassene neue Wohnungsgesetz?

1. Es sollen „in ausgiebiger Zahl und Größe Plätze (auch Gartenanlagen, Spiel- und Erholungsplätze) vorgesehen werden“.

2. „Für Wohnzwecke sind Baublöcke von angemessener Tiefe und Straßen von geringerer Breite entsprechend dem verschiedenartigen Wohnungsbedürfnis zu schaffen.“

3. „Bei der Festsetzung von Fluchtlinien soll Baugelände entsprechend dem Wohnungsbedürfnis erschlossen werden.“

Man unterscheidet Verkehrs- und Wohnstraßen. Wie sollen sie angelegt sein?

Die Verkehrsstraßen führen radial vom Verkehrszentrum nach der Peripherie der Stadt mit rechtwinkligen Kreuzungen (20-30 m breit), geschlossene Bauweise. Die Wohnstraßen (7—9 m breit) sollen kleinere Häuserblocks haben mit Vorgärten und nicht mehr als zwei Stockwerke (offene Bauweise).

Welches ist die günstigste Straßenrichtung?

Nordost nach Südwest bzw. von Nordwest nach Südost. Sonne und Wind werden gut ausgenützt und möglichst gleichmäßig verteilt.

Zur Straßenpflasterung soll ein möglichst wenig Staub lieferndes Material benutzt werden. Wie muß es also beschaffen sein?

Hart, schwer zerreiblich und schalldämpfend.

Welche Pflasterung ist fugenlos?

Das Pflaster aus Gußasphalt, Zementbeton mit Stampfasphalt. Holzpflaster ist auch zu empfehlen.

Wie geschieht die Lärmmessung in den Städten?

In Phon, der Lautstärkeeinheit. Ein Phon ist die kleinste noch wahrnehmbare Geräuscheinheit. Beispiele:

10 Phon Ticken einer Uhr,
30 „ sehr ruhige Straße,
60 „ Personenkraftwagen,
80 „ verkehrsreiche Straße,
100 „ Motorrad ohne Schalldämpfung,
120 „ Flugzeuggeräusch in 5 m Abstand von der Luftschraube. Die Messung geschieht mit dem Geräuschmesser von Siemens u. Halske.

Ist für die Gefahrlosigkeit der Straßen gesorgt?

Ja, durch die Reichsstraßenverkehrsordnung seit 1934 (Verkehrspolizei, Verkehrsdisziplin, Behebung der Schlüpfrigkeit der Fahrbahn usw.).

Wie kann man den Staub der Straßen binden?

Durch Besprengen der Straßen mit Teer, Mineralölen, Chlorcalcium usw.

Die Bauordnungen enthalten allerlei Vorschriften. Welche kennen Sie?

1. Die Regelung der Bauflucht; ein Zurückgehen der Häuser hinter die Fluchtlinie ist bis zu 3 m gestattet.
2. Die Regelung von Hof- und Gartenraum.
3. Den Abstand der Gebäude voneinander.
   a) geschlossene Bauweise,
   b) offene Bauweise (Pavillonsystem).

Wie groß soll der Abstand eines Baues vom gegenüberliegenden sein?

Der Abstand soll mindestens Haushöhe betragen ($h = b$ [Straßenbreite]). Bei steilen Dächern und einem Neigungswinkel über 45° ist $b = h + x$, wo x eine Konstante, z. B. 6 m, bedeutet.

Weiter befaßt sich die Bauordnung mit der Höhe der Häuser, der Zahl der Stockwerke und der Größe der Wohnräume. Welches ist die maximale Höhe des Hauses, wie ist die Zahl der Stockwerke festgesetzt worden?

Die Maximalhöhe eines Hauses beträgt 20 m. Die Zahl der Stockwerke ist auf höchstens 5, die minimale lichte Höhe der bewohnten Räume auf mindestens $2^1/_2$—3 m festgelegt.

Wieviel Kubikmeter Luftraum rechnet man für den Erwachsenen, wieviel für ein Kind?

10 m^3 Luftraum für den Erwachsenen, 5 m^3 Luftraum für ein Kind.

Welche Größe sollen die Fenster einer Wohnung haben?

Sie sollen mindestens $^1/_{12}$ der Bodenfläche betragen.

Was bezweckt das Fundament des Hauses?

Abschluß gegen das Bodenwasser und etwaiges Aufsteigen von Bodenluft.

Wie läßt sich eine Dichtung der Mauern erreichen?

Durch Einlegen einer Asphaltschicht oder glasierter Klinker. Das seitliche Eindringen von Feuchtigkeit wird ebenfalls verhindert durch Bestreichen der Mauern mit Asphaltteer oder durch Aufbau einer Vormauer in der Entfernung von 6—7 cm vom Kellermauerwerk.

Welche Gase können aus der Bodenluft in die Wohnung steigen?

Kohlensäure, Leuchtgas.

Welches Material kommt für die Konstruktion der Seitenwände eines Hauses in Frage?

1. Ein wenig für Luft durchlässiges Material.
2. Nicht wärmeleitendes Holz und poröse lufthaltige Tuffsteine und für Wasser nicht durchgängiges Material.

Welche Mauerdicke schreiben die Baugesetze vor?

Massive Mauern von 3—4stöckigen Häusern sollen im Parterre $2^1/_2$ Stein = 62 cm stark sein, im ersten und zweiten Stock 50 cm, im dritten und vierten 38 cm.

Bei Fachwerkhäusern sind die Mauern erheblich dünner.

Die Innenwände werden am besten aus porösen Ziegeln hergestellt. Welches Material wird neuerdings vielfach benutzt?

Sog. Gipsdielen, Moniertafeln (Zementplatten), die innen ein Gerüst von Eisendraht und Eisenstäben bergen; Rabitzputz, Gips auf und in Drahtgeflechten.

Wie müssen die Zwischendecken gebaut sein?

Sie sollen Schutz gegen Schadenfeuer gewähren, Luft, Wärme und Schall nicht durchlassen. Die unterste Schicht der Zwischendecken besteht aus Kalk- oder Gipsbewurf der berohrten Bretter an der Unterseite der Balken. Dann folgt eine 8 cm hohe Luftschicht, darauf mit Lehm verschmierte Schallbretter, auf diesen trockenes Füllmaterial (Schlacken, Kies, Sand), dann folgen die Dielen.

Welchen Anforderungen muß der Fußboden entsprechen?

Er soll schlecht wärmeleitend, möglichst dicht, nicht rauh, nicht splitternd sein. Am geeignetsten sind geölte, kurze schmale Bretter aus hartem Holz (Stabparkett). Am empfehlenswertesten ist Linoleum. In neuerer Zeit werden auch Mischungen von Sägespänen, Sägemehl usw. mit Magnesit, Chlormagnesium und mannigfachen Beimengungen als Papyrolith, Terralith, Torgament u. a. zu fugenlosen Fußböden verwendet.

Wie müssen Dach und Treppen eines Hauses beschaffen sein?

Das Dach, das dem Hause Schutz gegen Regen und Feuer gewähren soll, muß für Wasser undurchlässig sein; feuersichere Durchtränkung der Holzkonstruktionen des Daches, feuersichere Böden im Dachgeschoß bieten Schutz bei Bombenangriffen von Flugzeugen; es darf die Insolationswärme und Kälte nicht durchdringen lassen. Die Treppen, die bequem und sicher zu begehen sein sollen, müssen feuersicher hergestellt sein.

Inwiefern wirken feuchte Wohnungen nachteilig auf die Gesundheit?

Sie verursachen Störungen der Wasserdampfabgabe und Wärmeregulierung des Körpers. Feuchte Wohnungen begünstigen die Konservierung von Krankheitserregern und die Entwicklung von saprophytischen Schimmelpilzen.

Welche Pilzarten greifen sogar das Bauholz an?

Der echte Hausschwamm (Merulius domesticus oder Merulius silvester minor oder Merulius lacrimans) oder der Porenhausschwamm (Polyporus vaporarius), der Keller- oder Warzenschwamm (Coniophora cerebella), als Erreger der Trockenfäule. Eine weitere Holzerkrankung, die „Lagerfäule", wird durch Blätterschwamm-(Lenzites-) Arten schon während der Lagerzeit auf gesunden Hölzern hervorgerufen.

Wodurch entsteht die abnorme Feuchtigkeit der Wohnungen?

1. Durch das beim Bau verwendete Wasser (Anrühren des Mörtels).

Ein Wohnhaus, dessen Wände 500 m³ Mauerwerk ausmachen, enthält 90—110 m³ mechanisch beigemengtes und 6 m³ chemisch gebundenes (Hydrat-)Wasser.

2. Durch mangelhaften Abschluß der Fundamentmauern gegen Grundwasser und Bodenfeuchtigkeit.

3. Durch Verwendung von zu aufsaugungsfähigem Material an der Schlagseite.

4. Durch zu tief unter der Bodenoberfläche gelegene Kellerwohnungen.

5. Durch Defekte an Zu- und Abwasserleitungen.

6. Durch Wasserdampfproduktion in den Wohnräumen.

Wievielist ein Haus beziehbar?

Wenn der Wassergehalt im Gesamtmörtel bis auf etwa 2% verdunstet ist.

Wieviel Wasser im Gesamtmörtel enthält ein gut ausgetrocknetes Mauerwerk?

0,4—0,6%.

Wie bestimmt man die Mauerfeuchtigkeit?

1. Mit der Alkoholmethode.

50 g Mörtel werden mit 250 cm³ 15° C warmen Alkohols, dessen Prozentgehalt vorher mit dem Aräometer zu bestimmen ist, kräftig geschüttelt. Erneute Bestimmung des Alkoholgehaltes und damit Berechnung des Wassergehaltes des Mörtels.

2. Nach Korff-Petersen.

In den Lautenschlägerschen Apparat 15 g Mörtel einbringen. Zusetzen von 4 g Calciumcarbid in geschlossener Glaspatrone. Manometer aufsetzen. So lange schütteln, bis Glaspatrone zerbricht. Ablesen des entstehenden Gasdruckes am Manometer. Umrechnen nach beigegebener Tabelle auf den Wassergehalt.

Heizung.

Wovon ist die Lufttemperatur eines Zimmers abhängig?	Von der Wandtemperatur.
Und wovon ist die Insolationswärme der Mauer abhängig?	Von der Dicke der Mauer, von der Absorption der Sonnenstrahlen an der äußeren Oberfläche, von der Dauer der Bestrahlung und dem Winkel, in dem die Sonnenstrahlen auffallen.
Welche Hauswand ist am wärmsten?	Die Westwand, etwas kühler die Ostwand, dann folgt erst die Südwand.
Die oberen Etagen eines Hauses zeigen erhebliche Steigerungen der Temperatur. Woran liegt das?	In den oberen Etagen macht sich der Einfluß des bestrahlten Daches geltend, weiter summieren sich hier die Wirkungen der inneren Wärmequellen (Küchenkamine). Die Temperaturen betragen im Hochsommer nachts oft 25—32° C und mehr.
Worin bestehen die nachteiligen Folgen der hohen Wohnungstemperaturen?	In einer Behinderung der Wärmeabgabe. Es tritt Erschlaffung, Appetitmangel, oft Anämie ein. Bei kleinen Kindern kommt es zu Wärmestauung (infantiler Hitzschlag). Ferner tritt eine rasche Zersetzung der Nahrungsmittel usw. ein.
Wie kann man sich gegen die hohe Sommertemperatur der Wohnungen schützen?	Durch eine besondere Bauart der Häuser (freistehend, großes Dach), durch enge Straßen (in südlichen Ländern), durch dicke Mauern, schattige Höfe, durch Anpflanzungen, Berieselung, durch fortdauernde Zufuhr kalter Luft.
Wie erwärmt man die Wohnräume während des Winters?	Man benutzt Brennmaterialien, die in besonderen Heizvorrichtungen verbrannt werden (Holz, Steinkohle, Holzkohle, Koks oder gasförmige Brennmaterialien, wie Leuchtgas, Wassergas), oder elektrische Heizkörper.
Welche Anforderungen stellt man an eine Heizvorrichtung?	Sie muß gut regulierbar sein, sie soll die Temperatur im ganzen Zimmer gleichmäßig verteilen, die Heizung soll sich kontinuierlich vollziehen, sie darf keine gasförmigen Verunreinigungen in die Wohnungsluft gelangen lassen und nur sehr wenig Staub der Zimmerluft zuführen. Die Verbrennungsgase sollen beim Verlassen durch den Schornstein nur einen leichten, durchsichtigen Rauch bilden. Der Betrieb der Heizung muß gefahrlos, geräuschlos, einfach und billig sein.
Die Luft des beheizten Zimmers soll einen gewissen Feuchtigkeitsgehalt besitzen. Wie behebt man die Lufttrockenheit?	Durch Wasserverstäubungs- oder -verdampfungsapparate.
Was unterscheidet man an jeder Heizung?	Den Verbrennungsraum, den Heizraum und den Schornstein.
Wie teilt man die Heizungen ein?	In Lokal- und Zentralheizungen.

Nennen Sie mir Lokalheizungen!

Die lokalen Heizungen sind entweder für periodischen oder für dauernden Betrieb eingerichtet. Zu ersteren rechnen die Kamine und die gewöhnlichen eisernen Öfen, zu letzteren die eisernen Füllöfen und die Massen- oder Tonöfen.

Welchen Nachteil haben die Kamine?

Die Kamine sind für unser Klima als Heizeinrichtungen ungenügend. Es wird bei Holzfeuerung nur $^1/_{16}$ der Wärme ausgenutzt. Der Fußboden bleibt kalt; leicht gelangen Rauchgase ins Zimmer; die Kamine sind gut als Ventilationseinrichtung zu benutzen.

Welche eisernen Öfen kennen Sie?

1. Die gewöhnlichen eisernen Öfen, die eine starke Strahlung erzeugen, Wärme ungleichmäßig verteilen, Staub liefern und sehr oft beschickt werden müssen.
2. Die Mantel-Regulierfüllöfen (Zirkulations- und Ventilationsöfen), die eine kontinuierliche Heizung garantieren.
3. Dauerbrandöfen.

Welche Öfen kommen sonst noch in Betracht?

1. Die Kachelöfen, die die aufgespeicherte Wärme langsam abgeben. Ihre Nachteile bestehen in der langsamen Erwärmung, der völligen Unregulierbarkeit der Wärmeabgabe und in der mangelhaften Verbindung mit der Ventilation.
2. Die Gasöfen (90% nutzbarer Heizeffekt). Bequeme, reinliche, leicht zu regulierende Heizung.
3. Die elektrischen Öfen (transportabel). Vorzügliche Wärmespender, die keine Verbrennungsprodukte liefern (teuer).
4. Petroleumöfen (transportabel) haben den Nachteil, daß CO_2 und H_2O im Zimmer bleiben, also die Luft verschlechtern; das gleiche gilt von den Spiritusöfen. 200 g Petroleumkonsum erzeugt in einer Stunde 340 Liter CO_2.

Was versteht man unter Zentralheizungen?

Einrichtungen, die ganze Stadtteile, ganze Häuser oder größere Teile eines Hauses erwärmen.

Welche Vorteile bieten die Zentralheizungen?

Die Bedienung ist auf eine oder mehrere Feuerstellen im Kellergeschoß beschränkt, der Verbrennungsprozeß leichter regulierbar. Verunreinigungen der Wohnungsluft, durch Staub, Asche, Ruß fallen fort.

Welche Arten von Zentralheizungen unterscheidet man?

1. Wasserheizungen:
   a) Heißwasserheizung,
   b) Mitteldruckwasserheizung,
   c) Warmwasserheizung.
2. Dampfheizungen.
3. Luftheizungen.

Erklären Sie mir ganz kurz die verschiedenen Zentralheizungen!

a) Die Luftheizung.

Der Heizapparat (Kalorifer) ist von einer Heizkammer umgeben, in die die kühle Außenluft durch besondere Kaltluftkanäle eintritt und hier erwärmt wird. Die Entnahmestelle für die Außenluft muß gegen Staub, Ruß und üble Gerüche geschützt sein. Auch muß sie von Windstößen und vom Winddruck unabhängig sein. Am besten läßt man die Luft durch ein grobes Filter treten. Von der Heizkammer fließt sie dann in Kanälen, die weit und glatt sein müssen, möglichst senkrecht aufsteigend in den Innenwänden der Häuser hinauf in die Wohnräume. Die Luft tritt etwas über Kopfhöhe aus weiten Öffnungen in die Zimmer; sie fließt durch besondere Abfuhrkanäle wieder ab. Der eine Abfuhrkanal liegt nahe am Fußboden, der andere nahe der Decke.

Die Temperaturregulierung für sämtliche Räume ist Sache des Heizers; er kann entweder die Temperatur an Thermometern, die in die Türfüllungen eingelassen sind, ablesen oder er wird durch Metallthermometer, die im Wohnraum angebracht sind und die durch elektrische Übertragung den Stand der Temperatur im Heizraum anzeigen, unterrichtet.

b) Wasserheizungen.

α) Heißwasserheizung.

Geschlossenes (durch ein belastetes Ventil) Röhrensystem aus engen, starkwandigen, schmiedeeisernen Röhren, von denen ein Teil im Kessel als Spirale in der Feuerung liegt. Die Rohre sind auf einen Druck von 150 Atmosphären geprüft. Das im Bodenraum sich befindliche Expansionsgefäß, zu dem ein Rohr aufsteigt, läßt bei einem Druck von 15 Atmosphären = 200° C das Wasser austreten. Die Rohre führen zu den als Heizkörper aufgestellten Heizspiralen oder Heizschlangen, von wo sie zur Feuerung zurückkehren. Die Temperatur der Heizkörper beträgt gewöhnlich 125—150° C. Nur wenige Liter Wasser sind bei diesem Heizsystem notwendig. Die Anlage eignet sich für Räume, die rasch und nur für kurze Zeit erwärmt zu werden brauchen. Die Heißwasserheizung wird nur noch selten ausgeführt, höchstens in Verbindung mit einer Luftheizung.

β) Mitteldruckwasserheizung.

Wird das Wasser nur auf 120° C erwärmt (1 Atmosphäre Überdruck), so hat man die Mitteldruckwasserheizung.

γ) Warmwasserheizung.

Offenes Röhrensystem. Erwärmung des Wassers in einem Kessel bis 100 oder meistens nur auf 80° C, große Wassermenge und weite Röhren

(50—60 mm) notwendig. Das spezifisch leichtere Warmwasser steigt nach oben, fließt durch die Heizkörper, sog. Wasseröfen. Das oberste Rohrstück mündet auf dem Dachboden in einem Expansionsgefäß. Das entwärmte Wasser fließt in ein Sammelrohr, das an der tiefsten Stelle in den Kessel tritt. In weitläufigen Rohrsystemen arbeiten Pumpen (Pumpenheizung).

Teuere Einrichtung; langsames Anheizen. Milde, leicht regulierbare, nachhaltige Wärme. Für Privathäuser und öffentliche Gebäude geeignet.

c) Dampfheizung.

Hier wird die Wärme durch Kondensation des Dampfes geliefert. Von dem entfernt vom Hause liegenden Kessel wird der Dampf durch das Hauptrohr zum höchsten Punkt der Anlage und von da durch schmiedeeiserne Rohre in die Zimmer geleitet (Heizkörper: Spiralen, Batterien, Schlangen). Diese Anlage ist besonders zweckmäßig für größere Etablissements, für ganze Stadtviertel. Um 1 kg Wasser von 0° in Dampf von 100° C zu verwandeln, sind 637 Wärmeeinheiten erforderlich. Verwandelt sich 1 kg Dampf in Wasser, so hat letzteres eine Temperatur von 100° C, es sind also 537 Wärmeeinheiten durch die Kondensation frei geworden, die zur Heizung verwendet werden.

Bei Fehlern der Ausführung und des Betriebes entstehen Geräusche, ebenso beim Zurückfließen von Kondenswasser in die Dampfröhren.

Für Privatwohnungen kommen nur noch sehr selten die Warmwasserheizungen in Betracht.

Worin bestehen die Nachteile der Luftheizung?

Ungenügende Erwärmung tritt bei starkem Wind ein. Anlage ist an sich teuer. Staub und brenzlige Produkte bilden sich bei schlechter Anlage.

Welche Bestimmungen kommen bei der Prüfung von Heizanlagen vom hygienischen Stand aus hauptsächlich in Anwendung?

Die Messung von Temperatur und relativer Feuchtigkeit mehrere Tage hindurch und evtl. die Feststellung der Oberflächentemperatur der Heizkörper und Prüfung der Luft auf Kohlenoxyd.

Ventilation.

Wodurch wird die Luft der Wohnräume verunreinigt?

1. Durch die Menschen selbst. Ausscheidung von CO_2, flüchtigen, übelriechenden Stoffen; Produktion von Wärme und Wasserdampf.
2. Durch die Beleuchtungskörper.
3. Durch Verbrauch des Sauerstoffes, ohne daß es jedoch zu einer bedenklichen Verminderung des Sauerstoffgehaltes der Luft kommt.

4. Durch gasförmige Verunreinigungen.
5. Durch erhöhten Staubgehalt der Luft.
6. Durch infektiöse Organismen (Influenza, Diphtherie, Pestpneumonie, Phthise, Masern, Pocken).

Welche Aufgaben hat die Ventilation?

Die Entfernung übelriechender Gase und die Entwärmung der Wohnräume.

Wieviel CO_2 liefert der Mensch im Mittel stündlich?

Ein Erwachsener = 22,6 Liter CO_2, ein Schulkind 10 Liter CO_2.

Im Vergleich dazu: 1 Kerze 12 Liter, 1 Petroleumlampe 60 Liter, 1 Gasflamme 100 Liter CO_2.

Wieviel Luft muß stündlich einem Raume zugeführt werden, dessen Luft durch die Atmung eines Menschen verunreinigt ist, wenn der CO_2-Gehalt 1 pro Mille nicht übersteigen soll?

= 32000 Liter oder 32 m³ für einen Erwachsenen, 16 m³ für ein Schulkind.

Welche Arten von Ventilation sind Ihnen bekannt?

1. Die natürliche Ventilation, die hervorgerufen wird durch die Ritzen, Spalten der Fenster, Türen, Böden und durch poröse Baumaterialien. Es spielen dabei eine Rolle die Druckdifferenz von Außen- und Innenluft, die Luftbewegung (Wind), die Temperaturdifferenz zwischen Atmosphäre und Zimmerluft.

2. Die künstliche Ventilation.

Wie bestimmt man die natürliche Ventilationsgröße?

Den Rauminhalt des Zimmers durch Ausmessen der Länge, Breite und Höhe (in Metern) und Multiplikation der drei Werte bestimmen. Den Kohlensäuregehalt der Zimmerluft künstlich steigern durch Brennenlassen zahlreicher Flammen oder Ausströmenlassen von flüssiger CO_2. Nach Durchmischung der Luft den Kohlensäuregehalt sofort (p_1) und eine Stunde später, nachdem das Zimmer geschlossen und verlassen war und keine Kohlensäureentwicklung mehr stattgefunden hatte, bestimmen (p_2). In der Zwischenzeit bestimmt man den CO_2-Gehalt in der Außenluft der Zimmerumgebung (a). In einer Stunde ist dann durch die natürlichen Öffnungen in das Zimmer die Luftmenge x gelangt, die nach der Seidelschen Formel berechnet wird.

$$x = 2{,}303\, m \log \frac{p_1 - a}{p_2 - a} \text{ cbm.}$$

(m = Inhalt des Zimmers.)

$$\text{Beispiel: } 2{,}303 \cdot 50 \log \frac{2{,}4 - 0{,}3}{1 - 0{,}3}$$

$$x = 2{,}303 \cdot 50 \log \frac{2{,}1}{0{,}7} = 2{,}203 \cdot 50 \log 3.$$

$$x = 2{,}303 \cdot 50 \cdot 0{,}47712 = \text{etwa } 55 \text{ cbm.}$$

Den Übergang von der natürlichen zur künstlichen Ventilation bilden Einrichtungen, welche die Zufuhr frischer Luft auf nicht maschinellem Wege hervorrufen. Welche Einrichtungen gehören hierher?

a) Die Firstventilation (zur Lüftung der Krankenbaracken); durch Aufsätze, deren Klappen geöffnet und geschlossen werden können, tritt die verbrauchte Luft aus, während frische Luft durch Öffnungen am Boden der Baracke eintreten kann.

b) Eine Verstärkung der natürlichen Ventilation kann man bewerkstelligen durch klappenartige Öffnungen der oberen Fenster (Kippflügel) oder durch Ausschneiden kreisförmiger Stücke aus den Fensterscheiben, die durch Parallelscheiben geöffnet und geschlossen werden können.

Wie bestimmt man die künstliche Ventilationsgröße?

Man berechnet zunächst den Querschnitt der Luftabführungsöf nung: bei kreisförmigen $= r^2 \cdot \pi$, bei rechteckigem $= h \cdot b$ in m. Man ermittelt dann die Durchschnit sgeschwindigkeit der Luft an verschiedenen llen mit dem Anemometer je Minute, die mittlere Geschwindigkeit des Luftstromes je Minute mal Querschnitt = Luftquantum in der Minute, mal 60 = Luftquantum in der Stunde. — Bei der Bestimmung der Durchschnittsgeschwindigkeit mittels Anemometers geht man folgendermaßen vor. Notieren des Standes mit ausgeschaltetem Zählwerk; das Zifferblatt der Lockflamme zugekehrt in die Mitte der Öffnung halten. Nach einer Minute Einschalten des Zählwerkes und Ablesen der Uhr; nach 2 Minuten das Zählwerk wieder ausschalten, die Zahl der in 2 Minuten gemachten Umdrehungen ermitteln, durch 2 dividieren und die auf dem Instrument verzeichnete Korrektion zuzählen (z. B. + 9 p. M.).

Beispiel: Vor der Einschaltung zeigt Anemometer 1652, nach 2 Minuten 1934. In der Minute also 141 Umdrehungen + 9 = 150 m.

In gleicher Weise an verschiedenen anderen Stellen die Geschwindigkeit ermitteln, z. B. 131, 143, 142 bzw. 163. Durchschnitt hieraus = 145,8 m. In der Stunde also $0{,}091\ \mathrm{m}^2 \cdot 145{,}8 \cdot 60 = 796\ \mathrm{m}^3$ (bei einem kreisförmigen Querschnitt von 34 cm Durchmesser $= 0{,}17^2 \cdot 3{,}14 = 0{,}019\ \mathrm{m}^2$).

Welche Ventilationssysteme unterscheidet man?

Je nach der Stellung des Motors zu dem zu lüftenden Raum unterscheidet man zwei Ventilationssysteme.

1. Das Aspirationssystem (Unterdruck-Sauglüftung);

2. das Pulsionssystem (Überdrucklüftung).

Bei ersterem besorgt der Motor die Abströmung, beim Pulsionssystem die Zuströmung der Luft.

Wo ist das Pulsionssystem kontraindiziert?

Dort, wo es sich um die Ventilation von Räumen in größeren Gebäuden handelt, Räumen, in denen Infektionskeime, schlechte Gerüche usw. in die Luft übergehen (Klosetts, Krankensäle, Sektionsräume).

Was sind Klimaanlagen?

Triebwerk-Lüftungsanlagen, deren Luft zentral gereinigt und in bezug auf Wärme und Feuchtigkeit ständig reguliert wird.

Welche Motoren stehen für Ventilationszwecke zur Verfügung?

Wind, Temperaturdifferenzen, maschinelle Betriebe.

Man hat verschiedene Apparate konstruiert, mittels welcher die Aspiration bei jeder Windrichtung ausgeübt wird. Welche kennen Sie?

Die Schornsteinaufsätze oder „Saugkappen" (*Wolpert*, *Groves* und *John*), die drehbaren Aspirationsaufsätze, dann die Preßköpfe (Einströmen von frischer Luft, z. B. in den Maschinenraum von Schiffen).

Inwiefern kommen für die Ventilation Temperaturdifferenzen in Frage?

Bei Erwärmung der Luft dehnt sie sich aus, sie wird spezifisch leichter. Es kommen starke Gleichgewichtsstörungen und bedeutende Überdrucke zustande. Somit findet eine Bewegung der Luft statt. Ventilationsanlagen werden vielfach bei der Anlage von Öfen mit ins Auge gefaßt (Pulsionssystem). Sind keine Feuerungen für die Ventilation benutzbar, kann man durch Gasflammen die nötigen Temperaturdifferenzen hervorrufen (*Sonnenbrenner*-Aspirationssystem).

Wo ist die maschinelle Lüftung anzuwenden?

Bei allen größeren Lüftungsanlagen (Theater, Versammlungsräume), in technischen Betrieben, wo schädliche Gase, Staubarten erzeugt werden, die möglichst schnell fortgeführt werden müssen.

Wird durch die Ventilation Keimfreiheit eines Zimmers bewirkt?

Nein.

Wo sollen im Zimmer die Ventilationsöffnungen angebracht sein?

Man muß hier zwischen Sommer- und Winterventilation unterscheiden.

Bei der *Sommerventilation* legt man entweder die Einströmungsöffnung ins untere Drittel des Zimmers, die Abströmungsöffnung oben bzw. unten. Es entsteht dabei Zugluft, die als lästig empfunden wird. Oder man bringt die Zufuhröffnung über Kopfhöhe, die Abströmungsöffnung nahe der Decke (nur ausnahmsweise zu benutzen [Wärme, Tabaksrauch]).

Für die Winterventilation ist folgende Anordnung am günstigsten:

Einströmungsöffnung über Kopfhöhe, Abströmungsöffnung im unteren Drittel des Zimmers.

Wie prüft man Ventilationsanlagen auf ihre quantitative Leistungsfähigkeit?

1. Mit dem Differentialmanometer.
2. Mit Hilfe des Anemometers.
3. Durch Kohlensäurebestimmungen, wenn die Ventilation teilweise oder ausschließlich durch natürliche Öffnungen (Poren, Ritzen) erfolgt.

Dazu kommt noch eine Prüfung auf Zugluft.

Entstäubung.

Wie gelangt der Staub in geschlossene Räume?

Mit der Straßenluft, mit Schuhwerk und Kleidern. In Räumen mit starkem Verkehr und in gewerblichen Betrieben kann er sich in großen Mengen ansammeln.

Wie kann man den Staub entfernen?

Unzweckmäßig ist das Ausklopfen der Möbel im Zimmer bei gleichzeitiger Lüftung. Bei glatten Flächen gelingt die Entfernung durch feuchtes Aufwischen. Am besten ist das Absaugen des Staubes (Vacuumstaubapparate).

Es gelingt aber auch noch auf andere Weise, den Staub zu entfernen!

Durch Fixieren desselben am Boden durch staubbindende Öle; am besten werden zur Ölung die leichten dünnflüssigen Maschinen- und Spindelöle (Petroleumdestillate) vom spezifischen Gewicht 0,89—0,90 benutzt.

Um wieviel Prozent sinkt der Bakteriengehalt der Luft in geölten Räumen im Vergleich zu nicht geölten Räumen?

Um 30—90%.

Über das Ölen der Fußböden in den Schulen ist ein Erlaß des preußischen Ministers für Medizinalangelegenheiten vom 5. März 1908 herausgekommen. Was wird darin verlangt?

Das Ölen der Fußböden muß bei weichem Holz mindestens 48 Stunden, bei Fußböden aus hartem Holz mindestens 3 Tage vor der Benutzung beendet sein. Vorher gründliches Abwaschen mit warmem Wasser und Seife oder Soda. Tägliche Reinigung geschieht durch Abkehren. Die Erneuerung der Ölung hat bei Holzfußböden alle 8 Wochen, bei Linoleumbelag etwa alle 14 Tage zu erfolgen. Hier Zusatz trocknender Öle, wie Leinöl, zweckmäßig.

Fußböden aus Stein, sowie Treppenstufen aus Stein oder Holz sollen nicht geölt werden (gefährliche Glätte).

Beleuchtung.

Das Licht bzw. das Tageslicht wirkt auf das Wohlbefinden und die Stimmung des Menschen in nicht zu verkennender Weise ein. Welche Wirkung kommt dem Tageslicht sonst noch zu?

Es ist eines der kräftigsten Desinfektionsmittel; es wirkt auf den Stoffumsatz fördernd ein.

Wirkt ein Übermaß von Licht schädlich?

Es kann durch das direkte Sonnenlicht eine Verminderung der zentralen Sehschärfe eintreten. Längere Einwirkung glänzender Flächen bewirkt die sogenannte Schneeblindheit.

Wo ist die natürliche Beleuchtung am besten, wo am schlechtesten?

Am besten in den oberen Etagen, am schlechtesten in Keller- und Hofwohnungen. Nach Norden liegende Zimmer sind erheblich dunkler als unter sonst gleichen Verhältnissen nach Süden gerichtete.

Wovon ist der Zutritt von Sonnenlicht zu jedem einzelnen Hause abhängig?

Von der Breite und Richtung der Straße.

Es ist unter Umständen auch das reflektierte Licht für die Beleuchtung eines Zimmers zu benutzen. Diese Zufuhr ist aber sehr wechselnd und stets unsicher. Für Schulen kommt sie nicht in Betracht. Welche Forderung muß man hier stellen?

Daß jedem Arbeitsplatz ein bestimmtes Quantum direkten Himmelslichtes zugeführt wird. Die Lichtmenge wird bestimmt durch den Öffnungswinkel, durch den Einfallswinkel und eine tunlichste Breite der lichtgebenden Fläche (Fensterbreite).

Wie Ihnen bekannt sein dürfte, wird die Lichtstärke eines leuchtenden Körpers in Hefner-Kerzen gemessen. Gemessen wird mit Photometern, s. unten. Wie wird die Beleuchtungsstärke gemessen?

In Lux. 1 Lux ist die Beleuchtungsstärke, die eine Hefner-Kerze auf einer 1 m entfernten Fläche senkrecht erzeugt. Eine 16kerzige Leselampe erzeugt in der üblichen Entfernung 40 bis 65 Lux.

Was versteht man unter Öffnungs-, was unter Einfallswinkel?

Der Öffnungswinkel wird begrenzt durch einen unteren, von dem Platz nach der Oberkante des gegenüberliegenden Hauses gezogenen Randstrahl und durch einen oberen, von dem Platze nach der oberen Fensterkante gezogenen und über diese verlängerten Randstrahl (mindestens 4° an ausreichend belichteten Plätzen).

Der Neigungswinkel ist der Winkel, unter dem die Strahlen auf die zu belichtende Fläche auffallen.

Wie mißt man die Belichtungsverhältnisse eines Platzes?

a) Durch Bestimmung der Himmelslichtgrenze (Handspiegelmethode) und der Grenze des oberen Einfallswinkels von 27°, d. h. ob der Einfallswinkel genügend groß ist (Abmessen der Fensterhöhe und des Abstandes des Arbeitsplatzes vom Fenster).

b) Durch Messung des sichtbaren Teiles des Himmelsgewölbes mit dem Raumwinkelmesser (Weber, Moritz-Weber, Thorners Beleuchtungsprüfer).

c) Durch lichtelektrische Beleuchtungsmesser (Photozellen), wobei die Beleuchtungsstärke unmittelbar abgelesen werden kann.

Beschreiben Sie mir die einzelnen Methoden der Messung des sichtbaren Teiles des Himmelsgewölbes!

1. Webers Raumwinkelmesser. Denkt man sich das Himmelsgewölbe in 41253 Quadrate von 1° Seitenlänge geteilt, die ein fein quadriertes Papier darstellt, vor dem eine Linse verschiebbar ist, durch die das Himmelsgewölbe aufgefangen wird. In der richtigen Brennweite erhält man auf dem Papier die leuchtende Himmelsfläche im verkleinerten Bild, d. h. eine Pyramide, deren Spitze im Auge liegt, deren Seiten durch die vom Auge nach den Rändern der Öffnung und darüber hinaus verlängerten Linien gebildet werden und deren Basis ein bestimmter Teil der quadrierten Himmelsfläche ist, meßbar durch die Zahl der Quadrate. Diesen von den Seiten der Pyramide eingeschlossenen, durch die Zahl der Quadrate meßbaren Winkel nennt man Raumwinkel. Um den Neigungswinkel der Strahlen außerdem zu berücksichtigen, ist die Papierplatte drehbar. Man neigt sie so lange, bis das Bild des Himmelsgewölbes gleichmäßig um den Mittelpunkt verteilt ist. An dem seitlich angebrachten Gradmesser liest man den mittleren Neigungswinkel ab. Auf einer beigegebenen Tabelle Ablesen der für den betreffenden Neigungswinkel zu fordernden Quadratgrade. Auszählen der wirklich beleuchteten Quadrate. Multiplikation mit dem Sinus des mittleren Neigungswinkels.

2. Moritz-Webers Raumwinkelmesser. Das Prinzip ist hier folgendes: Denkt man sich einen Leitstrahl vom Arbeitsplatz aus längs der Grenzlinien des von hier aus sichtbaren Teiles des Himmelsgewölbes geführt und bezeichnet man einen in konstantem Abstand auf diesem Leitstrahl gelegenen Punkt, so wird die Projektion des letzteren auf die Tischebene eine Figur ergeben, die ein Maß des auf den Neigungswinkel reduzierten Raumwinkels liefert. Zahl der Quadratzentimeter, die das Bild bedeckt, mit 10,313 multipliziert, gibt den reduzierten Raumwinkel.

3. Thorners Beleuchtungsprüfer beruht darauf, daß das Bild im Brennpunkt einer Konvexlinse von bestimmter Apertur unabhängig von der Entfernung der Lichtquelle immer gleich hell erscheint. Mittels eines kleinen Spiegels wirft man auf dem zu untersuchenden Platze das Bild eines Stückes Himmelsgewölbe auf ein Blatt Papier, das im Brennpunkt der Linse liegt. Die dadurch hier entstehende Figur hat normale

Helligkeit. Durch ein Loch im Blatt Papier sieht man auf ein darunterliegendes weißes Stück Papier. Erscheint der kreisförmige Ausschnitt heller als die umgebende Figur, ist der Platz mehr als normal beleuchtet; erscheint er dunkler, ist er schlechter beleuchtet. (Einfache, aber ungenaue Methode.)

Wie bestimmt man die momentan vorhandene Helligkeit eines Platzes?

1. Mit Webers Photometer. Benzin- oder Amylacetatlampe anzünden; Flammenhöhe auf genau 20 mm einstellen (Normalflamme). Diese Flamme brennt in dem einen Arm des Photometers. Die Flamme wirft das Licht auf eine Milchglasplatte im horizontalen Schenkel des Apparates, und diese erlangt auf der abgewandten Seite einen bestimmten Grad von Helligkeit, der zum Vergleich benutzt wird. Die Milchglasscheibe ist gegen die Flamme durch eine Schraube verschiebbar. An einer Skala kann die Entfernung der Milchglasscheibe von der Flamme abgelesen werden. Bei einer bestimmten Entfernung beträgt die Helligkeit 1 MK. Dieselbe ist beliebig abstufbar. Mit dieser beliebig abstufbaren bekannten Helligkeit vergleicht man nun die zu untersuchende Fläche, z. B. ein weißes Blatt Papier, das auf dem zu untersuchenden Platze liegt. Auf dieses richtet man den anderen Schenkel des Photometers und sieht in dasselbe hinein. Man erkennt zwei konzentrische Kreise, einen Innenkreis, der von dem Licht der weißen Fläche, und einen Außenkreis, der von der leuchtenden Milchglasplatte gebildet wird. Jetzt wird die Milchglasplatte so weit verschoben, bis völlig gleiche Helligkeit beider Kreise erzielt ist. Auch Beobachtung notwendig unter Einschaltung eines farbigen Glases, da Tageslicht und Amylacetat- bzw. Benzinlicht von sehr verschiedener Farbe sind. Abstand der Scheibe von der Lampe ablesen. Berechnung der Helligkeit. Wenn innerer Kreis auch bei maximaler Annäherung noch heller, Platte 1, evtl. Platte 1 und 2 einsetzen, wenn immer noch zu hell, Platte 3, evtl. 3 + 4 + 5, evtl. 4 + 5 + 6 einsetzen.

2. Mit Wingens Helligkeitsprüfer. Weißes Papier auf den zu untersuchenden Platz legen. Apparat auf das Papier stellen. Lampe anzünden. Durchsehen durch das Okular und Regulierung der Flammenhöhe, bis beide beleuchtete Flächen gleich hell sind. Ablesen der Flammenhöhe. Abgelesene Zahl = Zahl der Meterkerzen.

3. Mit Cohns Lichtprüfer. Okulistische Lichtprüfung. Diese Methode bestimmt, wieviel Zahlen einer beigefügten Tabelle in 40 cm Entfernung von einem gesunden Auge an einem Platze in 30 Sekunden gelesen werden, je nachdem 2 oder 3 graue Gläser vor das Auge gebracht werden. Alle 3 Gläser absorbieren 99% Tageslicht, 2 Gläser 95%, 1 Glas 80%.

Der Platz gilt als vorzüglich beleuchtet, wenn man durch alle 3 Gläser, als gut beleuchtet, wenn man nur durch 2 Gläser, als brauchbar, wenn man nur durch ein Glas ebensoviel Zahlen in 30 Sekunden liest wie ohne Gläser. Gelingt dies nicht, so ist er unbrauchbar.

4. Mit Wingens photochemischer Methode.

Welche Lichtquellen kommen für die künstliche Beleuchtung zur Zeit in Frage?

Das elektrische Licht,
,, Petroleumlicht,
,, Gaslicht,
,, Spiritusglühlicht,
,, Acetylenlicht.
($CaC_2 + 2\,H_2O = Ca(OH)_2 + C_2H_2$.)

Welche Anforderungen stellt man vom hygienischen Standpunkt aus an eine normale künstliche Beleuchtung?

Sie soll gleichmäßige Helligkeit geben neben möglichst geringer Wärmeproduktion. Die Qualität des Lichtes soll dem Auge zusagen. Die Leuchtmaterialien sollen keine gesundheitsschädlichen Verunreinigungen in die Wohnungsluft übergehen lassen. Die Beleuchtung soll keine Explosionsgefahr herbeiführen; sie soll möglichst billig sein.

Abfallstoffe.

In großen Städten sind besondere Einrichtungen zur Entfernung der Abfallstoffe zu treffen. Es ist notwendig, sich zunächst über die Beschaffenheit der Abfallstoffe zu orientieren. Woraus setzen sich dieselben zusammen?

Aus Harn, Kot, Küchenabfällen, Müll, Kehricht, Regenwässer, aus gewerblichen Abgängen und Tierkadavern, Leichen.

Kennen Sie die von Pettenkofer angegebene annähernde Berechnung der menschlichen Abfallstoffe je Jahr?

Auf einen Menschen rechnet man im Jahr 428 kg Harn, 46 kg Kot, dazu kommen 110 kg feste Küchenabfälle, Hauskehricht usw., 36000 kg Küchen- und Waschwasser.

Was enthalten die Abfallstoffe?

1. Mineralische Stoffe, Kochsalz, Kaliumphosphat, Erdsalze (Blei und Arsen in gewerblichen Abwässern).

2. Organische Stoffe, stickstoffhaltige Substanzen (in Faeces 2,2% N, im Harn 1,4% N).

3. Saprophytische Bakterien (Gärung und Fäulnisvorgänge erzeugend).

4. Pathogene Bakterien (Erreger des Mal. Ödems, Tetanus, der Diphtherie, Tuberkulose, Cholera, des Typhus und der Ruhr usw.).

In welchen Abfallstoffen sind nun vorzugsweise pathogene Bakterien enthalten?

I. In menschlichen Exkrementen!

a) Faeces: Choleravibrionen, Typhus-, Ruhr-, Tuberkelbacillen.

b) Harn: Eiterkokken, Milzbrandbacillen, Typhusbacillen usw.

II. In den Hauswässern (Geschirre, Spucknäpfe, Wäsche), z. B. Tuberkelbacillen, Pneumokokken, Diphtheriebacillen, Eiterkokken, die Erreger der Exantheme usw , neben den obengenannten Bakterien.

III. In den Abwässern aus Schlächtereien und Gerbereien.

IV. Im Stubenkehricht (Tuberkelbacillen, Staphylokokken, Erreger der Exantheme).

V. Im Regenwasser und Straßenkehricht (selten Infektionserreger).

Worin bestehen die Gefahren der Abfallstoffe?

1. Darin, daß sie infolge der in ihnen ablaufenden Fäulnisvorgänge gasförmige Verunreinigungen an die Luft abgeben.

So z. B. in Wohnungen durch unzweckmäßige Abort- und Kanalanlagen; im Freien durch offene Kanäle, Fäkaldepots, Flüsse.

2. Die Abfallstoffe bringen eine große Menge organische, fäulnisfähige Stoffe und evtl. mineralische Gifte in den Boden, ins Grundwasser bzw. in die Flüsse.

3. Die Abfallstoffe vermitteln die Verbreitung von Infektionserregern.

Welche Systeme zur Entfernung der Abfallstoffe kommen in Betracht?

I. Das Abfuhrsystem.

II. Die Schwemmkanalisation.

III. Die Separationssysteme.

Was versteht man unter Abfuhrsystemen und welche Systeme gehören hierher?

Solche Systeme, die mit lokalen Sammelstätten ohne unterirdische, kommunizierende Kanäle arbeiten und vorzugsweise die Fäkalien beseitigen.

Hierher gehört das Grubensystem, das Tonnensystem und die Abfuhr mit Präparation der Fäkalien.

Beschreiben Sie mir das Grubensystem.

Fäkaliensammelstelle = Grube von 2—5 cbm Inhalt mindestens 15 m Abstand vom Brunnen, besonders gegen das Hausfundament abgedichtet. Die Gruben sollen luft- und wasserdicht gedeckt sein. Fallrohr muß undurchlässig sein; es wird zweckmäßig bis über das Dach hinaufgeführt, um die aufsteigenden Grubengase über das Dach zu leiten. Die Entleerung geschieht durch maschinelle, „pneumatische" Ansaugung.

Dieses System ist hygienisch zulässig, es ist relativ billig, trägt den Forderungen der Landwirte Rechnung.

Wodurch unterscheidet sich das Tonnensystem von dem eben besprochenen Grubensystem?

In einem oberirdischen, gut zugänglichen Raume sind kleine leichttransportable Behälter aufgestellt, in welche das Abfallrohr mündet. Die Behälter müssen häufig gewechselt werden; sie werden in einem Depot entleert. Die Tonnen fassen zwischen 100 und 300 Liter, sind mit dicht schließendem Deckel versehen, welchen das Fallrohr durchsetzt. In kleinen Städten werden die Tonnen auf den Feldern entleert, in großen Städten werden sie zu den Fäkaldepots gebracht, oder der Inhalt wird zu Poudrette verarbeitet. Die Tonnen müssen desinfiziert werden, weil sonst durch Auswechseln derselben Verschleppung von Krankheitskeimen erfolgen kann.

Ist das Tonnensystem für größere Städte geeignet?

Nein. Es ist für kleine Städte mit leichtem Absatz der abgefahrenen Fäkalien verwendbar; ferner für einzelne etwa schwer zu kanalisierende Teile einer größeren Stadt.

Die Präparation der Fäkalien besteht in einer Desinfektion oder einer Desodorisierung. Was bezweckt eine Desinfektion der Fäkalien?

Sie bezweckt eine Tötung der Infektionskeime; zu benutzen ist Ätzkalk, Chlorkalk oder Mineralsäuren.

Was versteht man unter Desodorisierung der Faeces?

Beseitigung der übelriechenden Gase, Abtötung der Zersetzungserreger im faulenden Substrat, Ungeeignetmachen des Fäulnismaterials für weitere Zersetzungen.

Wodurch ist die Desodorisierung zu erreichen?

Durch Zusatz von Eisenvitriol und rohem Manganchlorür, welche die Gase (H_2S, $[NH_4]_2S$ und NH_3) binden und die Entwicklung der Fäulnisbakterien hemmen. Kaliumpermanganat ist als Desodorans geeignet; nicht dagegen Karbolsäure.

Neuerdings sind diese Chemikalien durch poröse, feinpulverige Substanzen verdrängt worden, welche auch die riechenden Gase zu binden vermögen, Feuchtigkeit rasch resorbieren und Oxydation veranlassen. Welche Substanzen meine ich?

Holzkohle, Erde, Asche, Torfstreu.

Nennen Sie mir dafür einige Beispiele!

Als Beispiel diene:

1. Das Erdklosett. Vermengung von lehmiger, toniger Gartenerde mit den Fäkalien.

2. Das Aschenklosett.

3. Das Torfklosett. Pro Mensch sind 155 g Torfmull nötig. Durch Zusatz von H_2SO_4 oder sauren Salzen (Kainit) läßt sich der Torfmull in ein brauchbares Desinfiziens verwandeln.

Wie läßt sich eine mechanische Absperrung gegen Gerüche erzielen?

Durch Wasser- oder Ölverschluß, durch Saprol, das auf der Oberfläche eine für Gerüche undurchlässige Schicht bildet. Durch Syphonanlagen.

Auf welche Weise versuchte man die Abfuhr rentabel zu machen?

Durch Trennung von festen und flüssigen Teilen mittels Sieben u. a., jedoch ohne Erfolg. Weiter durch Zusatz von Chemikalien und Einschaltung von Klärgruben.

Welche Chemikalien werden verwendet?

Ätzkalk, Magnesia, sauer reagierende Eisensalze bzw. Aluminiumsulfat. Sie rufen in der Jauche voluminöse Niederschläge hervor, die einen großen Teil der landwirtschaftlich verwertbaren Bestandteile enthalten.

Sind diese Verfahren heute noch beibehalten?

Nein, man arbeitet ohne Chemikalienzusatz. Man läßt die Fäkalien in dicht verschlossenen Behältern „ausfaulen".

Genügen die erwähnten Abfuhrsysteme den hygienischen ästhetischen Anforderungen für eine größere Stadt?

Nein. Die Hauswässer sind unberücksichtigt geblieben. Da die Ableitung derselben in oberirdischen Rinnsalen unter Umständen bedenklich erscheint, müssen sie wie die Fäkalien unterirdisch abgeführt werden.

Welches System käme für die gesamten Abfallstoffe daher in Betracht?

Die Schwemmkanalisation, d. h. Sammlung aller Abfallstoffe in unterirdischen Kanälen, Abführung unter natürlichem Gefälle aus dem Bereich der Wohnungen.

Bedingung ist ein reichlicher Wassergehalt der Kanaljauche.

Was ist bei der Anlage von Schwemmkanälen zu berücksichtigen?

Die Bodenoberfläche, die Grundwasserverhältnisse, die Bodentemperatur, die Regenmengen, der Verbrauch von Hauswasser und die Zunahme der Bevölkerung.

Welches Material wird für den Bau der Kanäle benutzt?

Für enge Kanäle hartgebrannte, innen glasierte Tonröhren; für größere Kanäle Backstein und Zement. Das Sohlenstück muß undurchlässig aus Steingut oder Beton hergestellt sein, es ist durchzogen von kleinen kantigen Kanälen, die zur Drainage des Grundwassers dienen. Das Lumen der Kanäle wird am besten eiförmig gewählt.

Welche Maße nimmt man für den Durchmesser der Kanäle an?

Die Weite richtet sich nach den zu bewältigenden Wassermassen. Man gibt größeren Kanälen eine solche Weite, daß sie imstande sind, einen Regen von ungefähr 7 mm Höhe in der Stunde zu fassen.

Größere Wassermengen werden durch die Notauslässe entleert, d. h. Öffnungen, die in dem oberen Umfang der Kanäle angebracht sind und welche sie direkt einem Flußlauf, Graben usw. zuführen.

Zwischen welchen Grenzen schwankt die Tieflage der Kanäle?

Zwischen 1,5 und 10 m.

Ist eine öftere Spülung der Straßenkanäle erforderlich?

Ja, bei großen Dimensionen, beim Fehlen von stärkeren Niederschlägen, wenn schlammreiche Abwässer in die Kanäle gelangen.

Welche Zugänge führen zu den Kanälen?

1. Die Straßenwassereinläufe (Schlammkästen),
2. die Einsteigeschächte, die der Revision und Reinigung dienen (Mannlöcher),
3. die Fallrohre der Klosetts,
4. die Rohre für Haus- und Regenwasser.

Wozu dienen die Einsteigeschächte?

Zur Revision und Reinigung, zur Aufnahme und Beseitigung der Sinkstoffe und zur Ventilation der Kanäle.

Ist die Kanalluft infektiös, kann sie belästigen oder schädigen?

Nein, die Kanalluft ist fast keimfrei. Die Kanalluft ist feucht und muffig, aber erträglich. Sie enthält meist Kohlensäure, Kohlenwasserstoffe, Ammoniak und Schwefelwasserstoff. Gesundheitsgefahren bringt sie bei guter Lufterneuerung in den Kanälen und reichlicher Kanalspülung nicht. Leuchtgas kann aus gebrochenen Gasrohren durch undichte Kanalwände in die Kanalluft gelangen und Explosionen herbeiführen, ebenso, wenn Benzin und Benzol aus Garagen in den Kanal gelangt sind und verdunsten. Verhütung durch Benzinabscheider in den Kraftwagenhallen.

Von vielen Seiten wird eine Separation der einzelnen Abfallstoffe empfohlen. Ist es hygienisch richtig, die Fäkalien gesondert zu behandeln und die Hauswässer mit dem Meteorwasser zusammen oberflächlich abzuführen?

Nein; richtig ist es, Fäkalien, Hauswässer, Meteorwässer von verdächtigen Höfen und Straßenteilen und differente Industrieabwässer zusammenzufassen und unterirdisch abzuleiten, das Meteorwasser aber von Dächern und Straßen und Plätzen, sowie indifferente Industrieabwässer zu vereinigen und oberirdisch fortzuführen. In großen Städten ist eine Einführung eines Trennungssystems nicht gut möglich, da hier Überflutungen der Straßen durch stärkere Niederschläge vermieden werden müssen.

Welche Systeme sind in Gebrauch?

Das Warings-System, Shones Druckluft-(Ejektor-) System, das Liernursche pneumatische System.

Wie beseitigt man den Kanalinhalt?

Er wird entweder so, wie er ist, oder wenn er nach physikalisch-chemischen oder biologischen Methoden gereinigt ist, in größere Wässer eingeleitet oder auf den Boden gelassen, wo er versickert.

Welche Nachteile entstehen durch das Einleiten von Kanalwasser in die Flüsse?

1. Infektionsgefahr.
2. Gerüche.
3. Evtl. Absterben der Fische.
4. Unmöglichkeit der Benutzung des Flußwassers als Wasch- und Badewasser.

Welche Stoffe sind es, welche das Wasser äußerlich verändern?

Die sog. Sinkstoffe, die zu Schlammablagerungen führen. Weiter kommen in Betracht schwimmende Stoffe, Papier, Faeces usw.

Ist Ihnen bekannt, daß die Ableitung des Kanalwassers behördlich überwacht wird?

Durch das Preußische Wassergesetz von 1913. Die Aufsicht hat die Wasserpolizeibehörde, die mit der Gewerbepolizei und der Bergpolizei zusammenarbeitet. Daneben bestehen noch Sondergesetze für wasserwirtschaftliche Zwangsverbände.

Es sind zweckmäßig die suspendierten Stoffe, die Schwimmstoffe und auch die gelösten fäulnisfähigen Stoffe zu beseitigen, damit nach dem Einlassen in den Fluß keine stärkere Geruchsentwicklung, Verfärbung und Trübung mehr zu erwarten ist. Wie beseitigt man die Sink- und Schwimmstoffe?

Durch mechanische Klärung: Rechen, Sedimentieranlagen, Sand- oder Schlammfänge, Klärbecken, Klärbrunnen, Klärtürme oder durch chemische Fällungsmittel bzw. durch das Faulverfahren.

Beschreiben Sie mir das Faulverfahren!

In einer Grube lagert sich der Schlamm unten ab, an der Oberfläche bildet sich die sog. Schwimmdecke. Der Schlamm verfällt der anaeroben Fäulnis; der organische N wird zu NH_3 und N, S-Verbindungen zu H_2S reduziert. Cellulose wird unter CH_4-Entwicklung und Bildung von flüchtigen Fettsäuren vergoren. Das Abwasser soll 1—2 Tage im Faulraum verbleiben. Es senken sich 60—70% der ungelösten Stoffe, die Oxydierbarkeit nimmt um 30—50% ab.

Welche Verfahren kommen für die Beseitigung auch der gelösten organischen Stoffe in Frage?

I. Natürliche biologische Verfahren.
   a) Bodenfiltration,
   b) Berieselung,
      α) Oberflächenberieselung,
      β) Überstauung,
   c) die Untergrundberieselung.

II. Künstliche biologische Verfahren.
   a) Degeners Kohlebreiverfahren,
   b) Oxydationsverfahren,
      α) intermittierendes Verfahren (Stauverfahren),
      β) kontinuierliches Verfahren (Tropfverfahren),

γ) Abwasserreinigung mit aktiviertem oder belebtem Schlamm,

δ) Fischteichverfahren (Hofer).

Worin bestehen die Nachteile der Bodenfiltration?

In der Verschlammung der oberen Bodenschicht, in der anhaltenden Bodenfeuchtigkeit, in der Anhäufung von Nitraten und in den stinkenden Gasen.

Durch Pflanzungen (Verbrauch der Nitrate, Lockerung der oberen Bodenschichten, Verdunstung) auf dem zur Reinigung benutzten Boden werden diese Nachteile vermieden.

Worin besteht die Berieselung?

In einer Art Bewässerung (Oberflächenrieselung) oder Eindringen der Jauche in den Boden (Überstauung); hier ist eine Bodendrainage unerläßlich.

Bei der Berieselung wird die von den gröbsten schwimmenden Teilen befreite Jauche mit natürlichem Gefälle oder durch Maschinenkraft getrieben auf die weiter abseits gelegenen Rieselfelder verteilt.

Entspricht das Berieselungsverfahren den an ein vollständiges Reinigungsverfahren zu stellenden Anforderungen?

Ja; die suspendierten Stoffe und die Bakterien werden vollständig zurückgehalten; die gelösten organischen Stoffe werden um 60—80%, die anorganischen um 20—60% vermindert.

NH_3 und PO_3H bleiben ganz, H_2SO_4 und Cl fast gar nicht im Boden zurück. Kaliverbindungen finden sich im Drainwasser nur in geringen Mengen wieder. Sie werden von den Pflanzen aufgenommen.

Gehen von den Rieselfeldern Gesundheitsstörungen aus?

Nein. Über Belästigungen durch gut bewirtschaftete Rieselfelder wird von den Umwohnern sehr selten geklagt.

Wofür eignet sich die Untergrundberieselung?

Für einzelne Häuser bei lockerem Boden.

Degeners Kohlebreiverfahren, das nicht zu den eigentlichen biologischen Verfahren gehört, beseitigt auch die gelösten Stoffe mit Hilfe von Humussubstanzen (feinpulverige Braunkohle). Beschreiben Sie mir dieses Verfahren!

Die gemahlene Kohle wird als dünner Brei zugesetzt ($1^1/_2$—3 kg pro Kubikmeter). Zusatz von Eisenoxydsalzen (2—300 g pro Kubikmeter). Bildung von unlöslichen grobflockigen Niederschlägen mit den Humussubstanzen und Umhüllung aller feinen Schwebeteilchen der Jauche. Scheidung des Niederschlages von der klaren Flüssigkeit im Rotheschen Turm. Der Schlamm wird getrocknet, als Brennmaterial oder zur Herstellung von Gas verwendet. Durch dieses Verfahren werden von den suspendierten Stoffen 93%, von den gelösten organischen 65% beseitigt.

Was wissen Sie von den Oxydationsverfahren?

Hier werden Oxydationskörper aus grobporigem Material (Koks, zerschlagene Ziegel) errichtet, die intermittierend oder kontinuierlich mit den Abwässern beschickt werden. Bei dem intermittierenden Verfahren (Stauverfahren) bleibt das eingestaute Abwasser 1 bis 2 Stunden im „Füllkörper“, dann wird das Abwasser abgelassen und die Poren des Filters werden mit Luft vollgesogen. Nach einigen Stunden Wiederholung.

Bei dem kontinuierlichen Verfahren läßt man das Abwasser langsam durch das freistehende Filter hindurchsickern, um eine Einwirkung des Kontaktmaterials und des Luftsauerstoffes gleichzeitig zu bewirken (Tropfverfahren, Tropfkörper). Dieses Verfahren ist billig, raumsparend und reinigt dreimal soviel Abwasser als beim Stauverfahren in gleicher Zeit. Durch einen Sprenger, der automatisch beweglich ist, geschieht die Verteilung des Abwassers oder durch Kipptröge, Überlaufrinnen usw.

Worauf beruht die Wirkung der Oxydationskörper (Filter)?

Sie wirken durch Abfiltrieren von Schwebeteilchen, die ein Benetzungshäutchen auf den rauhen Oberflächen bilden, durch Flächenadsorption gegenüber den gelösten organischen Stoffen, durch Adsorption von Sauerstoff, durch dessen Bindung Oxydation auftritt, durch verschiedene Enzyme, durch Mikroorganismen, die auf Kosten der Abwässer wuchern, durch höhere Tiere, Würmer, Insekten, die Stoffe und kleinere Lebewesen verzehren.

Nennen Sie die Grundlagen des neuerdings in Amerika und England ausgearbeiteten Verfahrens: Abwasserreinigung mit belebtem Schlamm.

Wird der aus Exkrementen usw. niederfallende, dicke, inaktive Schlamm einige Tage in verdünntem Zustande belüftet und bewegt, so verwandelt er sich in eine feinflockige Masse, die sich nach Beendigung der Durchlüftung und Bewegung absetzt und durch Mitreißen aller feinen Schwebeteilchen und kolloiden Stoffe rasch das Abwasser klärt. Dasselbe trifft zu, wenn solcher aktivierter oder belebter Schlamm zu frischem Abwasser mit nachfolgender Bewegung und Durchlüftung zugesetzt wird.

Wie können die Abläufe von Rieselfeldern weiter gereinigt werden?

Im sog. Fischteichverfahren (Hofer).

Wie ist dann zu verfahren, wenn eine vollständige Beseitigung der Bakterien und Krankheitserreger durch die genannten Systeme herbeigeführt werden soll?

Es muß eine gesonderte Desinfektion der Abwässer erfolgen, und zwar stets bei den bereits geklärten Abwässern, z. B. mit Chlorkalk 0,1 pro Mille bei 15 Minuten langer Einwirkung mit evtl. Neutralisierung durch Eisenvitriol aus Rücksicht auf die Fische.

Wie stellt man die Wirkung einer Reinigungsanlage fest?

Durch Prüfung des ungeklärten und des geklärten Abwassers.

A. Prüfung auf Durchsichtigkeit und Geruch.

B. Zählen von Kulturplatten makroskopisch, mit Lupenvergrößerung und mikroskopisch.

C. Chemische Prüfung:

a) Bestimmung der Oxydierbarkeit mit Kaliumpermanganat,

b) Nachweis von Schwefelwasserstoff:

α) mit Bleiacetatpapier, das in die geschlossene Flasche eingehängt wird. Beobachtung auf Braunfärbung;

β) Zusatz von Caroschem Reagens. Beobachtung auf Blaufärbung.

c) Methylenblauprobe: In 50-cm^3-Flasche mit eingeschliffenem Pfropfen 0,3 cm^3 0,05%ige wässerige Lösung von alkohol. konz. Methylenblau-B (Kahlbaum). Füllen mit Abwasser ohne Luftblasen. Fest verschlossen halten bei 28—37°C. Beobachtung auf Entfärbung.

D. Mikroskopische Untersuchung: z. B. Cladothrix in gestandenem Abwasser, Leptomitus lacteus in mäßig verunreinigtem Abwasser, Beggiatoa alba und Sphaerotilus natans bei stärkerer Verunreinigung.

Der Kehrricht kann infektiöse Mikroorganismen beherbergen. Wie soll er behandelt werden?

Sammeln in gedeckten Behältern, vorsichtiges Entleeren oder in besonderen Abfuhrwagen, in deren Einschüttöffnung die Sammelgefäße passen und staubfreie Abfuhr dadurch gewährleisten. Vernichtung am besten durch Verbrennung. Evtl. Verwertung des Mülls durch Verwendung als Düngemittel oder durch Aufschütten auf Ödländereien, durch Zerteilung in seine Hauptbestandteile.

Was macht man zweckmäßig mit Tierkadavern? (Tierkörperbeseitigungsgesetz vom 1. Februar 1939.)

Nur unter 6 Wochen alte Ferkel, Schafe und Ziegenlämmer dürfen vergraben oder verbrannt werden. Alle anderen Tierkörper sind in den Tierkörperbeseitigungsanlagen unschädlich zu machen (Tierkörperbeseitigungsgesetz vom 1. Februar 1939). So schafft man speziell die an Infektionskrankheiten verendeten Tiere zur Abdeckerei, wo sie bis zum Zerfall der Weichteile gekocht oder gedämpft und mindestens 30 Minuten lang auf 130° C erhitzt werden.

a) Zum Beispiel Kadaver der an Milzbrand, Wut, Rinderpest, Rauschbrand, Rinderseuche, Pyämie, Schweinerotlauf gestorbenen Tiere. Nicht abhäuten.

b) Die abgehäuteten und von Klauen befreiten Kadaver von Tieren, die an Lungenseuche, Tuberkulose erkrankt waren oder in denen Finnen und Trichinen gefunden sind.

c) Kranke Organe, Lebern mit Echinokokken, perlsüchtige Lungen, Carcinome, Actinomycesgeschwülste.

d) Alles konfiszierte faule und verdorbene Fleisch verschiedenster Herkunft.

e) Schlachtabfälle von gesunden und kranken Tieren.

Welche Wege gibt es zur sicheren Vernichtung und Beseitigung der nach der Abdeckerei geschafften Kadaver?

1. Tiefes (3 m) Vergraben.
2. Verbrennen in besonderen Verbrennungsöfen.
3. Trockene Destillation mit Auffangen der Produkte.
4. Wasserdampfbehandlung in besonderen Apparaten (Podewils Kadaver-Verarbeitungsapparat).

Leichenwesen.

Eine der dringendsten hygienischen Forderungen ist die allgemeine obligatorische Leichenschau, die die Todesursache mit Sicherheit feststellt, Verbrechen aufdeckt und auch für die Prophylaxe von epidemischen Krankheiten von großem Werte ist. Weiter ist zu fordern, daß die Leichen baldigst aus der Wohnung weggeschafft und in den Leichenhallen aufgebahrt werden (Preußische Polizeiverordnung über das Leichenwesen von 1933). Wo sind die Leichenhallen am besten anzulegen?

Auf Friedhöfen.

Wie erfolgt die Leichenbestattung?

Durch Begraben und durch Verbrennen nicht früher als 72 Stunden (3 Tage) nach Eintritt der Todesmerkmale. Eine vorzeitige Bestattung kann bei ansteckenden Krankheiten angeordnet werden, wenn die Todesmerkmale mit Sicherheit festgestellt sind.

Was benötigt man für den Leichentransport auf der Eisenbahn?

Einen Leichenpaß, eine amtsärztliche Bescheinigung über die Todesursache und die Unbedenklichkeit der Beförderung. Für Fleckfieber ist die Beförderung erlaubt, wenn die Leiche zuverlässig entlaust ist. Bei Diphtherie, Ruhr, Scharlach, Typhus, Paratyphus, Milzbrand und Rotz entscheidet das Gesundheitsamt. Die Leiche muß bei Infektionskrankheiten in Tücher mit desinfizierender Lösung eingeschlagen werden; der Sarg muß gut abgedichtet und mit Torfmull belegt sein. Der Transport erfolgt im Güterwagen. Begleiter mit Leichenpaß muß mitfahren. Die Beförderung von Leichen auf den deutschen Eisenbahnen regelt die Eisenbahnverkehrsverordnung vom 8. September 1938.

Wer stellt den Totenschein aus?

Der leichenschauende Arzt stellt 2 Totenscheine aus. Der eine Schein dient der Polizei zur Abmeldung des Verstorbenen und zur Feststellung, ob eine strafbare Handlung mit dem Tode in Zusammenhang steht, ferner dem Standesamt zur Beurkundung des Todes. Der zweite Totenschein (Leichenschauschein) enthält alle in ärztlicher, gerichtsärztlicher und statistischer Hinsicht wichtigen Fragen.

Im Falle einer Leichenöffnung ist der Leichenschauschein vom obduzierenden Arzt zu ergänzen.

Wer führt die Sterbebücher?

Das Standesamt (Personenstandgesetz vom 3. November 1937). Jeder Todesfall ist spätestens am nächstfolgenden Werktage dem Standesbeamten des Bezirks, in welchem der Tod erfolgt ist, anzuzeigen. Dort erhält man die Todesurkunde und die endgültige Beerdigungserlaubnis, die dem Friedhofsverwalter zwecks Bestattung der Leiche vorzulegen ist.

Ist die Leichenöffnung gestattet?

Eine nicht behördlich angeordnete Leichenöffnung ist ohne Zustimmung der Angehörigen im allgemeinen nicht gestattet. Unbefugte Leichenöffnung macht den Arzt nach § 823 I BGB. schadenersatzpflichtig. Es kann Bestrafung nach § 168 StGB. erfolgen. Besondere Regelung in Krankenanstalten.

Die richterliche Leichenöffnung erfolgt im Beisein des Richters durch 2 Ärzte, von denen einer ein Gerichtsarzt sein muß. Eine polizeiliche Leichenöffnung kann ohne Erlaubnis der Angehörigen vom Amtsarzt bei Cholera-, Gelbfieber-, Pocken-, Pest-, Rotz-, Typhus- oder Paratyphusverdacht angeordnet werden.

Wie geht die Verwesung vor sich?

Durch Fäulnisbakterien tritt Fäulnis ein. An der Zerstörung und Oxydation der organischen Stoffe sind noch tierische Organismen (Fliegenlarven, Nematoden) beteiligt. Letztere bedürfen

Feuchtigkeit, Luftzutritt und hohe Temperatur. Die Verwesung beseitigt in 3—7 Jahren die Reste organischer Stoffe (Sehnen, Knorpel, Haut).

Wie lange dauert die stinkende Fäulnis?	3 Monate.
Tritt im Wasser und in nassem Boden eine raschere Fäulnis ein?	Ja. Eine zweiwöchige Wasserleiche ist einer achtwöchigen begrabenen Leiche in bezug auf Fäulnis gleichzusetzen.
Wie geht die Verwesung im trockenen, grobporigen Boden vor sich?	Sehr rasch. Kinderleichen sind in Kies- und Sandboden nach vier Jahren, im Lehmboden nach fünf Jahren bis auf die Knochen und amorphe Humussubstanzen zerstört.
Wann tritt Mumifikation der Leichen auf?	Nach Phosphor-, Arsenik- und Sublimatvergiftung; bei trockenem Friedhof, starker Durchlüftung oder zu niederer Bodentemperatur, so daß sich die tierischen Organismen gar nicht, die Fäulnisorganismen nur bis zu einem gewissen Grade an der Verwesung beteiligen (Wüstensand, in tiefen Klostergrüften). Die Leichen werden in eine trockene, schwammige, strukturlose Masse verwandelt, die leicht in Staub zerfällt.
Worauf beruht die Adipocire- (Leichenwachs-) Bildung?	Auf Fett- und Seifenbildung aus Eiweiß oder auf einer Umwandlung des Leichenfettes. Sie tritt ein, wenn die normalerweise wirksamen Organismen, besonders die tierischen, in ihrer Funktion hauptsächlich infolge Luftmangels gehemmt sind. Die Leichenwachsbildung findet man bei Wasserleichen, in nassen Tonböden, in Zementgruben, in luftdicht schließenden Särgen, in alten undurchlässig gewordenen Begräbnisplätzen.
Üben Friedhöfe gesundheitsnachteiligen Einfluß auf die Anwohner aus?	Nein. Fäulnis und Verwesung organischer Substanz verlaufen allmählich, so daß keine Belästigungen und Gesundheitsgefahren daraus entstehen können. Üble Gerüche treten nur in Massengrüften und Katakomben auf.
Wohin gelangen die sich bildenden Zersetzungsgase?	Sie werden vom Boden absorbiert.
Kommen Infektionen durch begrabene Leichen vor?	Kaum. Die meisten Infektionserreger sterben entweder bald ab oder werden von Saprophyten überwuchert. Einige Infektionserreger können längere Zeit am Leben bleiben, so z. B. virulente Tuberkelbacillen. Typhusbacillen gehen in den beerdigten Leichen gewöhnlich innerhalb drei Wochen zugrunde. Milzbrandkeime (Sporen) behalten ein Jahr und länger ihre volle Virulenz. Ein Hinausschleppen von Infektionserregern ist

	nur möglich durch Vermittlung von Tieren (Ratten, Maulwürfe).
Es kann zuweilen durch die Verwesungsprodukte eine Verunreinigung des Grundwassers erfolgen. Worauf ist also zu achten?	Grundwasser aus der Nähe von Begräbnisplätzen ist zum menschlichen Gebrauch nicht zu verwenden.
Wie soll das Terrain der Begräbnisplätze liegen?	Möglichst freiliegend, am besten auf Sandboden, der mit Lehm gemischt ist. Das Grundwasser soll wenigstens 3 m mittleren Abstand von der Bodenoberfläche haben. Die Wohnhäuser sollen 10 m, Brunnen 50 m Abstand von den Begräbnisplätzen haben.
Wie tief muß ein Grab sein?	1,20 m.
Wann darf die Bebauung alter Friedhöfe erfolgen?	In der Regel 30 Jahre nach Schluß der Bestattung bei schwerem Lehmboden.
Ist eine Wiederausgrabung von Leichen zum Zwecke der Umbettung oder einer Beförderung gestattet?	Ja, nur mit Genehmigung der Ortspolizeibehörde.
Eine Ersparnis an Friedhofsgelände, die für große Gemeinden sehr in Betracht kommt, bedeutet die Leichenverbrennung. Wie geht die Leichenverbrennung vor sich?	In besonderen Apparaten mit Siemens-Regenerativfeuerung 800—1000° C. Kohlenverbrauch 4—8 Zentner, Leichenverbrennung dauert 2 Stunden. In Amerika verwendet man Steinölheizung, sonst auch elektrische und Gasheizung.
Bedarf die Feuerbestattung der schriftlichen Genehmigung der Polizeibehörde des Einäscherungsortes?	Ja, sie muß spätestens 24 Stunden vor dem Zeitpunkt der Einäscherung beantragt werden. Es müssen beigebracht werden die amtliche Sterbeurkunde, eine amtsärztliche Bescheinigung, eine Bescheinigung der Ortspolizeibehörde des Sterbeortes, ein Nachweis, daß der Verstorbene die Feuerbestattung wünschte.
Dürfen die Aschenreste an die Angehörigen ausgehändigt werden?	Nein. Sie werden von der Friedhofsverwaltung versandt.
Was wird mit der Asche der verbrannten Leichen gemacht?	Sie wird meist in Urnen in besonderen Hallen oder Gräbern beigesetzt.
Ist die Feuerbestattung gesetzlich geregelt?	Durch das Reichsgesetz über die Feuerbestattung vom 15. Mai 1934.
Welchen Nachteil hat die Verbrennung?	Es besteht die Möglichkeit, Verbrechen, besonders Vergiftungen dem Nachweis zu entziehen.

Die hygienische Fürsorge für Mütter, Kinder und Kranke.

Welches sind die wichtigsten Zweige des Fürsorgewesens?	1. Die Mütter- und Jugendfürsorge, 2. die Schwangerenfürsorge, 3. die Tuberkulosefürsorge, 4. die Fürsorge für Geschlechtskranke,

5. die Fürsorge bei infektiösen Krankheiten,
6. die Fürsorge für Alkoholiker und Suchtkranke.

Sonst kommen noch in Betracht: die Kranken-, Unfallverletzten-, Armen-, Krüppel-, Taubstummen-, Blinden-, Schwachsinnigen-, Invaliden-, Kriegsbeschädigtenfürsorge.

Wodurch wird eine organisierte Überwachung der Schwangerschaft gewährleistet?

Durch die Schwangerenberatung und Schwangerenfürsorge. Sie bezwecken eine Überwachung des Kindes während seiner Entwicklung im Mutterleibe, Betreuung der Mutter gegen Erkrankungen während der Schwangerschaft und gegen Komplikationen der bevorstehenden Geburt. Die Schwangerenberatung vermittelt die Grundregeln der Schwangerschaftshygiene (Körperpflege, Ernährung, Arbeitsleistung, Lebenshaltung, Prüfung der häuslichen Verhältnisse, Einschaltung des Arztes bei Tb.-Verdacht, bei Eklampsiegefahr. Haus- oder Anstaltsentbindung).

Womit hat sich die Schwangerenfürsorge noch zu befassen?

Die Schwangere ist zu belehren, welche Wege sie einschlagen muß, um in den Genuß der Leistungen der Schwangerenfürsorge zu kommen.

Die Fürsorge für das Kind hat schon vor der Geburt durch die Schwangerenfürsorge zu beginnen. (§ 139 der Gewerbeordnung und § 195 der Reichsversicherungsordnung.) Die Wochenhilfe u. Wochenfürsorge war durch das Reichsgesetz vom 26. September 1919 und das Ergänzungsgesetz vom 29. Juli 1921 geregelt. Beide Gesetze sind inzwischen aufgehoben und die Wochenhilfe durch die §§ 195c—199 der RVO. geregelt, die Wochenfürsorge aber durch die Verordnung über die Fürsorgepflicht (FV. vom Februar 1924) den Ländern überwiesen. Worin besteht die Wochenhilfe?

1. In ärztlicher Behandlung bei Entbindung und Schwangerschaftsbeschwerden.
2. In einem einmaligen Beitrag zu den Kosten der Entbindung und bei Schwangerschaftsbeschwerden.
3. In einem Wochengeld in Höhe des Krankengeldes für 10 Wochen, von denen mindestens sechs in die Zeit nach der Entbindung fallen müssen. An Stelle des Wochengeldes kann auch Kur und Verpflegung in einem Wöchnerinnenheim, ferner Hilfe und Wartung durch eine Hauspflegerin gewährt werden.
4. In der Gewährung eines Stillgeldes, abgestuft nach dem Betrag des Krankengeldes bis zum Ablauf der 12. Woche nach der Niederkunft.

Für wen ist die Wochenfürsorge bestimmt?

Für hilfsbedürftige deutsche Schwangere und Wöchnerinnen, die weder selbstversichert sind, noch Anspruch auf Familienhilfe haben und die sich den notwendigen Lebensbedarf nicht selbst beschaffen können und ihn auch nicht von anderer Seite erhalten. Die Leistungen der Wochenfürsorge entsprechen derjenigen der Familienwochenhilfe. Träger der Wochenfürsorge ist der Bezirksfürsorgeverband.

Nach einem Erlaß des preußischen Wohlfahrtsministers vom 20. August 1920 wird die Gründung von Beratungsstellen für Mutter- und Säuglingspflege in allen Stadt- und Landkreisen gefordert. Wie wird das Fürsorgewesen betrieben?

Entweder als „offene“ Fürsorge, wenn die Fürsorgebedürftigen zwar unter Aufsicht der Fürsorgestellen, sich aber noch im eigenen Heim befinden, oder als „halboffene“ Fürsorge (Krippen und Kindergärten) oder als „geschlossene“ Fürsorge.

Sind für den Betrieb der Krippen, Kinderbewahranstalten und Kindergärten besondere Grundsätze aufgestellt?

Ja, durch einen Erlaß des Reichsministers des Innern vom 10. Juni 1920.

Worauf erstreckt sich die Jugendfürsorge?

1. Auf Säuglinge (1. Lebensjahr),
2. auf Kleinkinder (2. bis 6. Lebensjahr),
3. auf das schulpflichtige Alter (6. bis 14. Lebensjahr),
4. auf die schulentlassene Jugend (15. bis 18. Lebensjahr).

Wie verhält es sich mit der Sterblichkeit der Kinder im ersten Lebensjahr?

Man muß die Säuglingssterblichkeit in eine Frühsterblichkeit (in den ersten 7 Lebenstagen) und eine Nachsterblichkeit (bis zum Schluß des ersten Lebensjahres) gliedern. Die Todesursachen in der Periode der Frühsterblichkeit stehen in direkten Beziehungen zu den Vorgängen in der Schwangerschaft und zu dem Geburtsvorgang selbst (Konzeptionsverhütung, Abort, Totgeburt usw.). Im Jahre 1936 ergaben die Frühsterblichkeitsursachen 49,1 % aller Säuglingssterbefälle. Die Bekämpfung der Frühsterblichkeit steht daher heute im Vordergrund des Interesses.

In welchen Ländern ist die Säuglingssterblichkeit geringer?

In den nördlichen Ländern.

Durch welche Krankheiten ist die Säuglingssterblichkeit vor allem bedingt?

Durch Magen-Darmerkrankungen, besonders in den Sommermonaten, wenn das Wochenmittel der Temperatur sich über 17,5° C erhebt; weiter durch Lungenentzündung, Krämpfe, Diphtherie, Keuchhusten.

Welche Kinder werden besonders leicht ein Opfer der Hitzewirkung?

Die künstlich genährten Kinder.

Von den Flaschenkindern sterben an Darmerkrankungen elfmal soviel wie Brustkinder.

Welche Bevölkerungsklassen sind ausschließlich an der Hochsommersterblichkeit der Säuglinge beteiligt?

Die weniger bemittelten Bevölkerungsklassen.

Welche anderen Momente kommen noch für die Säuglingssterblichkeit in Betracht?

Überhitzung der Wohnräume, Wachstum von Bakterien in Kuhmilch.

Wie bekämpft man die Säuglingssterblichkeit?

1. Durch Ausschaltung der Hitzewirkung in den Wohnungen (sofort beim Bau zu berücksichtigen).

2. Durch Unterbringen der gefährdeten Kinder in kühlere Räume.

3. Durch rationelle Kleidung, Einschränkung der Nahrung, Stillung des Durstes mit abgekochtem Wasser usw.

4. Ernährung durch Mutterbrust oder, wenn nicht möglich, durch sorgfältige Zubereitung der Milch, durch Benutzung einer Milchküche, durch Kuhmilchersatz, durch Mehlpräparate.

5. Durch Kühlhaltung der künstlichen Nahrung.

Auf welche Weise kann man die Ernährung mit Muttermilch fördern?

1. Durch Belehrung, Kurse, Merkblätter, Stillpropaganda, Stilldauer.

2. Durch Stillprämien, Stillgelder oder Stillunterstützungen (Mutterschaftskassen).

3. Durch Stillkrippen, Fabrikkrippen.

4. Durch Beratungsstellen.

Wie fördert man die Stillfähigkeit der Frauen?

Durch geeignete Körperpflege und Ernährung schon in der Jugend. Durch Schonung der Frau gegen Ende der Schwangerschaft und im Wochenbett.

Siehe Reichsgewerbeordnung und das Reichsgesetz vom 16. Juli 1927 „Über die Beschäftigung vor und nach der Niederkunft“, wonach Frauen 6 Wochen vor und 6 Wochen nach der Niederkunft nicht in Gewerbebetrieben arbeiten dürfen.

Wie ist die Sterblichkeit der unehelichen Kinder im ersten Lebensjahr herabzusetzen?

Durch Aufnahme der unehelichen Mütter mit ihren Kindern in Säuglingsheime oder städtische Asyle.

Was sind Säuglingsfürsorgestellen?

Staatliche bzw. kommunale Einrichtungen, in denen Kinderärzte Sprechstunden halten, um Müttern und Pflegemüttern unentgeltlich Rat über Pflege und Ernährung der vorgestellten Säuglinge zu erteilen.

Von welcher Seite wird der Arzt in den Säuglingsfürsorgestellen eifrig unterstützt?

Von den Säuglingspflegerinnen (-schwestern), die in Säuglingspflegeschulen vorgebildet und staatlich geprüft sind, die das wichtigste Organ in der ganzen Fürsorge sind, die neu aufgenommene Kinder in der Wohnung öfters aufsuchen und über die Hygiene der Wohnungsverhältnisse berichten usw.

Die Sterblichkeit nimmt vom 2. bis 5. Lebensjahre (Kleinkind) bedeutend ab. Vom 5. Jahre an wird sie wieder größer. Welche Krankheiten sind hier die Ursache?	Scharlach, Masern, Keuchhusten, Diphtherie, Drüsentuberkulose, exsudative Diathese, Rachitis.
Wie kann man diesen Gesundheitsschädigungen begegnen?	Durch sorgfältige Ernährung, reichliche Körperbewegung, viel Aufenthalt im Freien. Kleinkinder-Fürsorgestellen, Kinderbewahranstalten, Kindergärten.
Welche Fürsorgemaßnahmen kommen für das Alter von 2 bis 6 Jahren in Frage?	Die Krippen, später die Kindergärten, die entweder der Säuglingsfürsorge oder der Schulfürsorge angegliedert werden.
Was bezwecken die Schulkindergärten?	Die wegen Schwächlichkeit zurückgebliebenen, in der Schule zurückgestellten Kinder sollen hier durch viel Aufenthalt im Freien, gute Ernährung und geeignete Spiele physisch und geistig gebessert werden.
Der gesamte Jugendschutz wird in einem Amte am besten vereinigt. Was umfassen derartige Jugendämter?	Den ganzen gesundheitlichen und rechtlichen Schutz der Jugend (Waisenpflege, Zwangserziehung Verwahrloster und Gefährdeter, die vormundschaftliche Fürsorge auch eines unehelichen Kindes, die Kontrolle des Ziehkinderwesens, Mitwirkung bei den Aufgaben des Jugendgerichtes usw.), Reichsgesetz für Jugendwohlfahrt vom 9. Juli 1922, das am 1. April 1924 in Kraft trat.
Worin bestehen die Aufgaben der Tuberkulosefürsorgestellen? Siehe auch Kapitel „Tuberkelbacillen".	1. In der möglichst frühzeitigen Erfassung aller an Tuberkulose Erkrankten. 2. In der Vermittlung des notwendigen Heilverfahrens. 3. In dem Schutz der Umgebung des Kranken vor einer Infektion. 4. In der evtl. Besserung der Wohnungs- und Ernährungsverhältnisse.
Worin bestehen die Aufgaben der Fürsorge für Geschlechtskranke? (Gesetz zur Bekämpfung der Geschlechtskrankheiten am 1. Oktober 1927 in Kraft getreten.)	In der Überwachung der Kranken in ihren an akuten Erscheinungen freien Zwischenräumen zur Verhütung von Rezidiven und Neuinfektionen, in der Einwirkung auf die Kranken, ohne Scheu ihre Krankheit einzugestehen, und Ermahnung, niemals den Kurpfuscher, sondern rechtzeitig die Hilfe erfahrener Ärzte aufzusuchen. Das genannte Gesetz behandelt im § 6 wie auch das Ehegesundheitsgesetz vom 18. Oktober 1935 das Eheschließungsverbot für ansteckungsgefährliche Geschlechtskranke.
Gibt es Beratungsstellen für Geschlechtskranke?	Ja, etwa 300, die von der Invalidenversicherung betrieben und unterstützt werden; daneben aber auch entsprechende Einrichtungen der Ge-

sundheitsämter. Hier erfolgt eine unentgeltliche Untersuchung und Beratung und im Anschluß daran Sicherstellung einer ausreichenden Behandlung Erkrankter und Ermittlung der Infektionsquellen.

Worauf erstreckt sich die Fürsorge bei infektiösen Krankheiten?

In der Durchführung der zur Verhütung ihrer Weiterverbreitung angeordneten Desinfektionsvorkehrungen, für die laufende Desinfektion am Krankenbette, Bereitstellung der nötigen Mittel und Geräte, Überwachung der richtigen Benutzung durch Desinfektionsschwestern.

Wodurch wird der Alkoholismus außer den Bestrebungen der Beratungsstellen, Mäßigkeits- und Enthaltsamkeitsvereine noch bekämpft?

Durch staatliche vorbeugende Maßnahmen, wie: Versteuerung und Verzollung, Schankreformgesetze, Beschränkung in der gewerblichen Herstellung geistiger Getränke, Gemeindebestimmungsrecht („lokales Veto").

Was bestimmt das Gaststättengesetz vom 28. August 1930?

Die Erlaubnis zum Ausschank alkoholischer Getränke und zum Kleinhandel mit Branntwein wird nur bei öffentlichem Bedürfnis und an zuverlässige Bewerber bei Vorhandensein geeigneter Betriebsräume erteilt. Das Gesetz gibt Richtlinien für die Festsetzung der Polizeistunde, verbietet die Abgabe geistiger Getränke oder Tabakwaren zum eigenen Genuß an unter 16jährige in Abwesenheit ihrer Erziehungsberechtigten, die Abgabe von Branntwein an unter 18jährige oder vor 7 Uhr die Abgabe geistiger Getränke an Betrunkene usw.

Was wissen Sie vom Opiumgesetz vom 10. Dezember 1929?

Es dient zur Einschränkung des Opiat- und Cocainmißbrauches und überwacht den Verkehr mit Opiaten usw. von der Einfuhr bis zum Einzelverbraucher. Es bestehen besondere Verordnungen über das Verschreiben von Betäubungsmittel enthaltenden Arzneien und ihrer Abgabe in den Apotheken (vom 19. Dezember 1930).

Welche Forderungen stellen die Eltern an die Schule?

Daß die Kinder in der Schule keine besonderen Gesundheitsstörungen davontragen, daß die baulichen Anlagen ohne Beeinträchtigung der Gesundheit benutzbar sind, daß die körperliche und geistige Entwicklung der Schüler nicht geschädigt wird, daß keine Verbreitung von kontagiosen Krankheiten in der Schule stattfindet.

Besprechen wir zunächst die Gesundheitsstörungen, die durch den Schulbesuch hervorgerufen werden können. Welche sind das?

1. Die habituelle Skoliose (individuelle Disposition).

2. Myopie (mangelhafte Beleuchtung, schlechte Körperhaltung beim Lesen und Schreiben).

3. Stauung des Blutabflusses aus Kopf und Hals, infolgedessen Nasenbluten und vielleicht auch der zuweilen beobachtete Schulkropf.

4. Erkältungskrankheiten.
5. Ernährungsstörungen und nervöse Überreizung.
6. Kontagiöse Krankheiten (akute Exantheme und Diphtherie).

Wie soll ein Schulhaus gebaut sein?

Nicht zu groß, am besten in zwei Stockwerken und im Pavillonsystem. In den meisten Fällen ist man an das Korridorsystem gebunden (Korridor an der einen Längsseite des Gebäudes).

Nach welcher Himmelsrichtung sollen die Fenster liegen?

Nach Norden, wenn die Lage des Gebäudes frei ist. Die Lage nach Westen oder Nordwesten ist auch zweckmäßig, wenn am späten Nachmittag kein Unterricht abgehalten wird.

Wie lang und wie hoch soll ein Schulzimmer sein?

6 m breit und 9 m lang, da, wenn länger, die Tafel zu weit von den Schülern entfernt ist und die Überwachung der Schüler auf Schwierigkeiten stößt. Höhe $3^1/_2$—$4^1/_2$ m.

Wie sind die Wände des Zimmers zu streichen?

Mit hellgrauer Öl- oder Leimfarbe.

Wie muß der Fußboden beschaffen sein?

Aus hartem Holz mit Leinöl getränkt, gut gefegt und mit einem staubbindenden unlöslichen Mineralöl imprägniert. (Siehe Entstäubung S. 86).

Wie soll das Licht in den Schulraum fallen?

Nicht von hinten, nicht von rechts, nicht von vorn.

Die einzig richtige Beleuchtung ist entweder der Lichteinfall von links oder Oberlicht.

Welche Größe sollen die Fenster haben?

Sie sollen 20% der Bodenfläche des Zimmers betragen.

Wie soll die Helligkeit eines jeden Platzes beschaffen sein?

Die Helligkeit soll 25—30, besser 50—60 Lux besitzen.

Welche künstliche Beleuchtung kommt für die Schulzimmer in Frage?

Die indirekte Beleuchtung. Man zwingt durch unter den Lampen angebrachte Reflektoren das Licht zunächst an die hellgeweißte Decke des Raumes oder gegen einen größeren Reflektor, um von da als diffuses Licht in die unteren Partien des Raumes auszustrahlen.

Welche Heizungsanlage ist für Schulzimmer die geeignetste?

Für große Schulen Zentralheizung, und zwar für Schulzimmer die Warmwasser-, für die Flure die Niederdruckdampfheizung; für Bibliotheken und für nur wenige Stunden des Tages benutzte Räume die Niederdruckdampfheizung.

Luftheizungen sind weniger zu empfehlen.

Weshalb ist eine fortlaufende Lüftung der Schulräume notwendig?

Zur Erleichterung der Entwärmung und der Wasserdampfabgabe des Kindes, zur Verhütung der Wärmestauung und zur Erhaltung der Frische und Leistungsfähigkeit des Schulkindes.

Wie müssen die Schulbänke beschaffen sein?

Sie müssen

1. die richtige Distanz, d. h. die richtige horizontale Entfernung des vorderen Bankrandes

vom inneren Tischrande haben. Die Distanz soll gleich Null oder schwach negativ, z. B. — 2,5 cm sein;

2. die richtige Differenz, d. h. den richtigen vertikalen Abstand des inneren Tischrandes von der Bank haben;

3. die richtige Sitzhöhe haben.

Worin bestehen die Nachteile der Minusdistanz?

Die Schüler können nur schwer in die Bank hinein- und herauskommen, können auf ihrem Platz nicht aufstehen.

Wie sucht man diesem Übelstande abzuhelfen?

1. Die Bänke werden nur zweisitzig gemacht,

2. die Tischplatte muß zurückklappbar oder verschiebbar sein, oder

3. die Sitze werden beweglich eingerichtet.

Welcher Körperlänge muß die Sitzhöhe der Bänke entsprechen?

Der Länge des Unterschenkels vom Hacken bis zur Kniebeuge = $^{2}/_{7}$ der Körperlänge.

Wodurch, d. h. durch welche Lehne wird die beste Stütze des Oberkörpers erreicht?

Durch eine Kreuz-Rückenlehne.

Wie soll die Tischplatte der Bank beschaffen sein?

Sie soll einen horizontalen Teil (für Tintenfässer) und einen vorderen geneigten Teil enthalten (35—40 cm breit).

Welche Schrift scheint als die natürlichste?

Bei gerader Körperhaltung erscheint eine gerade mediane Lage des Heftes (vor der Mitte des Körpers) und eine Schrift von links oben nach rechts unten oder wenigstens eine gerade Rechtslage des Heftes und eine fast senkrechte Schrift (Steilschrift) als die natürlichste. Die rechtsschiefe Schrift ist bei medianer Lage des Heftes nur mit ermüdender Beugung des Handgelenkes möglich, bei gerader oder schiefer Rechtslage des Heftes nur unter Verdrehung des Kopfes und des Oberkörpers oder der Augen.

Anzustreben ist ausgedehnter Gebrauch der deutlich wahrnehmbaren lateinischen Lettern.

Für die äußere Instandhaltung der Schule ist ein sachverständiges Personal notwendig, das die Heizung und Reinigung der Schule besorgt. Was ist weiter für den richtigen Betrieb des Unterrichts notwendig?

Die Regelung der zulässigen Zahl von Schulstunden, des richtigen Maßes der häuslichen Aufgaben; Zwischenpausen nach jeder Schulstunde und körperliche Übungen.

Wie prüft man die geistige Übermüdung der Schüler?

1. Messung der Druckkraft der Hand am Dynamometer.

2. Durch Beobachtung der Blutverschiebung an dem im Plethysmographen liegenden Arm.

3. Mit dem Ästhesiometer zur Messung der Tastschärfe. Man ermittelt, in welchem Abstande noch 2 Zirkelspitzen auf der Haut als getrennt

empfunden werden. Der Abstand wächst bei geistiger Ermüdung um das 2—4fache.

4. Durch einfache Rechenexempel, die man am Schluß jeder Stunde gibt.

5. Durch Prüfung der Kombinationsfähigkeit durch sog. Ergänzungsaufgaben.

Was bestimmt das Reichsseuchengesetz vom 30. Juni 1900 und das Preußische Seuchengesetz vom 28. August 1905 zur Verhinderung ansteckender Krankheiten in der Schule?

Daß Kinder aus Behausungen, in denen eine Erkrankung an Cholera, Lepra, Fleckfieber, Pest, Pocken, Diphtherie, Scharlach, Ruhr, Typhus, Rückfallfieber vorgekommen ist, vom Schulbesuch ferngehalten werden müssen, solange eine Weiterverbreitung der Krankheit durch die Schulkinder zu befürchten ist.

Wie sucht man die Ernährung unterernährter Schüler zu unterstützen?

Durch Schulspeisung, evtl. Speisung in sogenannten Kinderhorten.

Nimmt man sich auch der körperlich zurückgebliebenen Kinder an?

Ja. Man bringt sie in die sogenannten Ferienkolonien, wo die Schulkinder längere Zeit unter Aufsicht eines Lehrers oder einer Lehrerin zubringen. Evtl. kann die Aufnahme in ein Sanatorium erfolgen. Die in der Stadt verbliebenen Kinder werden tagsüber ins Freie geführt (Freilutt- und Waldschulen).

Wer übernimmt die Überwachung der hygienischen Einrichtungen der Schule, wer sorgt für die prophylaktischen Maßnahmen bei Infektionskrankheiten und für eine regelmäßige Kontrolle des Gesundheitszustandes der Schüler?

Das Gesundheitsamt, bzw. der Amtsarzt oder der haupt- oder nebenberuflich angestellte Schularzt.

Worauf hat sich die Tätigkeit der Schulärzte zu erstrecken?

Auf die Untersuchung der neu eingeschulten Kinder auf Größe, Gewicht, Ernährungszustand, Reinlichkeit, Fehler der Sinnesorgane, des Nervensystems, auf die geistige Reife.

Jährliche Nachuntersuchungen sind notwendig. Ein- bis zweimal im Halbjahr sind die Klassen zu besuchen. Weiter hat der Schularzt die Auswahl der Kinder für den Besuch der Hilfsschulen, für Waldschulen, Ferienkolonien, Schülerwanderungen usw. zu entscheiden. Er hat mitzuraten bei der Berufswahl der vor der Entlassung stehenden Kinder. Ferner hat er die Hygiene des Schulhauses und die technischen Betriebseinrichtungen zu überwachen.

Zur Seite stehen den Schulärzten die Schulschwestern.

Die Untersuchung und Behandlung der Zähne erfolgt in Zahnkliniken.

Der Schularzt, der am besten keine weitere Beschäftigung als Arzt versieht, ist in größeren Städten dem Stadtarzt unterstellt. Welche Tätigkeit hat dieser?

Er überwacht die gesamten kommunalen gesundheitlichen Einrichtungen, wie Seuchenbekämpfung, Impfgeschäft, Fürsorgedienst usw.

Wovor soll die Hygiene des Unterrichts die Kinder bewahren?

1. Vor zu frühem Eintritt in die Schule (nicht vor vollendetem 6. Lebensjahr).

2. Vor Überbürdung.

3. Vor zu großer Hausarbeit.

4. Vor zu langem Unterricht. In niederen Klassen zweckmäßig Vor- und Nachmittagsunterricht; in höheren Klassen 5—6 Stunden Vormittagsunterricht mit den üblichen Zwischenpausen 10—15 Minuten nach jeder Stunde.

5. Auf Befreiung schwächlicher Kinder vom Turnen, unmusikalischer Kinder vom Gesangsunterricht hat sich die Hygiene des Unterrichts weiter auszudehnen.

Welches Alter umfaßt die *schulentlassene* Jugend?

Das Alter vom 14. bis 18. Lebensjahr.

Es müssen in diesem Alter für den Körper schädliche Einflüsse ferngehalten werden. Welche Schädlichkeiten kommen in Betracht?

Die Arbeit im Staubgewerbe, mit giftigen Materialien, hohe Temperaturen, Überanstrengungen, übermäßige Arbeitsdauer, ungünstige Arbeitsräume, Alkoholmißbrauch.

Wie stellt man die Übel ab?

Durch Suchen eines geeigneten, zusagenden Berufes, Unterstützung durch Jugendfürsorgestellen, Lehrwerkstätten, Fachschulen, Fortbildungsschulen.

Wie wird bei den weiblichen Jugendlichen die wirtschaftliche Ausbildung in die Wege geleitet?

In Koch- und Haushaltungsschulen, in Fortbildungsschulen, die sich mit den Aufgaben der Haushaltsführung und mit den Aufgaben der Frau als Mutter und Erzieherin beschäftigen.

Auf dem Lande in landwirtschaftlichen Haushaltungsschulen.

Was ist weiter noch zu berücksichtigen?

Eine Besserung der Wohnungsverhältnisse durch Heime für jugendliche Arbeiter und Arbeiterinnen (Lehrlings- und Mädchenheime).

Was ist alles beim Bau eines Krankenhauses ins Auge zu fassen?

1. Die Wahl des Platzes.

2. Ein reichliches Gartenland um die Krankenhausbauten (je Bett 100 m^2 Baugrund und 10 m^2 Garten).

Welche Gebäude sind beim Bau eines Krankenhauses vorzusehen?

1. Die Verwaltungsbüros mit den Wohnungen der Verwaltungsbeamten.

2. Räume für den Wirtschaftsbetrieb.

3. Das Leichenhaus und das pathologische Institut.

4. Gebäude für ansteckende Kranke und die Desinfektionsanstalt.

5. Die eigentlichen Krankenzimmer sowie Wohnungen für Ärzte und Wartepersonal.

Welche Grundformen des Gebäudes unterscheidet man?

1. Das Korridorsystem (Linienform, H-form oder Hufeisenform, zuweilen auch geschlossenes Viereck- oder Kreuzform).

2. Das Pavillonsystem:

a) Pavillons von nur einem Stockwerk;

b) Pavillons mit zwei Stockwerken;

c) Blocks, Gebäude mit mehreren Stockwerken.

Welche Heizung ist anzubringen?

Die Warmwasserheizung. Für Baracken empfiehlt sich auch die Fußbodenheizung.

Wie soll das Mobiliar beschaffen sein?

Es soll möglichst wenig zu Staubablagerungen Anlaß geben, leicht zu reinigen und zu desinfizieren sein. Die Betten bestehen möglichst aus eisernem Gestell, das mit heller Ölfarbe gestrichen ist.

Worüber muß ein jedes Krankenhaus verfügen?

Über eine Desinfektionsanstalt mit einem geschulten Desinfektor und über Isolierhäuser, speziell für Kranke, die eine besondere Infektionsgefahr bieten (Pocken, Fleckfieber, Cholera z. B.). Das Wartepersonal ist unbedingt mit dem Kranken zu isolieren.

Welche Baracken kommen neben Isolierhäusern für diesen Zweck der Isolierung in Betracht?

Zur Benutzung kommen

1. die zusammenlegbaren und transportablen, aus einem Holzgerüst bestehenden Baracken, das außen und innen mit gefirnißtem und feuersicher imprägniertem Leinen überzogen ist. Zwischen dem äußeren und inneren Überzug ist eine Lage Filz, Korkmasse, Kieselgur usw. (Döckers Baracke),

2. die Wellblech-Baracken (Grove),

3. oder die Baracken von zur Nieden: Wände, Holzrahmen inwendig mit Leinen, außen mit Dachpappe überspannt, werden in ein eisernes Gestell eingesetzt.

Gewerbehygiene.

Die sog. Gewerbekrankheiten sind mit Bestimmtheit auf die Beschäftigungsweise der Erkrankten zurückzuführen; oft tragen nebenbei Mängel der Wohnung, Nahrung, Hautpflege usw. die Schuld. Worin besteht hier eine lohnende Aufgabe der öffentlichen Gesundheitspflege?

Die Gewerbekrankheiten womöglich ganz zu vermeiden oder doch wenigstens auf ein Minimum zu reduzieren.

Wie hat man den Einfluß der verschiedenen Gewerbe und Berufsarten auf die Gesundheit festzustellen versucht?

Auf statistischem Wege (Unfallversicherungen und Krankenkassen geben gut zu verwertendes Material) und durch Vergleichung der Mortalität der verschiedenen Berufsarten unter Berücksichtigung der Altersklassen.

Die Arbeiterhygiene findet genug Angriffspunkte, wo sie einsetzen und Gutes wirken kann.

Die Arbeiterwohnungen sind gesund anzulegen, mit Wasserleitung und Kanalisation zu versehen. Zu erstreben sind die Einzelarbeiterwohnungen, die allmählich bei relativ geringen jährlichen Abzahlungen in den dauernden Besitz der Arbeiter übergehen.

Wie hat sie zu sorgen in puncto „Wohnungsfrage"?

Bei Massenwohnungen soll jede Wohnung enthalten: Wohnzimmer, Schlafzimmer, Kammer, Abort, Keller, Speicher und evtl. ein kleines Gärtchen.

Wie soll die Ernährung des Arbeiters sein?

Relativ billig, dabei reich an Nährstoffen. Die Arbeiter müssen über den Nährwert, die Preiswürdigkeit und die zweckmäßige Zubereitung der Lebensmittel (Haushaltungs- und Kochschulen) unterrichtet werden. Arbeiterkonsumvereine und Volksküchen müssen eingerichtet werden. Das Freibankwesen muß weiter ausgestaltet werden.

Wie läßt sich dem Alkoholmißbrauch entgegenarbeiten?

Durch Belehrung, durch Einrichtung von Volksküchen, Kaffeehäusern. Durch Verabreichung eines billigen alkoholfreien Genußmittels, evtl. eines leichten Bieres.

Wie hat man den schlimmen Folgen der vorübergehenden oder dauernden Erwerbsunfähigkeit der Arbeiter vorgebeugt?

Durch Einrichtung von Krankenkassen sowie Unfall-, Alters-, Invaliden- und Hinterbliebenenversicherung.

Wodurch kommt der unmittelbar gesundheitsschädliche Einfluß der Beschäftigung zustande?

1. Durch ungenügende Rücksichtnahme auf Alter und Körperbeschaffenheit.
2. Durch die Arbeitsdauer.
3. Durch hygienisch ungenügende Beschaffenheit der Arbeitsräume.
4. Durch einseitige Muskelanstrengung und die Körperhaltung bei der Arbeit.
5. Durch starke Lichtreize (Ultraviolettstrahlung, Röntgenstrahlen, radioaktive Stoffe), Geräusche, Lärm und Erschütterungen.
6. Durch gesteigerten Luftdruck.
7. Durch ungewöhnliche Temperaturen.
8. Durch eingeatmeten Staub.
9. Durch giftige Gase.
10. Durch giftiges Arbeitsmaterial.
11. Durch übertragbare Krankheitserreger.
12. Durch Unfälle.

Damit nach ihrer Körperbeschaffenheit nur geeignete Arbeiter für einen Beruf eingestellt werden, erfolgt die Berufsberatung durch den Schularzt. Wie geschieht neuerdings eine planmäßige Auslese der Arbeiter?

Durch psychotechnische Eignungsprüfung.

Was bestimmt die Verordnung vom 23. November 1918 und die ergänzende Bundseratsverordnung über die Arbeitszeit vom 14. April 1927 bezüglich der täglichen Arbeitszeit aller gewerblichen Arbeiter?

Daß die regelmäßige tägliche Arbeitszeit die Dauer von 8 Stunden nicht überschreiten darf (ausschließlich der Pausen), falls die Arbeitszeit geteilt wird; einschließlich einer halbstündigen Pause bei durchgehender Arbeitszeit. Für Hausbedienstete wird meist eine 11stündige Arbeitszeit vereinbart; für Landarbeiter bestimmt die Verordnung vom 24. Januar 1919 eine tägliche Höchstarbeitszeit von durchschnittlich 8, 10 und 11 Stunden in je 4 Monaten des Jahres. Kürzere Arbeitszeit ist für gesundheitsgefährliche Betriebe, wie Quecksilber- oder Bleibetriebe, sowie für Arbeiten in Preßluft vorgeschrieben.

Eine Errungenschaft der neuesten Zeit ist die Einrichtung eines Urlaubes auch für den Handarbeiter.

Auch die Frauenarbeit ist durch die RGO. festgelegt. Wissen Sie etwas darüber?

Frauenarbeit ist in schweren oder gefährlichen Betrieben untersagt oder wenigstens eingeschränkt. Ein Verbot der Frauenarbeit außer Hause ist nicht durchführbar.

Gesetzlich ist auch die Beschäftigung der Schwangeren vor und nach der Niederkunft (s. Kapitel Hygien. Fürsorge für Mütter, Kinder und Kranke) bestimmt. Wie ist für die Entlastung arbeitender Mütter gesorgt?

Durch Krippen, Bewahranstalten, Kindergärten.

Ist die Kinderarbeit gesetzlich geregelt?

Durch das Reichsgesetz über die Kinderarbeit von 1903; es betrifft vor allem Kinder unter 14 Jahren. Für Jugendliche von 14—18 Jahren sind besondere Bestimmungen vorhanden.

Welche Anforderungen stellt man an die Arbeitsräume?

Sie sollen, was Lage, Ventilation, Heizung und Beleuchtung betrifft, zu keinerlei hygienischen Bedenken Anlaß geben.

Welche Gesundheitsstörungen werden durch die Muskelarbeit und die Körperhaltung hervorgerufen?

Durch Druck auf das Handwerkszeug entstehen in der Hand Schwielen, Blasen, chronische Entzündung, evtl. Schleimbeutelentzündung, Vertiefungen des Sternums bei Schustern; Gelenkentzündungen, Sehnenscheidenentzündungen usw. bilden sich bei fortgesetzter Anstrengung derselben Muskelgruppen (Schreibkrampf). Zuweilen kommt es zur Hypertrophie bestimmter Muskelgruppen.

Varicen, Ödeme usw., O- und X-Beine, Plattfüße werden durch langes Stehen bedingt.

Zirkulationsstörungen stellen sich bei sitzender und gebückter Haltung ein. Überanstrengung führt zur Schwächung der Gesundheit.

Welche Störungen bzw. Schädigungen der Sinnesorgane sind als Gewerbekrankheiten anzusprechen?

Schädigungen bzw. Gefährdung

A. Des Auges.

1. Myopie bei ungenügender Beleuchtung.

2. Nystagmus bei mattem Licht (Kohlenhauer).

3. Überreizung des Auges und Conjunctivitis durch grellen Wechsel zwischen Hell und Dunkel und strahlende Hitze, durch mechanische Insulte (Gase, Staub, Steinsplitter usw.).

B. Des Gehörs durch

1. anhaltende betäubende Geräusche,

2. Aufenthalt in komprimierter Luft.

Wie schützt man sich gegen die Augenschädigungen?

Durch Schutzbrillen.

Bei welcher Beschäftigung wirkt der gesteigerte Luftdruck schädlich ein?

Bei Taucharbeiten, z. B. bei der Fundierung von Brückenpfeilern, beim Schleusen-, Brunnen- und Tunnelbau.

Welche Vorsichtsmaßregeln sind bei Taucharbeiten usw. anzuwenden?

Der Einstieg in die Caissons muß langsam erfolgen (in 4 Minuten Anstieg um 1 Atmosphäre). Ganz besondere Vorsicht ist beim Aufstieg erforderlich. Hier soll sich der Abfall um 1 Atmosphäre im Mittel in 15—20 Minuten vollziehen bzw. in der ersten Hälfte innerhalb 8, in der zweiten Hälfte innerhalb 30 Minuten.

Bei zu raschem Aufstieg kommt es zur Entladung von gasförmigem Stickstoff, der in der komprimierten Luft in größerer Menge von Blut und Gewebsflüssigkeiten aufgenommen wurde. Die Gewebsspalten des Fettgewebes, ferner das Rückenmark sind besonderen Schädigungen ausgesetzt. Todesfälle durch Luftembolie nicht ausgeschlossen.

In welchen Gewerbebetrieben kommen hohe Temperaturen vor, die gesundheitsschädigend wirken?

A. Strahlende Wärme bei Heizern, Glasarbeitern, Schmelzern, Gießern, Schmieden, Bäckern. Hier wird die Hitze noch gut ertragen.

B. Temperaturen von 25—30° C und darüber und gleichzeitig hohe Luftfeuchtigkeit wirken nachteilig auf das Allgemeinbefinden.

1. In Bergwerken.

2. Bei Tunnelbauten.

3. In Färbe-, Dekatier- und Appreturwerkstätten, Kammwoll-, Baumwoll- und Flachs-

spinnereien und Webereien, in den Drehersälen der Porzellanfabriken.

Welche Schutzvorrichtungen sind in derartigen Betrieben einzurichten?

Genügende Ventilation, elektrische Beleuchtung, Umhüllung der Dampfleitungen mit Wärmeschutzmitteln, Ummantelung der Öfen.

Weiter führen viele Gewerbebetriebe zur Entwicklung von Staub. Die Arbeiter sind einer steten Staubinhalation ausgesetzt. Zu welchen krankhaften Veränderungen kommt es?

Zu Einlagerungen der Staubteilchen in die Schleimhäute, Lymphbahnen des Lungenparenchyms und in die Bronchialdrüsen (chronischer Bronchialkatarrh, Lungenemphysem, interstitielle Pneumonie, Steinstaublunge, Lungentuberkulose nach Aufnahme von Tuberkelbacillen).

Welche Staubarten kommen für die Schädigung der Gesundheit der Arbeiter besonders in Betracht?

Kohlenstaub, Eisenstaub, Schleifstaub (Quarzstaub, Tonstaub, Glasstaub, Kalkstaub, Gipsstaub, Staub in der Thomasschlackenindustrie), Mehlstaub, Tabakstaub, Staub in Baumwoll- und Wollspinnereien, Staub von tierischen Haaren (Bürstenbinder usw.). Belästigender Staub bildet sich bei der Bearbeitung der Bettfedern, bei der Bearbeitung des Holzes (Bleistiftfabriken).

Wie schützt man die Arbeiter gegen die Staubinhalation?

1. Indem man die Staubentwicklung möglichst einschränkt.

2. Indem man den gebildeten Staub sofort durch Absaugen entfernt.

3. Indem die Arbeiter in der staubhaltigen Luft Respiratoren anlegen (Staubmasken).

Wie hindert man die Staubentwicklung?

Durch Befeuchten des Materials, durch Anwendung von Kugelmühlen (Pochwerke). In Bergwerken durch das Schaumverfahren (teuer) oder Spülröhrchen.

Wie entfernt man den sich bildenden Staub am besten?

Durch kräftige Luftströme. Die Abströmungsöffnung muß direkt am Arbeitsplatz liegen, damit es nicht zu Staubverbreitung im Raume kommt (Exhaustoren).

Die gewerblichen Giftgase teilt man nach ihrer Wirkungsweise ein

1. in Reizgase mit ausgesprochener chemischer Ätzwirkung besonders der Atmungsorgane,

2. in Gase mit resorptiven Giftwirkungen, die erst nach dem Übertritt ins Blut ihre Wirkung ausüben.

Wie wirken die unter 1. genannten Reizgase auf das Lungengewebe?

Durch Schädigung des Lungengewebes tritt Lungenödem mit nachfolgender tödlicher Erstickung auf (Phosgen, Nitrosegase). Andere Gase üben im Gegensatz zu den genannten, die selbst in tödlichen Konzentrationen ohne wesentliche Beschwerden eingeatmet werden können, eine heftige Reizung der oberen Luftwege aus (Nies- und Hustenreiz, Glottiskrampf) und machen schon die Einatmung geringer Mengen subjektiv fast unmöglich (irrespirable Gase vom Typus des Ammoniaks).

Nennen Sie mir Gase, die unter die obengenannte Gruppe 1 Reizgase mit ausgesprochener Ätzwirkung fallen.

Phosgen, nitrose Gase, Chlor, Chlorwasserstoff, Fluorwasserstoff, Schwefeldioxyd, Schwefeltrioxyd, Ammoniak, Schwefelchlorür, Arsentrichlorid (Blaukreuz-Kampfstoffe), Phosphortrichlorid, Phosphoroxychlorid, Formaldehyd, Acrolein.

Nennen Sie uns Giftgase mit resorptiver Wirkung.

Schwefelwasserstoff, Arsenwasserstoff, Phosphorwasserstoff, Kohlenoxyd, Cyanwasserstoff.

Welche irrespirablen und toxischen Gase wirken oft schon in kleinen Mengen gesundheitsschädigend?

H_2S, SO_2, CO,
CS_2, AsH_3, NH_3,
Cl- und Br-Dämpfe,
Dämpfe von N_2O_3 und N_2O_5.

Welche Mengen von den genannten Gasen werden ohne schwere Störungen vertragen?

0,004‰ Cl oder Br,
0,3‰ NH_3,
0,05‰—0,1‰ HCl,
0,2—0,3‰ H_2S,
0,05‰ H_2SO_3.

Welche Mengen bedingen aber rasch gefährliche Erkrankungen?

Cl 0,04—0,06‰,
NH_3 2,5—4,5‰,
HCl 1,5—2,0‰,
H_2S 0,5—0,7‰,
H_2SO_3 0,4—0,5‰.

Wie entfernt man die Gase und Dämpfe?

An Ort und Stelle durch Bindung mit chemischen Agentien, durch Exhaustoren und Einleiten der abgesaugten Luft in besondere Anlagen, z. B. bei HCl- und SO_2-Gas durch Kokstürme mit Wasserberieselung.

Weiter können Gesundheitsschädigungen durch Aufnahme von Giftteilchen bei Bearbeitung von giftigem Material sich einstellen. Welche verschiedenen Wege kommen hier in Frage?

Aufnahme des Giftes

1. durch Einatmung von Staub und Dämpfen,
2. durch die unverletzte Haut. Voraussetzung hierfür ist eine ausgesprochene Fettlöslichkeit: z. B. bei den aromatischen, Nitro- und Amidoverbindungen (Nitrobenzol, Anilin und vielen ihrer Derivate und beim Tetraäthylblei),
3. durch den Verdauungskanal (untergeordnete Bedeutung).

Welche Stoffe im Gewerbebetrieb veranlassen hauptsächlich solche Vergiftungen?

Von den anorganischen Stoffen: Blei, Zink, Quecksilber, Phosphor und Arsen, Mangan, Nickel, Eisen, Chrom, Magnesium- und Aluminiumlegierungen.

Von den organischen Stoffen kommen in Frage die organischen „technischen“ Lösungsmittel für Fette, Harze, bituminöse Stoffe, Erdöl-Teerprodukte, Gummi, Kunstharze Lackkörperstoffe, Nitrocellulose, Acetylcellulose, Druckfarben usw., die infolge ihrer Verdunstung oder Destillation leicht von den gelösten Arbeitsstoffen wieder getrennt werden können, z. B. Tauch- und Spritzverfahren in der Metallindustrie, beim Automobil-, Waggon- und Flugzeugbau usw. Weitere Verwendung in der Chemie und Kautschukindustrie, in der Leder-, Lederwaren- und Schuhindustrie. Hierher gehört auch die Gruppe der Nitro- und Aminoverbindungen der aromatischen Reihe, wie Zwischenprodukte in der Anilinfarbenindustrie und Erzeugnisse der Sprengstoff- und Munitionsindustrie.

Wie kann man die gewerblichen Vergiftungen verhüten?

Durch Ersatz giftiger Rohprodukte durch ungiftige (z. B. Verbot der Verwendung von weißem Phosphor in der Zündholzindustrie, Beschränkung der Verwendung von Bleiweiß), durch Vermeidung jeder Entwicklung von Staub, Dämpfen und Gasen (geschlossene Behälter, Ummantelung, Absaugvorrichtung), durch Schutzkleidung, Tragen von Handschuhen und Schutzmasken, durch größte Ordnung und Sauberkeit in den Betrieben sowie Bereitstellung von Umkleide-, Wasch- und Speiseräumen, durch periodische (meist 4 wöchentliche ärztliche Untersuchung der Arbeiter, durch Belehrung der Arbeiter (Merkblätter), durch Arbeitswechsel, durch Vorsorge für sachgemäße erste Hilfe in den in Frage kommenden Betrieben.

Welche wertvollen objektiven Frühsymptome kennzeichnen eine Bleivergiftung?

Die basophile Körnelung der roten Blutkörperchen; Hämatoporphyrie im Harn.

Nennen Sie mir einige Betriebe, in denen die Arbeiter der Bleivergiftung ausgesetzt sind?

In den Hütten beim Rösten und Schmelzen der Erze, im Druckereigewerbe und in solchen Betrieben, in denen Bleiverbindungen und Oxydationsstufen des Bleies hergestellt und verarbeitet werden.

Welche Industrieerzeugnisse enthalten Blei?

Z. B. Mennige, Glasur der Töpferwaren (irdenes Kochgeschirr, Bunzlauer Geschirr und Fayencewaren). Emaillierte Eisenwaren enthielten früher bleihaltige Glasur, jetzt enthalten sie Zinnoxyd mit Spuren von Blei.

Welche Vorsichtsmaßregeln sind in derartigen Gewerben anzuwenden?

Abführen der Bleidämpfe, Sauberkeit, Wascheinrichtungen, Bäder, besondere Speiseräume, Aufhängen des vom Reichsarbeitsministerium herausgegebenen „Bleimerkblattes“ in den Betriebsräumen, häufiger Austausch der zu den gefährlichen Beschäftigungen benutzten Arbeiter, frühe Ausscheidung der Erkrankten, Blutuntersuchung nach einer Bekanntmachung des Reichsarbeitsministers vom 27. Januar 1920.

Zur wirksameren Bekämpfung der gewerblichen Vergiftungen ist eine Art „Meldepflicht“ nach § 343 der Reichs-Vers.-Ordnung und der

Verordnung des Reichsarbeitsministers vom 15. Mai 1925 eingeführt.

Wodurch ist das Publikum vor Gesundheitsschädigungen, die durch blei- und zinkhaltige Gegenstände hervorgerufen werden, geschützt?

Durch das Reichsgesetz vom 25. Juni 1887.

Weiter kommt die Gefährdung der Arbeiter durch Kontagien in Frage. Wann sind die Arbeiter dieser Gefährdung ausgesetzt?

Wenn sie mit kranken Arbeitern zusammenarbeiten, wenn sie in infizierten Arbeitsräumen arbeiten oder mit Objekten hantieren, die infiziert sind.

Welche Krankheiten spielen da eine Rolle?

Die Tuberkulose, die Syphilis (Glasbläser), Typhus (infiziertes Trinkwasser, Kontaktinfektionen [Typhusbacillenträger]), Anchylostomiasis, Bangsche Krankheit, Maul- und Klauenseuche, Milzbrand, Rotz.

Was kommt als kontagiöses Arbeitsmaterial in Betracht?

1. Material, das von erkrankten Menschen stammt (z. B. bei Lumpensortierern, Trödlern, Arbeitern in Kunstwollfabriken und in Bettfederreinigungsanstalten).

2. Material von mit Zoonosen behafteten Tieren (Schlachter, Abdecker, Gerber, Seifensieder, Kürschner, Haar-, Borsten-, Pinselfabriken, Bürstenfabriken [Milzbrand und Rotz]).

3. Material, das mit einem Gemenge der verschiedensten Bakterien verunreinigt ist.

Weitere Schädigungen der Arbeiter sind auf Unfälle im Betriebe zurückzuführen. Welches sind die wichtigsten Unfälle?

1. Unfälle in den Bergwerken:

a) Beim Hereinbrechen von Gesteins- und Kohlenmassen (40%).

b) Durch Sturz und Beschädigung beim Ein- und Ausfahren (28%).

c) Durch schlagende und böse Wetter (12%).

2. Unfälle durch explosionsfähiges Material (Kohlenstaub, Mehlstaub, Staub in Kunstwollfabriken, Pulver-, Patronen- und Zündhütchenfabriken, Dynamitfabriken).

3. Unfälle durch Maschinenbetrieb. Es müssen die Schwungräder geschützt, die Wellen, die Riementransmissionen mit Schutzkästen versehen sein. Die Arbeiter sollen eine möglichst eng anliegende Kleidung tragen (Unfallverhütungspropaganda).

Gibt es soziale Einrichtungen, die dem Arbeiter bzw. Angestellten und seiner Familie zugute kommen?

Die Krankenversicherung, die Unfallversicherung, die Alters-, Invaliden- und Hinterbliebenenversicherung, die Angestelltenversicherung, die Arbeitslosenversicherung. Das Reichsknappschaftsgesetz regelt die Kranken-, Unfall-, Invaliden- und Pensionsversicherung für Arbeiter und Angestellte im Bergbau.

Die Betriebe, Fabriken können auch die An- und Umwohner schädigen und belästigen. Wodurch?

Bedrohung mit Explosions- und Feuersgefahr, durch Lärm, Produktion schädlichen Staubes, giftiger Gase und Dämpfe, Verunreinigung des Bodens und der vorhandenen Flußläufe, durch direkte Verbreitung von Infektionsträgern, welche mit den Materialien in die gewerblichen Anlagen hineingelangen, z. B. bei Verarbeitung von Fellen, Lumpen, Knochen usw.

Wodurch wird eine direkte Schädigung der Anwohner von Fabrikbetrieben herbeigeführt?

Durch die Produktion von Rauch und Ruß, durch giftige Gase (Hüttenwerke liefern schweflige Säure, ebenso die Ultramarinfabriken, Alaunfabriken und die Hopfenschwefeldarren).

Üble Gerüche liefern die Knochendarren, Knochenkochereien, Darmsaitenfabriken, Leimsiedereien, Kautschuk-, Wachstuch- und Dachpappenfabriken.

Welche Pflichten haben die Gewerbeaufsichtsbehörden?

Kontrolle sämtlicher Einrichtungen zum Schutz der Umwohner und zur Sicherung der in den Fabriken beschäftigten Arbeiter. Weiter haben sie ihr Augenmerk auf die Sicherheit des Betriebes für die Arbeiter und auf die Anbringung von Schutzvorrichtungen zu richten. Auch haben sie darauf zu achten, daß Belästigungen, die ein Fabrikbetrieb mit sich bringt, von den Anwohnern ferngehalten werden, ferner haben sie die Aufgabe, die Beschäftigung der jugendlichen Arbeiter und Frauen zu überwachen.

Anhang: Eine Liste der Berufskrankheiten nach der dritten Verordnung über Ausdehnung der Unfallversicherung auf Berufskrankheiten vom 29. 1. 1943.

Betrifft: **IV. Verordnung über Ausdehnung der Unfallversicherung auf Berufskrankheiten vom 29. 1. 1943** — RGBl. I S. 85 —.

Durch die obige Verordnung hat das Verzeichnis der Berufskrankheiten im Sinne der Unfallversicherung folgende Fassung erhalten:

Lfd. Nr.	Berufskrankheit		Unternehmen
1	Erkrankungen durch Blei oder seine Verbindungen	Mit Ausnahme von Hauterkrankungen. Diese gelten als Berufskrankheit nur insoweit, als sie Erscheinungen einer durch Aufnahme der schädigenden Stoffe in den Körper bedingten Allgemeinerkrankung sind oder gemäß Nr. 15 entschädigt werden müssen	Alle Unternehmen
2	Erkrankungen durch Phosphor oder seine Verbindungen		
3	Erkrankungen durch Quecksilber oder seine Verbindungen		
4	Erkrankungen durch Arsen oder seine Verbindungen		
5	Erkrankungen durch Mangan oder seine Verbindungen		
6	Erkrankungen durch Benzol oder seine Homologen		
7	Erkrankungen durch Nitro- und Amidoverbindungen des Benzols oder seiner Homologen und deren Abkömmlingen		
8	Erkrankungen durch Halogen — Kohlenwasserstoffe		
8a	**Erkrankungen durch Salpetersäureester**		
9	Erkrankungen durch Schwefelkohlenstoff		
10	Erkrankungen durch Schwefelwasserstoff		
11	Erkrankungen durch Kohlenoxyd		
12	Erkrankungen durch Röntgenstrahlen und radioaktive Stoffe		
13	Erkrankungen an Hautkrebs oder zur Krebsbildung neigenden Hautveränderungen durch Ruß, Paraffin, Teer, Anthrazen, Pech und ähnliche Stoffe		
14	Erkrankungen an Krebs oder anderen Neubildungen sowie Schleimhautveränderungen der Harnwege durch aromatische Amine		
15	Schwere oder wiederholt rückfällige berufliche Hauterkrankungen, die zum Wechsel des Berufs oder zur Aufgabe jeder Erwerbsarbeit zwingen		
16	Erkrankungen **durch Erschütterung bei Arbeit mit Preßluftwerkzeugen und gleichartig wirkenden Werkzeugen und Maschinen sowie durch Arbeit an Anklopfmaschinen**		

Lfd. Nr.	Berufskrankheit	Unternehmen
16a	**Erkrankungen durch Arbeit in Druckluft**	
17a	Schwere Staublungenerkrankung (Silikose)	
17b	**Staublungenerkrankung (Silikose) in Verbindung mit aktiv fortschreitender Lungentuberkulose**	
18a	Schwere Asbeststaublungenerkrankung (Asbestose)	
18b	**Asbeststaublungenerkrankung (Asbestose) in Verbindung mit Lungenkrebs**	
19	Erkrankungen an Lungenkrebs	Unternehmen zur Herstellung von Alkalichromaten und ihrer Weiterverarbeitung zu Chromfarben
20	Erkrankungen der tieferen Luftwege und der Lunge durch Thomasschlackenmehl	Thomasschlackenmühlen, Düngemittelmischereien und Betriebe, die Thomasschlackenmehl lagern und befördern
20a	**Erkrankungen der tieferen Luftwege und der Lunge durch Aluminiumstaub**	Alle Unternehmen
20b	**Erkrankungen der tieferen Luftwege und der Lunge bei Berylliumgewinnung**	Unternehmen zur Gewinnung von Beryllium aus seinen Erzen oder Zwischenprodukten der Erzverarbeitung
21	Schneeberger Lungenkrankheit	Betriebe des Erzbergbaues im Gebiete von Schneeberg (Sachsen)
22	Durch Lärm verursachte Taubheit oder an Taubheit grenzende Schwerhörigkeit	Betriebe der Metallbearbeitung und -verarbeitung
23	Grauer Star	Betriebe zur Herstellung, Bearbeitung und Verarbeitung von Glas; Eisenhütten, Metallschmelzereien
24	Wurmkrankheit der Bergleute	Betriebe des Bergbaus
25	Tropenkrankheit, Fleckfieber, Skorbut	Alle Unternehmen
26	Infektionskrankheiten	Krankenhäuser, Heil- und Pflegeanstalten, Entbindungsheime und sonstige Anstalten, die Personen zur Kur und Pflege aufnehmen, ferner

27	**Infektiöse Gelbsucht, Bangsche Krankheit, Milzbrand, Rotz und andere von Tieren auf Menschen übertragbare Krankheiten**	Einrichtungen und Tätigkeiten in der öffentlichen und freien Wohlfahrtspflege und im Gesundheitsdienste sowie Laboratorien für naturwissenschaftliche und medizinische Untersuchungen und Versuche Tierhaltung und Tierpflege sowie Tätigkeiten, die durch Umgang oder Berührung mit Tieren, mit tierischen Teilen, Erzeugnissen und Abgängen zur Erkrankung Veranlassung geben

Neu eingefügt sind die Nummern 8a, 16a, 18b, 20a, 20b und 27.

Geändert sind die Nummern:

8, durch Streichung der Worte „der Fettreihe".

16, die bisher lautete: „Erkrankungen der Muskeln, Knochen und Gelenke durch Arbeiten mit Preßluftwerkzeugen". Begründung zur Verordnung

Zu Nr. 16: Erkrankungen durch Erschütterung bei Arbeit mit Preßluftwerkzeugen und gleichartig wirkenden Werkzeugen und Maschinen sowie durch Arbeit an Anklopfmaschinen.

„Mit diesen Änderungen wird die Entschädigungspflicht auf alle durch die Erschütterung beim Gebrauch von Preßluftwerkzeugen, elektrischen Handwerkszeugen und bei der Arbeit an Anklopfmaschinen usw. unmittelbar hervorgerufenen, örtlich begrenzten Gewebsveränderungen und Funktionsstörungen ausgedehnt."

17b, die bisher lautete: „Staublungenerkrankung (Silikose) in Verbindung mit Lungentuberkulose, wenn die Gesamterkrankung schwer ist und die Staublungenveränderungen einen aktiv fortschreitenden Verlauf der Tuberkulose wesentlich verursacht haben". Begründung

Zu Nr. 17b: Staublungenerkrankung (Silikose) in Verbindung mit aktiv fortschreitender Lungentuberkulose.

„Durch die Neufassung werden die Schwierigkeiten bei der Feststellung des Krankheitszustandes vermindert und die Gewährung der Entschädigung erleichtert.

Voraussetzung bleibt dabei, daß wesentliche silikotische Veränderungen im Röntgenbild festgestellt sind, die das Krankheitsbild einer Silikose bedingen."

Die Verordnung ist vom 1. 1. 1942 an in Kraft gesetzt worden und gilt mit Wirkung von diesem Zeitpunkt an für Versicherungsfälle, die nach dem 25. 8. 1939 eingetreten sind.

Bakteriologie einschließlich Serologie.

Allgemeiner Teil.

Allgemeines über Morphologie und Biologie der Bakterien.

Was bezeichnet man als Mikroorganismen?

Kleinste einzellige, nur mit starker mikroskopischer Vergrößerung erkennbare Lebewesen (einzellige Pflanzen und Tiere).

Zu den Pflanzen rechnet man die Fadenpilze und die Spaltpilze (Bakterien); zu den tierischen einzelligen Lebewesen die Protozoen.

Welche einzelnen Gruppen der Mikroorganismen lassen sich aufstellen?

1. Bakterien (Spaltpilze, Schizomyceten),
2. Streptotricheen (Strahlenpilze),
3. Schimmel- und Fadenpilze,
4. Sproßpilze, Blastomyceten,
5. Spirochäten,
6. die ultramikroskopischen, unsichtbaren Krankheitserreger (Virus).

Welche drei Hauptgruppen der Bakterien unterscheidet man nach der Form (Ferdinand Cohn)?

1. Die Kokken; runde Gebilde einzeln oder in Verbänden.
2. Die Bacillen; gerade gestreckte oder etwas gekrümmte Stäbchen von verschiedener Länge und Dicke mit scharfen oder abgerundeten Enden, einzeln oder in Verbänden.
3. Die Spirillen; schlanke und plumpe Formen mit einer oder mehreren Schraubenwindungen (korkzieherartig).

Bei flach gewundener Schraube = Vibrio; bei sehr zahlreichen Windungen = Spirillum.

Beschreiben Sie mir den Bau eines Bacteriums!

Der Bakterienleib enthält die Kernsubstanz (Chromatin in Mischung mit dem Protoplasma [Entoplasma]). Es besteht eine chemische, nicht aber eine morphologische Differenzierung zwischen Protoplasma und Kernsubstanz. Außerdem besitzt er eine äußere Hülle, das Ektoplasma, aus dem die Bewegungsorgane, die Geißeln, entspringen. Zuweilen im Bakterienleib Verdichtungen des Protoplasmas (Polkörper, Babes-Ernstsche Körnchen bei Diphtheriebacillen). Bei manchen Bakterien finden sich im Protoplasma Einlagerungen, z. B. von Stärke, von Schwefelkörnern (Schwefelbakterien), von Eisenoxyd (Eisenbakterien).

Was sind Sporen?

Dauerformen von Schimmel-, Sproß- und Spaltpilzen, die der Erhaltung der Art dienen.

Sproß- und Spaltpilze zeigen nur die endogene Form der Sporenbildung.

Wann werden Sporen gebildet?

Unter dem Einfluß des Alters, der Erschöpfung oder plötzlich eintretender ungünstiger Lebensbedingungen.

Wie sehen die Sporen aus?

Sie stellen stark lichtbrechende, kugelige oder elliptische Gebilde dar, die aus einem Innenkörper, auch Glanzkörper genannt, und einer Sporenmembran bestehen (mittelständig beim Milzbrandbacillus, endständig beim Tetanusbacillus [Trommelschlägelform]).

Sind Sporen gegen äußere Einflüsse sehr resistent?

Sie sind sehr widerstandsfähig gegen Eintrockmung, Hitze, Kälte und Chemikalien.

Ist es gelungen, aus sporentragenden Bakterien sporenfreie sog. asporogene Bakterien zu erhalten?

Ja, durch lang dauernde Fortzüchtung auf künstlichen, mit Natronlauge, Rosolsäure, Safranin, Malachitgrün usw. versetzten Nährböden, oder auf Nährböden mit Phenolzusatz oder durch Kultivierung bei 40 und 41° C.

Bei welchen Versuchen werden stets Bakteriensporen benutzt?

Bei Desinfektionsprüfungen. Die Milzbrandsporen z. B. werden zu diesem Zwecke an Seidenfäden angetrocknet.

Wodurch entsteht die Kapsel bei vielen Bakterien?

Durch Aufquellung, Vergallertung des Ektoplasmas. Es handelt sich bei der Kapselbildung um eine gegen ungünstige Kulturbedingungen gerichtete Abwehrtätigkeit oder um eine Alters- oder Degenerationserscheinung.

(Bac. capsulatus Pfeiffer, Bac. Friedländer, Diploc. pneum. capsul. Fraenkel-Weichselbaum.)

Wodurch wird die Bewegung mancher Bakterien vermittelt?

Durch Geißeln.

Wie teilt man die Bakterien nach Zahl und Anordnung der Geißeln ein?

1. In Atricha, geißellose (unbeweglich, Milzbrandbacillus, alle Kokken).
2. Monotricha, eine Geißel an einem Pol (Choleravibrio).
3. Amphitricha, Bakterien mit je einer Geißel an je einem Pol (manche Vibrionen, Spirill. undulans).
4. Lophotricha, Bakterien mit einem Geißelbüschel an einem Pol (große Spirillen).
5. Peritricha, Bakterien mit vielen Geißeln rings um den Bakterienleib verteilt (Typhusbacillen).

Wann treten Involutionsformen bei den Bakterien auf?

Bei Erschöpfung des Nährbodens, ungünstigen Lebensbedingungen, bei abnormer Temperatur.

Man sieht aufgeblähte Formen, Riesenwuchsformen mit Vakuolen oder Bakterien im Zerfall begriffen und kleine Körner.

Wie erfolgt die Vermehrung der Spaltpilze?

Durch Querteilung (20—30 Minuten bis mehrere Stunden). Bei Rechnung mit einer Stunde Durchschnittswert entstehen aus jedem Bacterium in 24 Stunden 16 Millionen Individuen.

Was erfolgt, wenn das Bacterium sich in zwei aufeinander senkrechten Richtungen teilt?

Es entstehen Gruppen von je vier Kokken (Tetragenus).

Welche Formen bilden sich, wenn die Teilung nach allen drei Richtungen des Raumes vor sich geht?

Die Paketkokken (Sarcina).

Was für Substanzen bedürfen die Bakterien für ihren Stoffwechsel außer anorganischen Nährstoffen?

Stickstoffhaltige (Eiweiß, Pepton, Leim, Ammoniak, Amine, Amidosäuren) und stickstofffreie Substanzen (Zucker und Glycerin).

Welche Ansprüche stellen die Bakterien in bezug auf Konzentration und Reaktion des Nährbodens?

Die meisten Spaltpilze bevorzugen wasserreiche oder flüssige Nährböden mit schwach alkalischer Reaktion. Einige Bakterien, z. B. die Essigbakterien, gewisse Bakterien im Säuglingsstuhl und auch der Typhusbacillus, bevorzugen einen gewissen Säuregrad („acidophil").

Gewisse Bakterien brauchen unbedingt freien Sauerstoff zum Leben und zur Vermehrung. Wie nennt man sie?

Obligate Aerobier.

Wie bezeichnet man diejenigen Bakterien, die nur bei unbedingtem Sauerstoffabschluß entwicklungsfähig sind?

Obligate Anaerobier.

Was sind die fakultativen Anaerobier?

Solche Mikroorganismen, die sowohl bei Anwesenheit von Sauerstoff wie auch bei Sauerstoffabschluß gedeihen können.

Nennen Sie mir verschiedene anaerobe Züchtungsverfahren?

Zur Entfernung des Sauerstoffes kommen in Frage:

1. Das Auskochen des Nährmediums mit nachfolgendem mechanischem Abschluß der Luft durch Überschichten mit Agar oder Öl oder Paraff. liquid.

2. Zusatz eines reduzierenden Mittels zum Nährboden (Zucker, ameisensaures Natron oder Stücke von Kartoffeln oder tierischen Organen [Tarozzi-Bouillon]).

3. Absorption des Sauerstoffes auf chemischem Wege mit alkalischer Pyrogalluslösung.

4. Schaffung eines Vakuums mit der Luftpumpe.

5. Verdrängung des Sauerstoffes mittels Wasserstoff (Kippscher Apparat).

Was verlangen die Bakterien noch weiter zur Entfaltung ihrer Lebensäußerungen?

Eine bestimmte Temperatur, bei verschiedenen Arten sehr wechselnd. Temperaturmaximum 42° C, Temperaturminimum 5° C. Zwischen diesen angegebenen Temperaturen liegt das Temperaturoptimum.

Was versteht man unter Virulenz der Bakterien?

Den Grad der Fähigkeit eines Infektionserregers, den befallenen Organismus zu schädigen:

a) durch Wucherung,
b) durch Giftbildung.

Wie steigert man die Virulenz?

Durch Tierpassagen.

Worin besteht im allgemeinen die Hauptleistung der Bakterien?

In der Aufschließung organischer Substanz in ihre einfachsten chemischen Bestandteile.

Welche Fähigkeiten kommen den verschiedenen Bakterien zu?

1. Reduzierend zu wirken. (Beispiel: Lackmus, Methylenblau, Neutralrot, Selen, Tellur.)
2. H_2S zu bilden (bei Fäulnisvorgängen).
3. Indol zu bilden.
4. Farbstoffe zu bilden (Bac. pyocyaneus, prodigiosus usw.).
5. Zu leuchten (nur bei Gegenwart von freiem Sauerstoff).
6. Säuren oder Alkalien zu bilden und somit das Nährsubstrat zu verändern.
7. Fermente zu liefern und Gärwirkungen hervorzurufen.
8. Toxine zu bilden.
   a) Ektotoxine:
      α) Fäulnisalkaloide,
      β) lytische Fermente (Hämolysine, Leukolysine),
      γ) spezifische Toxine (Diphtherie-, Tetanus- und Botulinustoxin).
   b) Endotoxine:
      α) Bakterienproteine (hitzebeständig),
      β) spezifische, nicht hitzebeständige Endotoxine.
9. Sich zu vermehren.
10. Wärme zu bilden.

Wie weist man Indol nach?

24stündige und mehrtägige Peptonwasserkulturen + 1 cm^3 verdünnter H_2SO_4 ($1 + 4H_2O$); wenn innerhalb 5 Minuten keine Rotfärbung auftritt, noch 1 cm^3 Kaliumnitritlösung zusetzen (1:10000); Roter Ring.

Empfindlicher ist folgende Probe: Zu 5 cm^3 Kultur je $2^1/_2$ cm^3 folgender Lösungen zusetzen:

Lösung a: Paradimethylamidobenzaldehyd, 380 g 80%iger Alkohol, 80 g konz. Salzsäure.

Lösung b: Konz. wässerige Lösung von Kaliumpersulfat.

Bei Indolanwesenheit Rotfärbung innerhalb 5 Minuten.

Wie teilt man die Fermente ein?

1. In kohlehydratspaltende:
   a) diastatische Fermente (Stärke verzukkernd),
   b) invertierende Fermente (Rohrzucker und andere Disaccharide spaltend).
2. In eiweißspaltende:
   a) peptonisierende bzw. tryptische, die Eiweiß in lösliche Produkte aufschließen (Verflüssigung der Gelatine).
   b) Kinasen, die Eiweiß zur Gerinnung bringen (Labferment).
3. Harnstoffspaltende (Urase).
4. Fettspaltende (Lipasen).
5. Oxydasen und Reduktasen.

Es können gelegentlich bei den Bakterien gewisse Abweichungen vom normalen Typus vorkommen (Variabilität). Wie können sich diese Erscheinungen geltend machen?

1. Als Degeneration, Verlust bestimmter Leistungen durch ungünstige Lebensbedingungen (Virulenz-, Farbstoff-, Toxin-, Fermentverlust).
2. Als Anpassung, Adaption, Akkommodation an neue äußere Lebensbedingungen.
   Entstehung von Spielarten.
3. Als Mutation (de Vries); sprunghaftes, spontanes, nicht durch äußere Umstände bedingtes Auftreten neuer Rassen, Typen und Species. Die neu erworbenen Eigenschaften sind vererblich und nur sehr schwer in die Ausgangsformen zurückzuführen.

Untersuchungsmethoden.

Welches sind die für bakteriologische Untersuchungen wichtigsten Apparate?

1. Mikroskop mit Trockensystemen, einer Ölimmersion, dem Abbéschen Beleuchtungsapparat mit Irisblende.
2. Sterilisierungskasten mit trockener Hitze.
3. Dampfkochtopf (Koch).
4. Autoklav.
5. Thermostat (Brutschrank) mit Thermoregulator.

Was muß auf jedem Arbeitsplatze sich befinden?

Neben dem Mikroskop die nötigen Farblösungen, Objektträger und Deckgläschen, Pinzetten, absoluter und salzsaurer Alkohol, Canadabalsam, Cedernöl, Vaseline mit Pinsel, physiologische NaCl-Lösung, 1 Öse, 1 Nadel (Platin), Xylol, Pipetten, Bunsenbrenner, ein mit Sublimatlösung gefülltes Gefäß.

Wie untersucht man die Bakterien?

Im ungefärbten Präparat, im hohlgeschliffenen Objektträger (im hängenden Tropfen) und im gefärbten Präparat.

Beschreiben Sie mir die erstgenannte Untersuchungsmethode, die Beobachtung der lebenden ungefärbten Bakterien.

Auf das gereinigte Deckgläschen bringt man mit der sterilen (ausgeglühten) Platinnadel ein Tröpfchen der zu untersuchenden Flüssigkeit; bei Untersuchung auf festen Nährböden gewachsener Kolonien wird zunächst auf das Deckglas ein Tröpfchen Bouillon oder physiologische NaCl-Lösung gebracht und darin ein wenig Kultur verrieben. Nun wird der Objektträger mit der hohlgeschliffenen Seite — der Rand des kreisförmigen Ausschliffes ist vorher mit Vaseline umzogen — nach unten gekehrt und auf das Deckglas gelegt, und zwar so, daß der Tropfen in die Mitte des Ausschliffes zu liegen kommt. Betrachtung zunächst mit Planspiegel, enger Blende und schwacher Vergrößerung. Wenn der Rand des Tropfens gut in die Mitte des Gesichtsfeldes eingestellt ist, bringt man einen Tropfen Cedernöl auf das Deckgläschen und betrachtet den Tropfen mit der Immersionslinse. Nach abgeschlossener Untersuchung verschiebt man das Deckgläschen, so daß eine Ecke desselben über den Objektträgerrand reicht. Man hebt es vorsichtig, ohne daß der Tropfen des Deckgläschens mit dem Objektträger in Berührung kommt, mit der Pinzette ab, bringt es in Sublimatlösung oder rohe Schwefelsäure. Der Objektträger ist, sofern er nicht benetzt ist, wieder gebrauchsfertig.

Wann wird der hängende Tropfen angewendet?

Zur Beobachtung der Eigenbewegung, Bakteriolyse, Sporenkeimung usw.

Einfacher gestaltet sich die Untersuchung der Bakterien im gefärbten Präparat. Welche Farbstoffe werden zur Färbung der Bakterien verwendet?

Die basischen Anilinfarbstoffe, hauptsächlich Fuchsin, Methylenblau, Methyl- und Gentianaviolett, Bismarckbraun.

Wie stellt man sich die Farblösungen her?

Vorrätig hält man eine konzentrierte alkoholische Stammlösung (gesättigt), die vor dem Gebrauch mit der etwa zehnfachen Menge destillierten Wassers verdünnt wird. Die färbende Kraft der Farbstofflösungen wird durch Zusatz von Alkali, Anilinwasser usw. gesteigert.

Wie geht man bei der Herstellung gefärbter Präparate vor?

Auf ein reines Deckgläschen (evtl. Objektträger) bringt man mit der Platinöse einen Tropfen Wasser, da hinein etwas von der zu untersuchenden Kultur. Nach Verreiben Ausstreichen in dünner Schicht über das Deckgläschen. Nach dem Lufttrockenwerden des Präparates Fixierung durch dreimaliges Hindurchziehen durch die Flamme. Blut, Eiter, Sputum usw. werden ohne Wassertröpfchen direkt ausgestrichen. Für Blutpräparate eignet sich die Fixierung in Alkohol absol. (2—10 Minuten). Dann erfolgt Färbung mit dem betreffenden Farbstoff 1—3 Minuten, Abspülen im Wasser, Lufttrocknen und Einbetten in Canadabalsam, Untersuchung mit Planspiegel ohne Blenden.

Wie werden Blutpräparate ausgestrichen?

Der Bluttropfen wird an das eine Ende eines Objektträgers gebracht, ein Deckgläschen davorgesetzt, so daß der Tropfen sich an der Rückwand des Deckgläschens gut ansaugen kann. Dann schiebt man das Deckglas um etwa 45° zum Objektträger gehalten, über das freie Stück desselben hin; am anderen Ende angekommen, hebt man es ab. Man zieht den Bluttropfen in breiter Schicht also nach (schiebt ihn nicht mit dem Deckglas vor sich her).

Welche anderen Präparate werden in derselben Weise wie die Blutpräparate ausgestrichen?

Die Ausstrichpräparate nach dem Burrischen Tuscheverfahren; die zu untersuchende Flüssigkeit, Kultur, wird mit einem Tropfen Tusche (Pelikantusche Nr. 541 Grübler) auf dem Objektträger gemischt und gleichmäßig nach der eben angegebenen Vorschrift ausgestrichen (Untergrund bräunlich bis schwarz, Bakterien leuchtend hell). Man hat den Eindruck der Dunkelfeldbeleuchtung.

Wo hat sich die Dunkelfeldbeleuchtung besonders bewährt?

Bei der Untersuchung feinster Mikroben in lebendem Zustande, insbesondere der Syphilisspirochäten.

Wie erzielt man die Dunkelfeldbeleuchtung?

Mit den sog. Spiegelkondensoren, wobei intensiv beleuchtete Mikroteilchen auf dunklem Hintergrunde erscheinen. Zu seiner Erzielung dürfen beleuchtete Strahlen nicht in das Objektiv selbst eindringen. Die Abblendung erfolgt hier im Immersionskondensor. Die drei brauchbaren Konstruktionen seien hier genannt:

1. Das Paraboloid von Siedentopf und Zeiß.

2. Die Konstruktion von Stephenson (1879), die eine konkave Kugelzone, verbunden mit einer Ebene, benutzt und 1906 von Heimstädt und Reichert ausgeführt wurden.

3. Das bisphärische System von v. Ignatowsky; es benutzt eine Verbindung einer konvexen

mit einer konkaven Kugelzone und wird seit 1909 von Leitz-Wetzlar ausgeführt. Intensive Beleuchtung (Nernst-Lampe oder Liliput-Bogenlampe) bei vollkommen geöffneter Blende und Benutzung des Planspiegels mit Einschaltung einer Schicht Cedernöl zwischen Objektträger und Kondensor.

Was bezweckt ein Klatschpräparat?

Ein getreues Abbild der natürlichen Anordnung und Lagerung der auf festen Nährböden gewachsenen Keime.

Wie wird ein Klatschpräparat angefertigt?

Ein gut gereinigtes steriles Deckglas wird vorsichtig ohne Verschieben auf die zu untersuchende Kolonie aufgelegt und langsam mit besonders gebogener Pinzette abgehoben. Luft trocknen, fixieren und färben.

Die gebräuchlichsten Färbemethoden.

Welche Färbemethoden kommen hauptsächlich in der allgemeinen Praxis in Frage?

1. Die einfachste Färbung mit verdünntem Carbolfuchsin oder Methylenblau.
2. Die Gramsche Färbung.
3. Die Ehrlich-Ziehl-Neelsensche Färbung für Tuberkelbacillen.
4. Die M. Neißersche Diphtheriebacillenfärbung.
5. Die Giemsafärbung für Malariaplasmodien, Blutpräparate usw.
6. Färbung nach Manson.

Worin besteht die Gramfärbung?

In einer elektiven Färbung bestimmter Arten von Mikroorganismen. Je nach ihrem Verhalten zur Gramfärbung, ob grampositiv oder -negativ, ist sie ein diagnostisches Hilfsmittel bei der Erkennung bzw. Identifizierung der verschiedenen Bakterien.

Wie wird die Gramfärbung ausgeführt?

Die fixierten Präparate werden mit einem Pararosanilinfarbstoff (Gentianaviolett, Methylviolett) unter Anwendung einer Beize (Carbolsäure) 2 Minuten lang gefärbt, dann die gleiche Zeit mit Jodjodkalilösung (Lugol). Durch Behandlung mit Alkohol ($^1/_2$ Minute) wird den gramnegativen Bakterien, den Zellkernen und den Geweben der Farbstoff entzogen. Nachfärbung mit Eosin oder Fuchsin bringt auch diese entfärbten Teile kontrastreich zur Darstellung. Grampositive Bakterien schwarzblau, gramnegative rot.

<table>
<tr><td>Nennen Sie mir einige grampositive und gramnegative Bakterien!</td><td>
<table>
<tr><th>Grampositiv.</th><th>Gramnegativ.</th></tr>
<tr><td>Staphylokokken,</td><td>Microc. gonorrhoeae,</td></tr>
<tr><td>Streptokokken,</td><td>„ meningitidis,</td></tr>
<tr><td>Pneumokokken,</td><td>„ catarrhalis,</td></tr>
<tr><td>Sarcinen,</td><td>Bact. coli,</td></tr>
<tr><td>Bac. anthracis,</td><td>„ typhi,</td></tr>
<tr><td>„ subtilis,</td><td>„ paratyph. A u. B</td></tr>
<tr><td>„ diphtheriae,</td><td>„ dysenteriae,</td></tr>
<tr><td>„ tuberculosis,</td><td>„ pestis,</td></tr>
<tr><td>„ leprae,</td><td>„ influencae,</td></tr>
<tr><td>Actinomyces,</td><td>„ pyocyaneus,</td></tr>
<tr><td>Hefe.</td><td>„ proteus,</td></tr>
<tr><td></td><td>Vibrio cholerae,</td></tr>
<tr><td></td><td>Spirillen, Spirochäten.</td></tr>
</table>
</td></tr>
<tr><td>Wie ist die Vorschrift für die Tuberkelbacillenfärbung?</td><td>1. Färben mit Anilinwasser oder Carbolfuchsin. Dreimal aufkochen.
2. Entfärben in 5%iger H_2SO_4 oder in 25%iger HNO_3 oder salzsaurem Alkohol 5 Sekunden.
3. Abspülen in 70%igem Alkohol, bis das Präparat farblos erscheint.
4. Nachfärben mit gesättigter wässeriger Methylenblaulösung 1 + 3 Wasser 5—10 Sekunden.
5. Abspülen in Wasser; Tuberkelbacillen rot auf blauem Grunde.</td></tr>
<tr><td>Die Sporenfärbung nach Möller lehnt sich an die Tuberkelbacillenfärbung an. Wie wird sie gehandhabt?</td><td>1. Fixieren.
2. 5 Sekunden bis 10 Minuten lange Behandlung mit 5%iger wässeriger Chromsäurelösung.
3. Abspülen in Wasser.
4. Färben mit Carbolfuchsin 1 Minute unter Aufkochen.
5. Entfärben in 5%iger H_2SO_4 5 Sekunden.
6. Abspülen in Wasser.
7. Nachfärben mit Methylenblaulösung. Abspülen usw. Sporen rot, Bacillenleib blau.</td></tr>
<tr><td>Die Diphtheriediagnose wird erleichtert durch die M. Neißersche Polkörnchenfärbung. Wie wird dieselbe ausgeführt?</td><td>1. Färbung der Präparate mit essigsaurem Methylenblau, dem etwas Krystallviolett zugesetzt ist (10 Sekunden).
2. Abspülen in Wasser.
3. Nachfärben mit Chrysoidinlösung (10 Sek.).
4. Abspülen in Wasser; evtl. zwischen 2. und 3. eine Behandlung der Präparate mit Jodjodkaliumlösung einschalten, der 1% konzentrierte Milchsäure zugesetzt ist (2—3 Sekunden); dann gut abspülen. (Diese Färbung nach Gins eignet sich besonders für Originalausstriche.)
Ergebnis der Färbung bei Diphtheriebacillen: blaugefärbte Polkörnchen, auch zuweilen in der Mitte des Bacteriums blaue Körnchen. Bacillenleib braun gefärbt.</td></tr>
</table>

Für Blutpräparate wendet man mit Vorliebe die Chromatinfärbung nach Giemsa an. Wie geht man bei der Giemsafärbung vor?

1. Die lufttrockenen Ausstrichpräparate werden in Äthylalkohol 15—20 Minuten fixiert und vorsichtig mit Fließpapier abgetupft.

2. Es folgt Färbung mit Giemsalösung (Azur-Eosin, Grübler-Leipzig); ein Tropfen davon auf 1 cm^3 säurefreies destilliertes Wasser, am besten in Schälchen. Präparate mit der Schichtseite nach unten einlegen. Färbedauer im allgemeinen 20 Minuten. Für Syphilisspirochäten 24 Stunden.

3. Abwaschen mit scharfem Wasserstrahl.

4. Trocknen, Einbetten.

Chromatin der Parasiten leuchtend rot, Protoplasma blau, Leukocytenkerne rot bis violett. Rote Blutzellen rosa bis braunrot.

Für Blutpräparate eignet sich auch die einfache Färbung nach Manson. Wie ist diese Farblösung zusammengesetzt, und wie geht man bei der Färbung der Blutpräparate vor?

Die Mansonsche Farblösung ist eine Mischung von Methylenblau (Höchst) 2,0 und Borax 5,0 in 100,0 kochendem Wasser.

Für die Färbung wird die Farbe mit Wasser so weit verdünnt, bis die Lösung im Reagensglas anfängt eben durchsichtig zu werden. Färbung der in Alkohol fixierten Präparate 15—20 Sekunden ohne Erhitzen. Abspülen in Wasser; Parasiten blau, rote Blutscheiben grünlich.

Wegen der Anfertigung von Schnittpräparaten siehe anatomisch-pathologische Bücher.

Sterilisation.

Alle Glasgeräte und Nährböden, die zur Züchtung der Bakterien gebraucht werden, müssen keimfrei sein. Was sterilisiert man in der Flamme?

Platinnadeln, Glasstäbe, unter Umständen auch Messer, Pinzetten, Scheren.

Wie sterilisiert man Glasgefäße, Metallgegenstände, Watte, Fließpapier?

In trockener Hitze (Lufttrockenschrank) ½ Stunde bei 160° C.

Wie werden Gummisachen, Flüssigkeiten, Nährsubstrate, außer Eiweiß, sterilisiert?

Durch Erhitzen im Dampf (strömender Dampf von 100° C ¼—½ Stunde lang).

Wie geht man bei der Sterilisierung von Nährmaterialien vor, die widerstandsfähige Sporen enthalten?

Entweder werden sie an drei aufeinanderfolgenden Tagen je ½—1 Stunde in den Dampfstrom gebracht, oder man sterilisiert sie im Autoklaven bei Temperaturen bis 130° C.

Wobei wendet man eine fraktionierte Sterilisation an?

Bei Gegenständen, die weder trockene Hitze noch Kochen vertragen (Serum, Eiereiweiß usw.).

Sterilisation bei 56—60° C täglich 1—4 Stunden 5—8 Tage hintereinander.

Die Nährsubstrate.

Welches ist die Grundlage für die gebräuchlichsten Bakteriennährböden?	Das Fleischwasser, das nichts weiteres als einen Fleischauszug darstellt.
Was wird alles aus diesem Fleischwasser hergestellt?	Nährbouillon, Nährgelatine, Nähragar.
Wie bereitet man aus dem Fleischwasser die Nährbouillon?	Indem man zusetzt: 1% Pepton Witte, $^1/_2$% Kochsalz, evtl. noch 0,1—1% Traubenzucker. Sie wird nach dem Kochen im Dampftopf bis zur vollständigen Lösung der Zusätze mit 10%iger Sodalösung neutralisiert, $^1/_4$—$^1/_2$ Stunde im Dampfstrom, gekocht, filtriert und in Kolben oder in Reagensgläser abgefüllt, sterilisiert (3mal $^1/_4$—$^1/_2$ Stunde an drei aufeinanderfolgenden Tagen).
Auf welche Weise bereitet man aus dem Fleischwasser die Nährgelatine?	Zu den eben genannten Zusätzen wird noch 10% weiße Speisegelatine hinzugefügt. Sonst ist die Bereitung dieselbe, wie sie bei der Nährbouillon angegeben ist. Manche Bakterien bevorzugen eine höhere Alkalescenz der Gelatine (Choleravibrionen). Zur Klärung verwendet man Hühnereiweiß.
Bei welcher Temperatur schmilzt Gelatine, bei welcher erstarrt sie?	Sie schmilzt bei 28° C, bei Temperaturen unter 20° C erstarrt sie bald wieder. Bei öfterem starkem Aufkochen leidet ihr Erstarrungsvermögen.
Wie stellt man Nähragar her?	Zu der Nährbouillon fügt man 2—3% fein zerschnittenen oder pulverförmigen Agar-Agar hinzu. Danach Kochen bis zur Lösung, neutralisieren; nach nochmaligem $^1/_2$stündigem Kochen im Dampfstrom kann man den flockigen Niederschlag am besten durch Watte abfiltrieren (heizbarer Trichter notwendig, oder im Dampfstrom). Filtrieren aber unnötig. Man kann auch den Niederschlag sich absetzen lassen. Abfüllen in Reagensgläser: a) zu Schrägagar, b) in hoher Schicht, c) in Petrischalen.
Schädigt wiederholtes Kochen das Erstarrungsvermögen des Nähragars?	Nein.
Bei welcher Temperatur wird der Nähragar flüssig, bei welcher Temperatur erstarrt er?	Flüssig wird er bei 90—100° C, unter 40° C erstarrt er unter Auspressung von Kondenswasser.

Ist es immer notwendig, Rind- oder Pferdefleisch zur Herstellung von Fleischwasser zu benutzen?

Nein, man kann Placenta, Bullenhoden, Brühe aus Dampfsterilisatoren für bedingt taugliches Fleisch benutzen.

Auch läßt sich eine 1—2%ige Lösung von Liebigschem Fleischextrakt oder Maggis gekörnter Bouillon (Ragitagar und Ragitbouillon Merck, Darmstadt) verwenden.

Ein für die Choleradiagnose wichtiger Elektivnährboden ist das Peptonwasser. Wissen Sie die Herstellung desselben?

Man stellt eine Lösung von Pepton (1—2%) und Kochsalz ($^1/_2$—1%) in Leitungswasser her.

Nennen Sie mir die Zusammensetzung der für die bakteriologische Typhusdiagnose gebräuchlichen Nährböden!

1. Der Fuchsin-Sulfit-Nährboden nach Endo. 2 Liter 3%iger Fleischwasserpeptonagar werden nach Neutralisation zum Lackmusneutralpunkt mit folgenden Zusätzen versehen: a) 20 cm^3 Sodalösung (10%); b) 20 cm^3 Milchzucker in 100 cm^3 Aqu. destillata 10 Minuten vorher gekocht; c) 10 cm^3 gesättigte alkoholische Fuchsinlösung; d) 50 cm^3 frisch bereitete 10%ige Natriumsulfitlösung. Beim Erkalten entfärbt der fertige Nährboden sich fast vollständig; vor Licht geschützt aufzubewahren, weil er sich sonst rasch rot färbt.

2. Der Lackmus-Milchzucker-Nutroseagar nach v. Drigalski und Conradi.

Um 2 Liter des Nährbodens herzustellen, werden 1,5 kg möglichst fettfreies gehacktes Pferdefleisch 24 Stunden lang mit 2 Liter kaltem Wasser ausgezogen; das durch ein leinenes Tuch abgepreßte Fleischwasser wird 1 Stunde gekocht und das Filtrat mit 12 g Pept. sicc. Witte, 20 g Nutrose und 10 g NaCl versetzt, aufgekocht und filtriert. In dem Filtrat werden 60—70 g fein zerkleinerter Stangenagar durch 3 Stunden Kochen im Dampftopf gelöst; Neutralisation mit Sodalösung (10%) bis zur schwachen Alkalescenz gegen Lackmuspapier. Nach nochmaligem halbstündigem Aufkochen und Filtration Zusatz von a) 300 cm^3 Lackmuslösung von Kahlbaum (Berlin) 10 Minuten gekocht, dazu 30 g Milchzucker, wieder 10 Minuten gekocht; b) sterile Sodalösung (10%) in solcher Menge, daß der beim Umschütteln entstehende Schaum blauviolett erscheint; c) 20 cm^3 frisch bereitete Lösung von 0,1 g Krystallviolett B (Höchst) in 100 cm^3 warmem, sterilisiertem, destilliertem Wasser.

3. Der Malachitgrünagar (nach Lentz und Tietz), der zur Anreicherung von Typhus-

bacillen benutzt wird. Er stellt einen 3%igen, zum Lackmusneutralpunkt neutralisierten und nach dem Abkühlen auf etwa 50° C mit Malachitgrün extra chemisch rein (Höchst) im Verhältnis von etwa 1:6000 versetzten Fleischwasserpeptonagar dar. Der Malachitgrünzusatz ist vor Herstellung einer größeren Menge des Nährbodens am besten jedesmal besonders auszuprobieren, um diejenige Konzentration zu treffen, bei der einerseits möglichst erhebliche Zurückdrängung anderer Bakterien, andererseits aber möglichst geringe Wachstumshemmung der Typhusbacillen selbst stattfindet.

Welches ist der Elektivnährboden für Diphtheriebacillen?

Das Löfflersche Blutserum, eine Mischung von 3—4 Teilen Blutserum + 1 Teil alkalischer Bouillon (bereitet aus 1% Pepton, $^1/_2$% NaCl und 1% Traubenzucker) s. „Diphtheriebacillen".

Wie geht man bei der Bereitung von Blutserumnährböden vor?

Das steril entnommene Blut bleibt 24 Stunden kühl im Eisschrank stehen, das abgesetzte Serum wird abpipettiert, fraktioniert, sterilisiert. Statt Serum kann man auch Ascites-, Ovarialcysten- und Hydrocelenflüssigkeit benutzen.

Nun wird das Serum in schräger Schicht oder in Petrischalen 3 Tage nacheinander je $^1/_2$ Stunde lang im Serumerstarrungsapparat auf 95—98° C erhitzt.

Durch Vermischen flüssigen, sterilen, auf 50° C erwärmten Blutserums bzw. Ascitesflüssigkeit mit auf 50° C abgekühltem Agar erhält man Blutserumagar (Ascitesagar usw.).

Welcher Nährboden eignet sich am besten zum Wachstum von Gonokokken?

Menschenblutserum oder Ascitesagar.

Hier sei auch der für das Wachstum von Influenzabacillen sehr empfehlenswerte Blutagar erwähnt, der von Levinthal angegeben ist. Siehe Kapitel „Gruppe der hämoglobinophilen Bacillen". Kennen Sie noch Blutnährböden?

Ja, der Blutalkaliagar nach Dieudonné s. Choleravibrionen.

Welche anderen Nährböden werden in der Bakteriologie zuweilen noch angewendet?

Eier, Gehirn, Kartoffel, halbiert mit Schale oder Kartoffelscheiben ohne Schale, Kartoffelbrei, Brot und Milch.

Von den Eiernährböden sei hier der Eigelbnährboden nach Lubenau und der Amino-Eiernährboden nach Hohn genannt (s. Tuberkelbacillen).

Welcher Nährboden zeigt am besten Hämolyse der Bakterien an?

Blutagar.

Man läßt in auf 50° C abgekühltem Agar 10 cm³ steril 1—2 cm³ Blut vom Menschen oder Kaninchen unter stetem Schütteln des Kölbchens eintröpfeln, gießt dann zu Platten aus.

Plattenverfahren.

Wozu dient das Plattenverfahren?

Zur Trennung der verschiedenen Bakterienarten aus Bakteriengemischen. Man bezweckt Einzelkolonien zu erhalten, von denen man dann leicht zu Reinkulturen gelangen kann.

Wie geht man beim Plattengießen vor?

Nach Verflüssigung mehrerer Röhrchen Gelatine bei 30° C im Wasserbade wird das erste Röhrchen mit dem Material beschickt, ordentlich durchgeschüttelt. Nun überträgt man 3 Ösen Inhalt aus dem 1. Röhrchen ins 2. Röhrchen, mischt gut durch, und so weiter vom 2. ins 3. Röhrchen usw. Die nach der Beimpfung fertigen Gelatineröhrchen werden mit 1, 2, 3 usw. bezeichnet ins Wasserbad von 25—30° C zurückgesetzt. Ist man mit dem Herstellen der Verdünnungen fertig, gießt man jedes Röhrchen nach Abbrennen und Wiederabkühlen des Röhrchenrandes in die auch mit 1, 2, 3, 4 und Datum bezeichneten sterilen Glasplatten (Petrischalen) ein. Die Röhrchen werden wegen der Infektionsgefahr sofort in Sublimatlösung gelegt, die erstarrten Gelatineplatten in einen Brutschrank von 22° C gebracht.

Wie bestimmt man z. B. den Keimgehalt eines Wassers?

Verschiedene Mengen des zu untersuchenden Wassers 0,1—1,0, bei keimreichen Wässern bedeutend weniger, werden in je einer Petrischale mit 10 cm³ flüssiger Gelatine (30° C) übergossen, gut durchgemischt; nach dem Erstarren bringt man die Platten 48 Stunden in den Gelatineschrank von 20—22° C.

Es folgt dann die Keimzählung

a) mit dem Wolffhügelschen Zählapparat.

Man zählt die gewachsenen Kolonien aus etwa 12—20 Quadraten mit der Lupe, berechnet daraus die Zahl der in 1 Quadrat im Durchschnitt gewachsenen Kolonien, multipliziert damit die Zahl der in einer Petrischale enthaltenen Quadrate (66). Auf diese Weise findet man die Zahl der in der betreffenden Wassermenge enthaltenen Keime.

b) Bei stark bewachsenen Platten Zählung unter dem Mikroskop bei schwacher Vergrößerung.

Mit Hilfe einer bestimmten Linsenkombination und Tubuslänge wird die Größe des Gesichtsfeldes bestimmt. Zählung der Kolonien in etwa 10—12 Gesichtsfeldern; man nimmt durch Division das Mittel und multipliziert die gefundene Zahl mit der Gesichtsfelderzahl der Schale. So ist die Keimzahl in der ausgesäten Wassermenge ermittelt. Durch Umrechnung stellt man dann leicht fest, wieviel Keime in 1 cm^3 Wasser enthalten sind.

Wie legt man Kulturen auf Agarplatten an?

1. Ebenso wie Gelatineplatten.
2. Durch Ausstreichen von Material auf der Oberfläche des Agars mit Glasspatel oder Öse.

Bei welcher Temperatur werden die ausgestrichenen Agarplatten bebrütet?

Bei 37,5° C.

Wie stellt man Reinkulturen her?

Indem man die betreffende Einzelkolonie mit einer Platinnadel absticht, in Bouillon oder auf Schrägagar überträgt, d. h. sie auf der Oberfläche des Schrägagars durch Hin- und Herfahren der Platinnadel verteilt (Strichkultur).

Auch kann man eine Stichkultur anlegen, indem man die mit der Einzelkolonie beschickte Platinnadel bei gerader Stellung des Röhrchens in die Hochagar- bzw. Gelatineschicht einsticht.

Welche Verfahren gestatten eine zuverlässige Züchtung aus einer Bakterienzelle?

Die „Einzelkultur" ist von Lindner für die Hefekulturen unter dem Namen „Tröpfchenkultur" oder „Adhäsionskultur" angegeben. Später hat Burri für alle auf der Oberfläche von Gelatine oder Agar züchtbaren Mikroben ein Verfahren unter dem Namen „Tuschepunktkultur" ausgearbeitet. Es ist nicht nur für Sproßpilze und unbewegliche Bakterien, sondern auch für bewegliche Spaltpilze als brauchbar zu bezeichnen.

Wie wird es ausgeführt?

Auf einen fettfreien sterilen Objektträger bringt man vier einzelne Tropfen einer Tuscheaufschwemmung (1 + 9). Im ersten Tropfen verreibt man etwas von dem zu untersuchenden Bakterienmaterial, überträgt daraus etwas in Tropfen 2, von diesem etwas in Tropfen 3 usw. Mit einer abgekühlten Tuschefeder werden aus dem letzten Tropfen einige Punkte auf eine gut erstarrte Gelatineplatte gebracht, die nach etwa $1/2$ Minute mit einem sterilen Deckglase bedeckt und mikroskopisch (Trockenlinse) untersucht werden. Den Tuschepunkt, der nur eine Bakterienzelle enthält, bezeichnet man sich auf der Unterseite der Petrischale, läßt das Bacterium auswachsen und impft dann nach dem Abheben des Deckglases die aus einer einzigen Bakterienzelle hervorgegangene Kolonie ab.

Zuweilen gelingt es nicht, aus dem Ausgangsmaterial durch Züchtung Reinkulturen zu gewinnen. Auf welche Weise kann man sich dann noch helfen?

Durch den Tierversuch. (Anwendbar zur Isolierung von Milzbrandbacillen, Pneumokokken, Rotzbacillen, Tuberkelbacillen usw.)

Tierversuch.

Welche Impfmethoden kommen hier in Betracht?

1. Die intrakutane Impfung (bei Tuberkulose und Diphtherie).
2. Die kutane Impfung (Pirquet).
3. Die subkutane Impfung.
4. Die intraperitoneale Impfung.
5. Die intrapleurale und intramuskuläre Impfung.
6. Die Impfung in die vordere Augenkammer.
7. Die intravenöse und intrakardiale Impfung.
8. Impfung durch Verfütterung.
9. Infektion durch Inhalation.
10. Die subdurale Infektion.

Welche Tiere werden gewöhnlich zu den Versuchen verwendet?

Mäuse, Ratten, Meerschweinchen, evtl. Kaninchen, Affen, Vögel.

Serologische Untersuchungsmethoden.

Welche unmittelbar wahrnehmbaren Antigen-Antikörperreaktionen kennen Sie?

1. Die Agglutination.
2. Die Präcipitation.

Worauf zielt die Agglutination hin?

Mit ihr versucht man

1. die Artzugehörigkeit einer unbekannten Kultur zu bestimmen und
2. die Art einer Infektionskrankheit zu diagnostizieren.

Was sind Agglutinine?

Im Serum mancher Infektionskrankheiten treten Antikörper auf, die als Agglutinine bezeichnet werden und die Eigenschaft besitzen, die zugehörigen Krankheitserreger im Reagensglase zu agglutinieren (zusammenzuballen). Aus der anfänglich gleichmäßig getrübten Bakterienaufschwemmung bilden sich nach Serumzusatz sichtbare Flöckchen oder Körnchen (Agglutination).

Die spezifischen Agglutinine bilden sich auch im Serum parenteral mit abgetöteten Bakterien vorbehandelter Organismen (Schutzimpfung, Herstellung agglutinierender Immunsera).

Welche Methoden der Agglutination gibt es?

1. Die Probeagglutination auf dem Objektträger,

2. die ausführliche Agglutination (absteigende Serumverdünnungen, titrimetrisches Verfahren).

Man verwendet ein auf Spezifität und Titer geprüftes Immunserum in fallenden Verdünnungen und fügt dazu gleiche Mengen (0,5 cm^3) der zu prüfenden Kulturaufschwemmung (entweder lebende Bakterien einer 24 Stunden alten Agarkultur oder durch Hitze, Phenol, Formalin usw. abgetöteten Bakterienaufschwemmung).

Kontrollen mit physiologischer Kochsalzlösung oder Normalserum (1:50) sind notwendig. Nach 2stündigem Brutschrankaufenthalt bei 37° C Ablesen des Ergebnisses mit Lupe oder Agglutinoskop.

3. Die Gruber-Widalsche Reaktion.

Ausführung wie bei der ausführlichen Agglutination, nur daß man an Stelle des Immunserums Patientenserum verwendet; s. Typhus.

Ebenso wie im Tierkörper nach Einverleibung von Bakterien spezifische Bakterienagglutinine auftreten, werden nach Vorbehandlung mit einer heterologen Blutart Stoffe gebildet, die rote Blutkörperchen der Tierart, von der das zur Immunisierung verwendete Blut stammt, spezifisch zusammenballen. Wie bezeichnet man diese Agglutinine?

Hämagglutinine; sie wirken nach den für die Bakterienagglutinine geltenden Gesetzen.

Haben sie eine praktische Bedeutung?

Ja, besonders die Isohämagglutinine. Sie sind gegen die Blutkörperchen anderer Individuen derselben Spezies gerichtet.

Auf Grund der agglutinogenen Eigenschaften der roten Blutkörperchen und der in den spezifischen Seren enthaltenen Isohämagglutininen lassen sich beim Menschen 4 verschiedene Blutgruppen unterscheiden. Kennen Sie dieselben?

Blutgruppe O, A, B und AB.

Die verschiedenen isoagglutinierenden Antikörper sind immer dann im Serum enthalten, wenn das homologe Agglutinogen den Blutkörperchen fehlt. Umgekehrt sind auch naturgemäß die Agglutinine im Serum nicht nachweisbar, wenn die Blutkörperchen über das entsprechende Agglutinogen verfügen.

Für die Einteilung der Blutgruppen ergibt sich das nebenstehende Schema.

Die Blutkörperchen enthalten das Agglutinogen	Die Sera enthalten das Agglutinin	Bezeichnung der Blutgruppe
O	Anti-A u. Anti-B	O
A	Anti-B	A
B	Anti-A	B
A u. B	—	AB

Erklären Sie das Schema.

Blutkörperchen von Menschen der Gruppe O sind inagglutinabel. Im Serum dieser Menschen sind Agglutinine gegen die Blutkörperchen aller anderen Gruppen enthalten. Die Blutkörperchen der Gruppe A werden agglutiniert durch Sera der Gruppen O und B. Das Serum der Blutgruppe A agglutiniert die Blutkörperchen der Blutgruppe B und AB. Die Blutkörperchen der Gruppe B werden agglutiniert durch Sera der Gruppe O und A, und das Serum der Gruppe B agglutiniert Blutkörperchen der Gruppe A und AB. Die Blutkörperchen der Gruppe AB werden durch die Sera der Gruppe O, A und B agglutiniert; andererseits enthält das Serum der Gruppe AB keine Agglutinine.

Haben diese Feststellungen eine Bedeutung in der Klinik für die Durchführung der Bluttransfusionen?

Man hat schwere gesundheitliche Schädigungen, die sogar zu tödlichem Ausgang führten, beobachtet, wenn in dem Blut des Spenders Blutkörperchen enthalten waren, die durch das Serum des Empfängers agglutiniert werden, wenn z. B. einem Menschen der Gruppe B Blut der Gruppe A injiziert wird.

Was hat daher vor jeder Bluttransfusion zu erfolgen?

Es ist die Blutgruppenzugehörigkeit des Spenders und Empfängers vor jeder Bluttransfusion festzustellen.

Ist die Gruppenzugehörigkeit vererbbar?

Ja, nach den Mendelschen Gesetzen. Daher sind diese Bluteigenschaften für rassenkundliche und forensische Zwecke von Bedeutung.

Finden sich in den roten Blutkörperchen des Menschen außer den sog. Gruppenmerkmalen A und B und unabhängig von diesen noch weitere gruppenspezifische Agglutinogene?

Ja, die Faktoren N und M, deren Nachweis nur auf dem Wege der Immunisierung gelingt.

Wegen der Schwierigkeiten der Methodik ist eine besondere Regelung für die Einholung von Blutgruppengutachten getroffen. Wissen Sie davon?

Nur bestimmte Institute dürfen nach einer ministeriellen Verfügung derartige Gutachten abgeben.

Wie führt man die Präcipitationsreaktion aus?

Die Präcipitation, die durch spezifische Antikörper, die sog. Präcipitine, ausgelöst wird, wird folgendermaßen ausgeführt. Überschichtet man vorsichtig auf ein durch Vorbehandlung eines Tieres mit Bakterienaufschwemmung, menschlichen, tierischen oder pflanzlichen Eiweißarten gewonnenes Serum eine in physiologischer Kochsalzlösung kolloidal gelöste entsprechende Substanz, so erkennt man an der Grenzfläche der beiden Flüssigkeiten eine Trübung, Flocken oder ein Häutchen. Das Immunserum wird hier unverdünnt verwendet.

Hat die Präcipitation eine praktische Bedeutung gewonnen?

Ja, zur Differenzierung von Eiweiß, z. B. für die Herkunft von Blutflecken, weiter in der Nahrungsmittelkontrolle zur Aufdeckung von Verfälschungen, für die Klarstellung der verwandtschaftlichen Beziehungen unter den verschiedenen Tierarten.

Welche Antikörper kennen Sie, die mittels biologischer Indicatoren wahrnehmbare Antigen-Antikörperreaktionen geben?

1. Bakteriolysine.
2. Antitoxine.
3. Hämolysine.

Was sind Bakteriolysine?

An Bakterien gebundene Antikörper, welche unter Mitwirkung von Komplement die entsprechenden Bakterien auflösen (Pfeifferscher Versuch bei Cholera); s. Choleravibrionen.

Was sind Antitoxine?

Antikörper, die spezifische Toxine (Diphtherie, Tetanus-, Botulinustoxin) unwirksam machen.

Was sind Hämolysine?

An entsprechende rote Blutkörperchen gebundene Antikörper, die unter Mitwirkung von Komplement Hämolyse bedingen. So löst das Serum eines mit roten Blutkörperchen einer anderen Tierart immunisierten Tieres rote Blutkörperchen bis zur durchsichtigen, klaren, lackfarbenen Flüssigkeit auf; s. Wassermannsche Reaktion, Komplementbindungsreaktion.

Spezieller Teil.

A. Die pathogenen Bakterien.

I. Die pathogenen Kokken.

1. Staphylokokken und Streptokokken.

Nennen Sie mir den bei weitem häufigsten Eitererreger und beschreiben Sie ihn kurz.

Der Staphylococcus pyogenes. Er hat seinen Namen nach seiner Lagerung (σταφυλή = Traube), ist ein rundes Bacterium, das auf den gewöhnlichen Nährböden große, runde, undurchsichtige Kolonien und unter Umständen Farbstoffe bildet, die in Alkohol und Äther extrahierbar sind. Fast alle aus Krankheitsprozessen isolierten Staphylokokken zeigen hämolytische Eigenschaften auf der Blutagarplatte.

Kennen Sie einige Farbstoff bildende Arten?

Der Staphylococcus pyogenes aureus bildet einen goldgelben, der Staphylococcus pyogenes citreus einen zitronengelben Farbstoff. Keinen Farbstoff bildet der Staphylococcus albus.

Sind Staphylokokken tierpathogen?

Bei intraperitonealer Verimpfung (Kaninchen) entsteht eitrige Peritonitis; die sicherste Infektion ist die intravenöse. Es entstehen Kokkenherde in Nieren und Herzmuskel. Nach Brechen oder Quetschen der Knochen nach intravenöser Verimpfung von Staphylokokken entsteht Osteomyelitis.

Wie reagiert die normale Haut auf Einreiben von Staphylokokken?

Es entstehen Furunkel, Acnepusteln und Phlegmonen.

Worauf beruht die Wirkung der Staphylokokken im Tierkörper?

Auf den Toxinen, und zwar

a) auf einem Hämolysin,
b) „ „ Leukolysin,
c) „ „ nekrotisierenden Gift (Nephrotoxin),
d) auf chronisch wirkenden Toxinen, die Marasmus und amyloide Degeneration hervorrufen.

Wie steht es mit der Widerstandsfähigkeit des Staphylococcus?

Der Staphylococcus ist im großen und ganzen ein gegen äußere Einflüsse sehr widerstandsfähiger Mikroorganismus.

5%ige Carbolsäure wird 13 Minuten,

1%/ige Sublimatlösung 30 Minuten ohne Schaden vertragen.

Manche Staphylokokkenstämme vertragen ein 2stündiges Erhitzen auf 70° C.

Wo findet man Staphylokokken?

In der normalen Haut, auf den Schleimhäuten (Nase und Mund), in den Kleidern, im Wohnungsstaub usw.

Wie verhält sich der Staphylococcus gegenüber Farbstoffen in bezug auf seine Färbbarkeit?

Der Staphylococcus färbt sich gut mit allen Anilinfarben. Er ist grampositiv.

Gelingt eine aktive Immunisierung mit Staphylokokken?

Sie gelingt nicht jedesmal. Man immunisiert Kaninchen erst mit abgetöteten, dann abgeschwächten und endlich lebenden Staphylokokken.

Welche Immunstoffe kann man im Blut der so vorbehandelten Tiere nachweisen?

Agglutinine, Bakteriolysine, komplementbindende Antikörper, Bakteriotropine.

Was ist Histopin?

Ein konservierter Schüttelextrakt von Staphylokokken, der lokale Infektionen günstig beeinflussen soll.

Zur Vorbeugung und Behandlung der Furunkulose, Acne, Staphylokokkensepsis usw. wird subcutan, intramuskulär und auch intravenös ein Staphylokokkenimpfstoff injiziert. Wie wird er gewonnen?

Aus Reinkulturen von verschiedenen vom Menschen stammenden Staphylokokkenarten, die in Kochsalzaufschwemmung bei 60° C abgetötet werden.

(Käufliche Staphylokokkenmischvaccine und aus dem infizierenden Stamm hergestellte „Autovaccine".)

Kennen Sie noch eine andere Therapie?

Ja, an Stelle der Vaccinebehandlung ist die Verwendung des Staphylokokkentoxins in Form des durch Formol entgifteten Anatoxins oder Formoltoxoids getreten.

Man hat versucht, ein hochwertiges antitoxisches Serum gegen Staphylokokkenerkrankungen durch aktive Immunisierung von Tieren zu gewinnen. Wie sind die gewonnenen Resultate?

Für Tiere hat es schützende Wirkung. Beim Menschen wurden in neuerer Zeit zum Teil überraschende Heilerfolge erzielt. Die Verwendung antitoxinhaltiger Seren von Osteomyelitiskranken oder -rekonvaleszenten wird empfohlen.

Wie wirkt das Antivirus nach Besredka?

Es findet sich in Kulturfiltraten von Staphylokokken und wirkt spezifisch wachstumhemmend auf Staphylokokken und heilend. Es gibt nach diesem Prinzip des Antivirus verschiedene Präparate in Salbenform, wie das Antipiol, Histopin u.a.

Können auch Bakteriophagen bei Staphylokokkeninfektionen angewandt werden?

Ja, besonders bei Staphylokokkeninfektionen der Haut.

Hat die moderne Chemotherapie auch bei Staphylokokkeninfektionen an Bedeutung gewonnen?

Ja, die Sulfonamidpräparate, so z. B. das Sulfathiazol und das Sulfamethylthiazol und bei Wunden und Pyodermien Marfanil-Prontalbinpuder.

Können Sie mir noch einen anderen Eitererreger nennen?

Den Streptococcus.

Wo findet er sich?

Auf normalen menschlichen Schleimhäuten. Als Krankheitserreger kommt er vor bei Erysipel, Puerperalfieber, Lymphangitis, Angina, Endokarditis, Otitis, Meningitis, bei Darmkatarrhen der Säuglinge, weiter bei Mischinfektionen, Phthise, Diphtherie, Gelenkrheumatismus, Pokken, Scharlach.

Wodurch unterscheidet er sich von den Staphylokokken?

Durch die Lagerung und in der Kultur. Die einzelnen Kokken legen sich kettenförmig aneinander; daher der Name (στρεπτός = Kette).

Auf der Agaroberfläche bilden sich zarte grob granulierte Kolonien. Wachstum in Bouillon! Bodensatz, oft am Randes des Reagensröhrchens in der Bouillon herdförmige Ansammlung (kleine weiße Punkte).

Behalten Streptokokken ihre Virulenz bei Züchtung auf künstlichen Nährböden bei?

Nein. Sie nimmt ab.

Wie erhält man Streptokokken virulent?

Durch Tierpassage (Maus und Kaninchen). Durch fortgesetzte Tierpassage läßt sich die Virulenz steigern.

In der Färbbarkeit verhält er sich wie die Staphylokokken; bildet er Toxine?

Lösliche Toxine und Endotoxine bildet er nur in geringer Menge, in den Kulturen ist Hämolysin nachweisbar.

Welche Arten der Varietäten von Streptokokken kennen Sie?

Gundel teilt die Streptokokken in zwei Hauptgruppen:

Gruppe A umfaßt die stabilen Stämme, wie Streptococcus pyogenes haemolyticus, Streptococcus viridans, Streptococcus lanceolatus (Pneumococcus), obligat anaerobe Streptokokken.

Gruppe B umfaßt die labilen Stämme, uud zwar die Gruppe der pleomorphen Streptokokken:

1. Mundstreptokokken,
2. Darmstreptokokken (Enterokokken),
3. Milchstreptokokken

und die Gruppe der übrigen anhämolytischen Streptokokken.

Können Sie etwas über die Eigenschaften der eben aufgezählten Erreger berichten?

Der Streptococcus pyogenes haemolyticus ist ein häufig vorkommender Entzündungs- und Eitererreger (Panaritium, Erysipel usw.). Er findet sich bei Scharlach und foudroyant verlaufenden Streptokokkensepticämien. Nachweis: Mikroskopie des Eiterausstriches, Anlegen einer Patientenblut-Agar-Gußplatte.

Der Streptococcus viridans von Schottmüller ist als der gefürchtete Erreger der fast immer tödlich verlaufenden Endocarditis lenta zu bezeichnen. Die Kolonien zeigen einen grünlichen Farbton. Nachweis durch Patientenblut-Agar-Gußplatten; langsames Auftreten der Kolonien nach 48—96stündiger Bebrütung.

Die obligat anaeroben Streptokokken kommen als Erreger von Halsphlegmonen ausgehenden Septicämien und bei Puerperalsepsis vor.

Die pleomorphen Streptokokken zeigen Kugel-Diplo-Kettenlagerung, lanzettförmige Gebilde. Sie finden sich in der Mundhöhle, im Darmkanal bei Mensch und Tier, sind in der Natur weit verbreitet und auch in der Milch als Milchsäurestreptokokken. Beim Menschen Erreger einer Cystitis, Pyelitis, eines Gallenblasenempyems oder auch einer Peritonitis evtl. mit Colibacillen. Bei Tieren erzeugen sie die Druse der Pferde, den gelben Galt oder die Streptokokken-Mastitis der Kühe.

Die Gruppe der übrigen anhämolytischen Streptokokken zeigt beträchtliche Variabilitätsneigung; man kann sie als die Erreger der Herdinfektion bezeichnen. Die durch sie bedingten chronischen Infektionen sind prognostisch recht ernst.

Lassen sich Tiere aktiv mit Streptokokken immunisieren?

Ja. Durch wiederholte Injektion abgetöteter und dann lebender Streptokokken.

Das Serum hat Schutzwirkung gegen die homologen Bakterien.

Welche Antikörper enthält das Immunserum?

Agglutinine, Bakteriotropine.

Wie sind die therapeutischen Erfolge?

Noch zweifelhaft. Man will mit polyvalenten Seren eine günstige Beeinflussung des Krankheitsprozesses beobachtet haben (besonders beim Scharlach).

2. Pneumococcus (Diplococcus lanceolatus).

Beschreiben Sie mir den Pneumococcus lanceolatus.

Er ist ein Kokkus in Ei- oder Lanzettform (Kerzenflammenform), nach Gram färbbar, der deutliche Kapselbildung in Präparaten aus dem erkrankten Menschen und Tier aufweist.

Gedeihen Pneumokokken auf künstlichen Nährböden leicht?

Nein; am besten gedeihen sie auf Ascitesagar, Blutagar, Blutserum und Eierbouillon; sie bilden einen Tautropfen ähnlichen Belag auf festen Nährböden.

Ist Ihnen bekannt, daß der Pneumococcus keine einheitliche Art darstellt?

Ja; mittels serologischer Verfahren ist die Aufspaltung der Pneumokokken in eine Reihe stabiler Typen (I, II, III) und in die Sammelgruppe X gelungen. Letztere umfaßt alle anderen Typen. Zum Typ III gehört der wegen seiner Schleimbildung sogenannte Pneumococcus mucosus.

Bei welchen Erkrankungen findet man Typ I, II und III der Pneumokokken?

Bei lobären Pneumonien, bei metapneumonischen Empyemen, primären Infektionen der Meningen, des Peritoneums, des Mittelohres.

Wo Typ X?

Typ X findet man bei herdförmigen Lungenentzündungen, sekundären Meningitiden nach Trauma usw.

Auf welche Weise gewinnt man am leichtesten Reinkulturen von Pneumokokken?

Durch subcutane Impfung von Mäusen oder Kaninchen mit dem Ausgangsmaterial; nach dem Tode der Tiere durch Aussaat von Herzblut oder Milzmaterial auf Ascitesagar oder in Eierbouillon. Die Kulturen sind alle 8 Tage zu überimpfen.

Ist Ihnen ein Unterscheidungsmerkmal zwischen Pneumokokken und Streptokokken bekannt?

1. Pneumokokken bilden keine Hämolyse auf Blutagar.

2. In Bouillonkultur, die einen Zusatz von 10%iger wässeriger Lösung von taurocholsaurem Natron $\overline{aa}$ enthält, werden Pneumokokken aufgelöst, Streptokokken dagegen nicht.

Ist der Pneumococcus gegen äußere Einflüsse sehr widerstandsfähig?

Nein. Schon durch Austrocknen sterben die Kulturen rasch ab; dagegen bleiben die Pneumokokken in eiweißhaltiger Hülle lange lebensfähig.

Wie geht man daher vor, um die Pneumokokken lebend und virulent zu erhalten?

Mäuse, die ebenso wie Kaninchen für eine Pneumokokkeninfektion leicht empfänglich sind, werden infiziert; sie gehen in kurzer Zeit zugrunde. Das Blut der infizierten Mäuse an Fäden angetrocknet oder Organstücke (Milz und Herz), im Exsiccator trocken aufbewahrt, hält die Pneumokokken bis zu 6 Monaten lebensfähig.

Wo findet man den Diplococcus lanceolatus?

Im Sputum bei kruppöser Pneumonie (sekundär), bei Pleuritis, Meningitis, Endokarditis, bei Otitis, Conjunctivitis und Ulcus corneae serpens.

Hat man mit der Serumtherapie bei Pneumokokkeninfektionen Erfolg?

Es gelang bisher die Herstellung hochwertiger Heilsera gegen die Pneumokokkentypen I und II. Einen therapeutischen Erfolg wird man nur verzeichnen können, wenn nach Stellung der typenspezifischen Diagnose aus dem Sputum nach Neufeld, die in wenigen Minuten erledigt werden kann, das typenspezifische hochwertige Serum (monovalent oder polyvalent) injiziert wird (25 cm^3 und mehr intravenös oder intramuskulär). Intralumbale Verabfolgung bei Pneumokokkenmeningitis nach Ablassen der entsprechenden Liquormenge.

Wie stellen Sie die Neufeldsche Reaktion an?

Auswurfflocken werden in die typenspezifischen Sera (Kaninchen) verrieben und mit alkalischer Methylenblaulösung vermischt. Es erfolgt nach Auflegen von Deckgläschen eine mikroskopische Untersuchung (Ölimmersion). Die positive Reaktion zeigt eine Quellung der Kapseln bei Vorbehandlung mit homologem Serum.

3. Genococcus (Micrecoccus gonorrhoeae).

Wie sieht der Gonococcus aus?

Der gegen Eintrocknung und äußere Einflüsse wenig widerstandsfähige Gonococcus hat Diplokokken- und Kaffeebohnenform.

Wie verhält er sich zur Gramfärbung?

Er ist gramnegativ.

Wo findet man ihn?

Im gonorrhoischen Sekret auf den Epithelien, im akuten Stadium der Erkrankung in den polynucleären Leukocyten, in protrahierten Fällen dagegen fast nur extracellulär. Evtl. Vornahme einer Provokation zur Sicherung der Diagnose.

Er ist ebenfalls auf künstlichen Nährböden schwer zu züchten; welche Zusätze zum Nährboden bevorzugt er?

Menschliches Serum, Ascitesflüssigkeit oder Pferdeblut.

Wie wird unter Umständen die Gonorrhöe außer durch den Coitus noch übertragen?	Bei der Geburt von den Geschlechtsteilen der Mutter, durch Handtücher, Wäsche, Schwämme, Badewasser (Epidemien von Augenblenorrhöe in Kinderspitälern).
Besteht in Deutschland ein Gesetz zur Eindämmung der Geschlechtskrankheiten?	Ja, das Gesetz zur Bekämpfung der Geschlechtskrankheiten vom 18. Februar 1927. S. Kapitel „Gesetzliche Maßnahmen zur Bekämpfung ansteckender Krankheiten".
Besteht nach dem Überstehen einer Gonorrhöe Immunität?	Nein.
Hat die Serumtherapie irgendwelchen Erfolg bei Gonorrhöe aufzuweisen?	Nein. Gute Resultate gegen Komplikationen weist dagegen die Wrightsche Vaccine auf (abgetötete Gonokokken, deren Züchtung zuvor auf Nährböden mit genuinem Eiweiß erfolgte). Eine polyvalente Gonokokkenvaccine der Behringwerke für die Behandlung der chronischen gonorrhoischen Erkrankungen stellt das „Gonargin" dar.

4. Meningococcus (Micrococcus intracellularis meningitidis).

Ähneln die Meningokokken den Gonokokken?	Ja, es sind semmelförmige Doppelkokken, die sich auch gramnegativ verhalten und auf künstlichen Nährböden nur gedeihen, wenn diesen menschliches oder tierisches Eiweiß (Serum, Ascites) zugesetzt ist.
Welche charakteristischen Merkmale weisen die Meningokokken in Ausstrichpräparaten auf?	Ungleichmäßige Verteilung, Verschiedenheit in Größe, Lagerung und Färbbarkeit der einzelnen Kokken.
Im Rachenschleim finden sich auch bei gesunden Menschen gramnegative Diplokokken, die den Meningokokken außerordentlich gleichen und die Diagnose „Meningokokken" erschweren. Welche Diplokokken sind es?	Der Diplococcus crassus, der Diplococcus flavus, der Micrococcus catarrhalis, die sich aber vom Meningococcus durch das Vergärungsvermögen gegenüber Kohlenhydraten (Lackmuszuckernährböden nach v. Lingelsheim) und die Löslichkeit durch gallensaure Salze unterscheiden. Außerdem kann man zur Unterscheidung von anderen gramnegativen Kokken die Agglutinationsprobe mit Meningokokkenserum heranziehen.
Handelt es sich bei den „Meningokokken" um eine einheitliche Art?	Nein, man kann mit Hilfe von Immunseren eine beschränkte Zahl von Typen aufstellen, über die aber eine Einigung noch nicht erzielt ist. Wichtig für serotherapeutische Maßnahmen.
Ist der Meningococcus gegen äußere Einflüsse resistent?	Nein. Austrocknen, schwaches Erhitzen, desinfizierende Lösungen töten ihn rasch ab.
Wo findet man während der Krankheit den Meningococcus?	In den eitrigen Flocken der Lumbalflüssigkeit, und zwar innerhalb der Leukocyten; in den ersten Krankheitstagen auch im Rachenschleim (bis zum 5. Tage).

Auf welche Weise geschieht die Verbreitung der Meningitis?

Direkt von Mensch zu Mensch. Bis zu 70% gesunder Menschen aus der Umgebung Meningitiskranker beherbergen im Rachen Meningokokken (Kokkenträger). Sie verbreiten die Erreger, schleppen sie weiter. Bei einigen Kokkenträgern zeigen sich Symptome einer Pharyngitis. Somit tritt der Meningitiskranke als Zentrum für die Ausbreitung ganz zurück.

Wie bekämpft man die Krankheit?

Durch schnelle sichere bakteriologische Diagnose, durch Isolierung des Meningitiskranken, d. h. Aufnahme in ein Krankenhaus. Von einer Desinfektion ist wenig zu erwarten, weil die Erreger in der äußeren Umgebung nicht lange haltbar sind.

Viel größeres Augenmerk ist auf die Kokkenträger zu richten. Hier wäre eine Isolierung notwendig; sie ist aber nicht durchführbar; Gurgelungen, Pinselungen sind bisher ohne Erfolg geblieben. Merkblätter sollen die Kokkenträger zur Vorsicht im Verkehr mit anderen Menschen anhalten. Schulkinder sollen als Kokkenträger 3 Wochen vom Schulbesuch ferngehalten werden. Fortlaufende und Schlußdesinfektion.

Sind mit Meningokokkenserum Heilerfolge erzielt worden?

Das Meningokokkenserum ist ein polyvalentes antiinfektiöses Serum, von Pferden durch Immunisierung mit verschiedenen Meningokokkenkulturen gewonnen. Die Erfolge sind um so besser, je frühzeitiger das Serum gegeben wird. Am besten intralumbale Anwendung nach Ablassen einer entsprechenden Liquormenge.

5. Micrococcus tetragenus.

Zu den Kokken gehört weiter noch der Micrococcus tetragenus. Was wissen Sie darüber?

Der Micrococcus tetragenus zeigt zwei oder vier Kokken in einer Kapsel. Er ist grampositiv, pathogen für weiße Mäuse und Meerschweinchen; er findet sich im Nasenrachenraum und bei Mischinfektionen in tuberkulösen Kavernen.

II. Die pathogenen Bacillen.

1. Bacillus anthracis (Milzbrandbacillus).

Der Milzbrandbacillus tritt entweder einzeln oder in Form von Verbänden auf. Wie verhält er sich morphologisch in Ausstrichpräparaten und kulturell?

Die Enden der einzelnen die Fäden zusammensetzenden Bacillen sind (nur im gefärbten Präparat!) verdickt (bambusstabähnlich). Deutliche Kapselbildung zeigen Ausstriche aus Organen. Außerhalb des lebenden Körpers und in alten Kulturen erfolgt Sporenbildung (mittelständige Spore). Die Widerstandskraft der Sporen gegenüber Dampf ist verschieden (2—15 Minuten Abtötung im Dampf 100° C). Die Milzbrandkolonien zeigen mit schwacher Vergrößerung betrachtet lockige Fadenbildung („gelocktes Frauenhaar"). Diagnostisch zu verwerten. Bouillon bleibt klar; am Boden des Röhrchens erkennt man wolkige Massen.

Welche Tiere sind für Milzbrand wenig oder gar nicht empfänglich?

Hunde und gewisse Rassen von Hammeln sind wenig empfänglich. Kaltblüter und Vögel nahezu immun.

Wie stellt man die bakteriologische Diagnose „Milzbrand"?

1. In der Kultur.
2. Im Tierversuch.
3. Serodiagnostisch nach Ascolis Methode der Thermopräcipitation.

Worauf beruht die Thermopräcipitation nach Ascoli?

Darauf, daß Serum von mit Milzbrand immunisierten Tieren oft reichlich Präcipitine enthält, d. h. Stoffe, die imstande sind, aus Milzbrandbacillen stammendes Eiweiß auszufällen. Man schichtet wasserklar filtrierte Kochextrakte aus den milzbrandverdächtigen Organen vorsichtig auf präcipitierendes Milzbrandserum. An der Berührungsstelle der beiden Flüssigkeiten entsteht, wenn es sich um Milzbrand handelt, innerhalb $^1/_4$ Stunde ein weißer Ring. Die Reaktion gelingt noch mit Extrakten aus verfaulten Organen.

Welche Arten von Milzbrand unterscheidet man beim Menschen?

I. Den Hautmilzbrand. Er kommt bei Viehknechten, Fleischern, Abdeckern, Gerbern, Bürstenmachern, Tierärzten usw. vor. Gelegentliche Übertragung durch Insektenstiche (Schmeißfliegen).

II. Den Lungenmilzbrand, infolge von Einatmung von Milzbrandsporen (Lumpensortierer, Roßhaararbeiter).

III. Den Darmmilzbrand, durch Verzehren rohen infizierten Fleisches.

Welche Übertragungsmöglichkeiten des Milzbrandes kommen bei den Tieren in Betracht?

1. Die Aufnahme der Erreger durch Verletzungen der Haut (Stechfliegen, Wunden).
2. Die Aufnahme der Erreger durch Futterkräuter, die mit Milzbrandsporen infiziert sind (herrührend von Ausscheidungen kranker Tiere).
3. Verunreinigung der Bodenoberfläche mit infektiösem Material von Verscharrungsplätzen und durch Überschwemmungswasser von Wasser aus Gerbereien.

Wie wird eine Milzbrandepizootie verhütet (Reichsviehseuchengesetz vom 1. Dezember 1928)?

Durch streng durchgeführte Anzeigepflicht einer jeden Erkrankung, eines jeden Verdachtes einer Erkrankung sowie eines jeden Sterbefalls, durch Überwachung der Einfuhr tierischer Rohstoffe, durch Überweisung der Milzbrandkadaver an die Abdeckerei oder Begraben derselben in 3 m Tiefe mit nachträglichem Übergießen mit Kalkmilch.

Mit welcher Flüssigkeit werden sämtliche aus dem Ausland eingeführten Häute desinfiziert?

Mit der Pickelflüssigkeit: 1 kg Häute 24 Stunden in 10 Liter 1% Salzsäure + 10% Kochsalz.

Welche Maßnahmen werden zum Schutz der Nutztiere gegen Milzbrand angewendet?

1. Die aktive Immunisierung der Tiere mit abgeschwächten Milzbrandbacillen nach Pasteur (Impfverlust 1‰), Schutz 1 Jahr.

2. Die passive Immunisierung mit 20—300 cm^3 Serum schützt Hammel, Rinder, Pferde gegen die Infektion für einige Monate.

3. Die kombinierte aktive und passive Immunisierung nach Sobernheim.

Was wissen Sie über die Behandlung des Milzbrandes beim Menschen?

Beim Menschen wendet man die passive Immunisierung mit Milzbrandserum an (50 bis 100 cm^3, evtl. noch mehr beim Erwachsenen intramuskulär oder intravenös. In den nächsten Tagen geringere Dosen subcutan). Daneben Therapie mit Salvarsan, das als Neosalvarsan in 2tägigen Abständen und in der Menge von etwa 0,6 g intravenös verabreicht wird.

2. Bacillus tetani (Tetanusbacillus).

Wodurch unterscheidet sich der Tetanusbacillus von den bisher besprochenen Bacillen?

Er wächst nur anaerob.

Was wissen Sie über die morphologischen und kulturellen Merkmale des Tetanusbacillus?

Er ist ein schlankes bewegliches Stäbchen mit leicht abgerundeten Ecken. Charakteristisch ist die Form und Anordnung seiner Sporen. Gramfärbung unsicher. Die endständige Spore erscheint zunächst kugelig (Trommelschlägelform), später oval. Die Geißeln sind peritrich angeordnet. Die anaeroben Kolonien zeigen einen strahligen Bau. In zuckerhaltigem Substrat erfolgt starke Gasbildung.

Wie überträgt man Tetanus auf Versuchstiere?

Durch subcutane Impfung, am sichersten durch Einführung eines sterilen Holzsplitters, der mit verdächtigem Material bzw. Kultur getränkt ist, in eine tiefe Hauttasche (Tetanus nach 24—35 Stunden beginnend).

Welche Tiere sind gegen Tetanusinfektion immun?

Hühner und Kaltblüter.

Wodurch kommt der Tetanus zustande?

Durch die Toxine, die der Tetanusbacillus produziert. Man unterscheidet:

1. Ein Tetanospasmin, das durch den Achsenzylinder, durch das Peri- und Endoneurium der peripheren Nerven zum Zentralnerven-

system gelangt und nach der Verankerung nach einer gewissen „Inkubationszeit“ die Krämpfe auslöst.

2. Ein Tetanolysin (hämolytisch wirkend). Praktisch ohne Bedeutung.

Wo findet sich der Tetanusbacillus in der Außenwelt?

Im Kot (Blinddarm) der Pflanzenfresser (Pferd). So kommt er in die Acker- und Gartenerde.

Wie kommt es, daß der Mensch nicht häufiger vom Tetanus befallen wird?

Weil der Tetanusbacillus nur anaerob, ohne Luftsauerstoff sich entwickeln kann und die Hautverletzungen nur oberflächlicher Natur sind.

Wie bekämpft man den Tetanus?

a) Durch Verhinderung von Hineingelangen der Erreger in Wunden, z. B. durch Verwendung sterilen Materials zu den Platzpatronen.

b) Durch Herstellen aerober Verhältnisse bei tieferen Wunden (Wasserstoffsuperoxyd).

c) Durch kräftige Anwendung von Antisepticis.

d) Durch passive Immunisierung (Tetanusantitoxin).

Hat die prophylaktische Tetanusschutzimpfung Erfolge gehabt?

Ja. Die Seruminjektion hat möglichst früh nach der Verletzung zu erfolgen. Bei ausgebrochenem Tetanus ist der Heilerfolg gering.

Kennen Sie auch die Bestrebungen der letzten Jahre, eine aktive Schutzimpfung zu versuchen?

Ja, mit Formoltoxoiden (Anatoxine) bei durch Tetanus besonders gefährdeten Berufen. Der Schutz tritt erst nach Wochen ein. Daher wird bei augenblicklicher Gefährdung eine aktivpassive Immunisierung empfohlen.

3. Erreger der Gasödeminfektionen.

Kennen Sie die Erreger der Gasödeminfektionen?

1. Der Welch-Fraenkelsche Gasbacillus (unbeweglich).
2. Der Novysche Bacillus des malignen Ödems (Bacillus oedematicus) (beweglich).
3. Der Pararauschbrandbacillus (Vibrion septique) (beweglich).
4. Der Bacillus gigas (Bacillus haemolyticus).
5. Der Bacillus histolyticus (beweglich).

Wo finden sich die gesamten anaeroben Bacillen?

Im Erdboden, im Darmkanal bei Mensch und Tier.

Sind sie tierpathogen?

Fast alle sind für unsere gebräuchlichsten Versuchstiere hochpathogen.

Wie geht man bei der bakteriologischen Diagnose vor?

Durch Anfertigung direkter Präparate, Anlegung anaerober Kulturen durch intramuskuläre Infektion von Meerschweinchen.

Wie geht man therapeutisch bei Gasödeminfektionen vor?

Neben der chirurgischen Behandlung wegen der raschen Ausbreitung des Krankheitsbildes frühzeitige und ausgiebige Einspritzung des von den Behringwerken hergestellten Anaerobenserums, das als polyvalentes Serum gegen die verschiedenen Anaerobier gerichtet ist.

Ist auch prophylaktisch zur Serumtherapie zu raten?

Ja. Außer der Serumbehandlung kann man auch eine aktive Immunisierung mit Formoltoxoiden versuchen.

Hierher gehört auch der Rauschbrandbacillus, der Erreger einer weitverbreiteten Tierkrankheit, des Rauschbrandes, der vor allem die Rinder befällt. Ist er für den Menschen pathogen?

Nein, der Mensch ist gegen die tierische Rauschbrandinfektion gänzlich unempfänglich.

Was wissen Sie über das bakteriologische Verhalten des Erregers zu sagen?

Er ist ein anaerob wachsendes Stäbchen, das lebhaft beweglich ist und sich grampositiv verhält. Er bildet sehr widerstandsfähige Sporen.

Wie kommt bei Tieren (Rind, Schaf, Ziege) die natürliche Infektion zustande?

Von Wunden der Extremitäten, in die die Sporen, die im gedüngten Boden weitverbreitet sind, eindringen. Unter hohem Fieber und sich ausbreitendem Emphysem der Bauch- und Rumpfhaut geht das Tier ein. Schaumorgane.

4. Bacillus botulinus.

(Bacillus der Wurst-, Fleisch- und Fischvergiftung.)

Beschreiben Sie den Bac. botulinus!

Ein gerades Stäbchen mit abgerundeten Enden, beweglich (peritriche Geißeln), grampositiv, bildet endständige, nicht sehr widerstandsfähige Sporen. Anaerobes Wachstum.

Wie verhält sich das von ihm gebildete Gift?

Es wird durch $^1/_2$stündiges Erwärmen auf 80° C, durch Kochen in kürzester Zeit unwirksam. Es ist gegen Licht und Alkalien wenig widerstandsfähig.

Wie wirkt der Bacillus botulinus krankmachend?

Er wuchert gelegentlich in Nahrungsmitteln, Konserven, produziert daselbst ein Gift, das beim Menschen nach dem Genuß solcher Konserven usw. die Vergiftung (Botulismus) erzeugt. Erbrechen, Lähmungen der Muskeln des Auges, des Schlundes, der Zunge, des Kehlkopfes, Erweiterung der Pupille, Ptosis, Akkommodations- und Motilitätsstörungen des Auges, Schlingkrämpfe.

Welche prophylaktischen Maßregeln kommen in Betracht?

Langes Durchkochen von Konserven, sorgfältiges Räuchern, Verwendung starker Salzlake (10%), Ablehnung aller ranzigen und abnorm schmeckenden Nahrungsmittel oder von Konserven aus Büchsen, die durch Gasbildung aufgebeult sind. Meldepflicht der Erkrankungen.

Wie bekämpft man den Botulismus?	Durch eindringliche Aufklärung der Bevölkerung über die Entstehungsweise der Nahrungsmittelvergiftungen. Durch frühzeitige Injektion von antitoxinhaltigem Serum, auch schon bei begründetem Verdacht.

5. Bacillus pyocyaneus.

In Verbänden findet man zuweilen einen grünblauen, stark riechenden Eiter. Geruch und Farbe werden durch den Bacillus pyocyaneus, einen beweglichen, gramnegativen Bacillus, hervorgerufen. Bildet er in Kulturen auch einen grünen fluorescierenden Farbstoff?	Ja, er bildet zwei Farbstoffe, von denen der eine, spezifische, in Chloroform löslich ist (Pyocyanin).
Wo findet er sich?	Im Pferde- und Schweinekot, Dünger, Wasser, im Schweiß. Beim Menschen gelegentlich Pyelitis, Otitis usw.
Was ist Pyocyanase?	Ein aus Bouillonkulturen des Bacillus pyocyaneus durch Eindampfen auf ein bestimmtes Volumen gewonnenes Produkt (Emmerich und Löw), das zur Auflösung von Bakterien empfohlen wurde; eine besondere Tiefenwirkung kommt ihm nicht zu.

6. Bacillus typhi abdominalis (Typhusbacillus).

Sind die als Stäbchen von verschiedener Länge und Dicke erscheinenden Typhusbacillen, die auch zuweilen längere Fäden bilden, beweglich?	Sie zeigen lebhafte Eigenbewegung; 8—12 peritrich angeordnete Geißeln umgeben den Typhusbacillus.
Welche charakteristische Form zeigen die Oberflächenkolonien auf der Gelatineplatte?	Weinblattform.
Die Unterscheidung des Typhusbacillus von anderen ähnlichen Bakterien, namentlich Coli- und Aerogenesarten, ist mit Schwierigkeiten verbunden. Welche Eigenschaften des Typhusbacillus werden zur Differenzierung herangezogen?	1. Die relative Unempfindlichkeit des Typhusbacillus gegen Säure, Coffein, Krystallviolett, Malachitgrün und Galle. 2. Seine Abneigung gegen Assimilierung und Zerlegung von Kohlenhydraten.
Wie verhält es sich mit der Resistenz des Typhusbacillus?	Er ist gegen äußere Einflüsse ziemlich widerstandsfähig. Hitze von 50—60° C vernichtet ihn in 1 Stunde.

Wann finden sich Typhusbacillen
a) in den Faeces?
b) im Urin?

a) Vom Ende der 2. Krankheitswoche an frühestens, in der 4. und 5. Woche nur spärlich, in der Rekonvaleszenz oft wieder in größerer Menge.

b) Erst von der 4. bis 5. Krankheitswoche an, dann aber nicht selten längere Zeit.

Welche speziellen Nährböden kommen für die bakteriologische Typhusdiagnose hauptsächlich in Anwendung?

I. Für Blutuntersuchungen.

Vor allem die Galle oder die Gallebouillon ($\overline{aa}$), die bei beginnender Typhuserkrankung in den ersten 10—14 Krankheitstagen 90—95% positive Resultate liefert. Die gleiche Probe gilt auch für die Züchtung der Paratyphus B-Bacillen. Es werden in 20 cm^3 Gallebouillon am besten 5—7 cm^3 Blut aus der Vena mediana unter stetem Umschütteln des Kölbchens steril eingelassen. Am besten werden 3 Kölbchen angelegt. Nach 12-, 24- und 48stündiger Bebrütung wird nach leichtem Schütteln etwa 0,5 cm^3 aus den einzelnen Kölbchen auf Endo- oder Agarplatten verarbeitet. Bei Verunreinigung der Kölbchen kann die weitere Verarbeitung auf Malachitgrünagarplatten geschehen.

II. Für Faeces und Urin, Nährböden, die die massenhafte Vermehrung der normalen Darmflora ein wenig zurückhalten, wie:

a) Lackmusnutroseagar (siehe S. 135) nach v. Drigalski, von blauem Aussehen. Der Milchzucker des Nährbodens wird von den meisten Coliarten vergoren, nicht jedoch von den pathogenen Darmbakterien. Typhuskolonien und Paratyphuskolonien blau, glasig, Colikolonien rot, nicht durchsichtig.

b) Fuchsinnährboden (siehe S. 135) nach Endo. Das dem Nährboden zugesetzte, durch Natriumsulfit entfärbte Fuchsin wird dort, wo durch Milchzuckervergärung Säure frei wird, regeneriert. Aussehen hellgelbrosa — fast farblos, Typhuskolonien farblos, Paratyphuskolonien farblos, Colikolonien rot.

c) Bitters Chinablaunährboden, auf dem Säurebildner blau, Typhuskolonien farblos oder gelblich wachsen.

d) Malachitgrünagar (siehe S. 135) zur Anreicherung von Typhus- und Paratyphusbacillen (Lentz und Tietz). Nach 24—48stündiger Bebrütung Abschwemmung mit -NaCl-Lösung; 10 Minuten stehenlassen und hierauf 15 Minuten schräg gestellt. 1—3 Ösen von der Oberfläche der Kochsalzlösung auf Endoplatten ausstreichen. Nach 24 Stunden evtl. Reinkultur.

e) Anreicherung in flüssigen Nährsubstraten, wie dem mit Brillantgrün (1:100000) und Rindergalle (5%) versetzten Tetrathionatnährboden und spätere Aussaat auf die erwähnten Nährsubstrate.

Zur genaueren Differenzierung der gezüchteten Reinkultur dienen besondere Nährböden. Welche sind das?

Bouillon zur Prüfung auf Beweglichkeit, Schrägagar zur Züchtung der Reinkultur, weiter Neutralrot-Traubenzuckeragar und Lackmusmolke zur Prüfung der biochemischen Leistung.

Wie verändert der Typhusbacillus Neutralrot-Traubenzuckeragar und Lackmusmolke?

Im Neutralrot-Traubenzuckeragar erfolgt keine Veränderung, Lackmusmolke bleibt leicht rot und klar.

Kennen Sie noch ein äußerst feines Differenzierungsverfahren?

Die Agglutination der Typhusbacillen bzw. der typhusverdächtigen Bacillen mit Verdünnungen der verschiedenen typenspezifischen Seren in Form der orientierenden serologischen Prüfung verdächtiger Kolonien auf dem Objektträger oder der auswertenden Agglutination in Reagensgläsern (Gruber-Widalsche Reaktion) und die spezifische Auflösbarkeit der Typhusbacillen im Pfeifferschen Versuch (siehe Choleravibrionen).

Man verwendet für die Diagnosestellung aus dem Blute des Typhuskranken eine nach Gruber-Widal benannte Reaktion. Worauf beruht dieselbe?

Auf der Anwesenheit von Agglutininen, die schon nach den ersten 8—14 Krankheitstagen im Blutserum der an Typhus Erkrankten auftreten.

Wie stellt man die Widalsche Reaktion an?

Zu verschieden abgestuften Verdünnungen des Patientenserums, $^1/_{50}$, $^1/_{100}$, $^1/_{200}$, bringt man gleiche Mengen einer sicheren, stark agglutinablen Typhuskultur. Kontrollen mit Normalserum dürfen nicht fehlen. Entweder wird die Probe auf dem Objektträger bei schwacher Vergrößerung oder makroskopisch in Reagensgläsern angestellt. Beobachtung nach 2stündiger Bebrütung bei 37° C mit Lupe oder Agglutinoskop. Agglutination bei der Verdünnung $^1/_{100}$ beweist Typhusinfektion.

Um festzustellen, um welche Infektion es sich handelt, führt man die eben beschriebene Reaktion mit verschiedenen pathogenen Darmbakterien, wie z. B. Typhus-, Paratyphus A-, Paratyphus B-, Enteritis-, Gärtner-Bacillen, Ruhrbacillen und dem Bacillus abortus Bang, aus.

Was läßt sich gegen die Exaktheit der Widalschen Probe einwenden?

Serum von Typhus-Schutzgeimpften agglutiniert Typhusbacillen; ebenso soll das Serum Ikterischer zuweilen positive Widalsche Reaktion geben.

Was wissen Sie über die serologische Typendifferenzierung?

Die Typhus-, Paratyphus-, Enteritisgruppe läßt sich serologisch in 5 Hauptgruppen aufteilen

(A, B, C, D und E), nach ihrem O-Antigen und nach ihrem H-Antigen in eine größere Zahl von Typen (O = thermostabiles Körperantigen, H = thermolabiles Antigen) (Geißelapparat). Zur A-Gruppe gehören vor allem Paratyphus A, zur B-Gruppe die Typen Paratyphus Schottmüller B, Enteritis Breslau und andere Enteritisgruppen, zur Gruppe C die Typen Paratyphus C, Suipestifer usw., zur Gruppe D die Gärtnergruppe und weitere Typen und der Typhusbacillus. Der Vollständigkeit halber sei erwähnt, daß noch ein drittes Antigen entdeckt wurde, das sog. Virulenz- oder Vi-Antigen.

Welche Infektionsquellen spielen beim Typhus eine Hauptrolle?

1. Die Absonderungen der Kranken (Kot, Urin, Sputum).

2. Die ersten nicht in ärztliche Behandlung gelangenden Fälle.

3. Die Leichtkranken (Kinder).

4. Die Typhusträger: Entweder

a) Rekonvaleszenten, die noch Monate, evtl. auch Jahre Typhusbacillen ausscheiden (Dauerausscheider, vorwiegend ältere Frauen), oder

b) unempfängliche infizierte Individuen, die nicht erkranken (Bacillenträger).

5. Wäsche, Kleider, Grubeninhalt und die Bodenoberfläche, Schachtbrunnen (Infektion von der Bodenoberfläche aus), Trinkwasser aus Flüssen.

6. Nahrungsmittel: z. B. Milch, die mit Typhus infiziertem Wasser verdünnt oder in mit derartigem Wasser gereinigten Gefäßen aufbewahrt wird (Sammelmolkereien). (Gewöhnlich Infektion von Dauerausscheidern.)

Hier spielen auch die Fliegen eine wichtige Rolle für die Verbreitung des Typhus.

Welche Lebensalter sind am meisten für Typhusinfektionen disponiert?

Das 15. bis 30. Lebensjahr.

Bleibt nach dem einmaligen Überstehen des Typhus eine gewisse Immunität zurück?

Ja, sie dauert jahrelang. Rezidive sind nach 5—10 Jahren beobachtet.

Wie bekämpft man den Typhus?

1. Durch eine rasche, sichere Diagnose, die klinisch häufig, besonders bei leichten Erkrankungen und bei abnormem Krankheitsverlauf nicht gestellt werden kann. Hier muß die bakteriologisch-serologische Untersuchung herangezogen werden.

2. Durch Auffindung der Typhusbacillenträger und Dauerausscheider.

3. Durch Isolierung des Erkrankten und polizeiliche Meldung sämtlicher Erkrankungen und Todesfälle an Typhus sowie sämtlicher Verdachtsfälle. Am besten Überführung des Kranken in ein Krankenhaus.

4. Durch laufende und Schlußdesinfektion, Desinfektion der Aborte.

5. Durch Untersuchung der Umgebung des Kranken und Überwachung der Verdachtsfälle.

6. Durch Aufklärung der Bacillenträger über ihre Allgemeingefährlichkeit, die bedingt wird durch Unterlassen von Desinfektion der Hände und der Dejekte.

7. Durch Verbesserung der Wasserversorgung und der Entfernung der Abfallstoffe.

8. Durch prophylaktische aktive Immunisierung nach Pfeiffer und Kolle mit Typhusbacillen (subcutan), die eine Stunde im Wasserbade bei 56° C abgetötet sind (Dauer des Schutzes etwa 6 Monate).

Hat die Serumtherapie bei Typhus Erfolge aufzuweisen?

Nein.

Welche Verfahren kommen für die Züchtung der Typhusbacillen aus Wasser in Anwendung?

1. Das Hessesche Verfahren: Filtration größerer Wassermengen mittels Berkefeldfilter und die durch Rückspülung abgeschwemmte bakterienhaltige Flüssigkeit auf Platten verarbeiten oder Verdunstung von je 5—10 cm³ Wasser auf Endo-Nährböden.

2. Das Fällungsverfahren nach Müller. 3 Liter Wasser + 5 cm³ Liqu. ferri oxychlorati. Nach einigen Stunden vorsichtig vom Bodensatz abgießen, Bodensatz zentrifugieren. Aussaat auf Platten (Malachitgrünagar, Endo- und Drigalski-Agar).

7. Paratyphusbacillen und Enteritisgruppe.

Man unterscheidet einen Paratyphus A- und einen Paratyphus B-Bacillus. Nennen Sie mir das morphologische und kulturelle Verhalten des Paratyphus B-Bacillus (Schottmüller)!

Er ist ein sehr lebhaft bewegliches, gramnegatives Stäbchen, das Lackmusmolke anfangs rötet, später bläut (Unterschied von Paratyphus A-Bacillen), in Neutralrotagar Gas bildet und ihn reduziert, das durch Paratyphus B-Serum hoch agglutiniert wird.

Gibt es auch eine Schutzimpfung bei Paratyphus B-Erkrankungen?

Ja, mit Paratyphus B-Impfstoff. Unter Umständen, z. B. beim Reisen in die Tropen oder bei Kriegszeiten, ist eine Typhus-Schutzimpfung mit einer solchen gegen Paratyphus B und gegen Paratyphus A zu kombinieren (TAB-Impfstoff). Dreimalige Einspritzungen in Abständen von 3—5—8 Tagen intramuskulär liefern genügenden

Schutz. Die Behringwerke haben zur oralen Schutzimpfung einen Impfstoff „Typhoral" in Dragéesform in den Handel gebracht, der die obengenannten drei Antigene enthält.

Was wissen Sie über den Paratyphus A-Bacillus bzw. seine Infektion?

Tritt in Deutschland und in Mitteleuropa nur vereinzelt auf, und zwar in Form eines schweren Typhus. Bakteriologische Differenzierung notwendig. Bekämpfung wie beim Typhus.

Während bei den typhösen Erkrankungen der Mensch direkt oder indirekt die wichtigste Infektionsquelle darstellt, handelt es sich bei den Enteritisinfektionen meistens um Krankheitserreger, die vom Tier stammen und als Erreger von Tierseuchen eine Rolle spielen. Es handelt sich entweder um intravitale Infektion von Fleisch kranker oder notgeschlachteter Tiere oder um eine postmortale Infektion. Welche Erreger kommen hier in Frage?

Der Bacillus enteritidis Breslau und der Bacillus enteritidis Gärtner, daneben noch eine Reihe weiterer Typen. Beim Menschen rufen sie schwere akute Gastroenteritiden hervor (Nahrungsmittelvergiftung).

Wie kommen die „Fleischvergiftungen" zustande?

Durch den Genuß eines kranken oder notgeschlachteten Tieres oder dadurch, daß die Enteritisbacillen postmortal das Fleisch infizieren. Durch Aufnahme in den Darmkanal treten bei ungenügend gekochten und gebratenen Nahrungsmitteln schwere, ja oft tödliche Krankheitserscheinungen auf. Auch durch Milch, Milchprodukte, Enteneier, weiter auch von Gänsen und anderem Geflügel, Mäusen (Mäusetyphus-Breslaubacillen) oder Ratten (Rattentyphus-Ratinbacillen) sind Infektionen von Nahrungsmitteln hervorgerufen worden.

Wie geht man bei einer derartigen Erkrankung aus diagnostischen Gründen vor?

Blut, Urin und Stuhl sind bakteriologisch zu untersuchen, ebenso die verdächtigen Nahrungsmittel.

Kennen Sie noch andere Erkrankungen durch Infektionen mit Bakterien der Paratyphus-Enteritis-Gruppe im Tierreich?

Der Kälbertyphus, das seuchenhafte Verwerfen der Stuten und Schafe, der Pferdetyphus, der Schweineparatyphus, der Hühnertyphus, die Kückenruhr, die Enteritis des Rindes, die Suipestiferinfektion des Schweines.

Die Bekämpfung der Nahrungsmittelvergiftungen gehört zum Teil in das Aufgabengebiet der Veterinärpolizei. Wie wird die Bekämpfung sonst durchgeführt?

Es besteht Anzeigepflicht jedes Erkrankungs- und Todesfalles, ebenso jedes Verdachtsfalles. Die primäre Infektionsquelle ist ausfindig zu machen. Absonderung der Erkrankten und Genesenen bis zum Aufhören der Bacillenausscheidung, Kontrolle des Verkehrs mit Milch und Milchprodukten, des Betriebs der Molkereien, Regelung des Verkaufs von rohen Enteneiern.

8. Bacterium coli.

Wo findet sich das Bacterium coli commune (Escherich)?	In großen Mengen im Darm eines jeden Menschen; es spielt daselbst vermöge seiner Fähigkeit, Kohlenhydrate und Eiweiß zu zersetzen, eine bedeutsame Rolle (Einschränkung der Darmfäulnis).
Wie sieht das Bacterium coli aus?	Es ist ein plumpes, gerades, an den Ecken abgerundetes gramnegatives Stäbchen mit peritrich angeordneten kurzen zarten Geißeln. Eigenbewegung vorhanden.
Wie sehen die Colikolonien auf der Agaroberfläche aus?	Sie gleichen denen der Typhusbacillen, sind aber für gewöhnlich dicker und größer; bei durchfallendem Lichte weisen sie einen irisierenden Glanz auf.
Unterschied zwischen Warm- u. Kaltblüter-Colistämmen.	Die aus dem Warmblüter stammenden Arten vergären Traubenzucker noch bei 46° C, während die Colibacillen der Kaltblüter diese Fähigkeit nur bei niedrigeren Temperaturen aufweisen.
Nennen Sie mir einige kulturelle Unterscheidungsmerkmale der Colibacillen.	Die Colibacillen vergären Traubenzucker und meist auch Milchzucker unter Säure- und Gasbildung. Sie bringen Milch zur Gerinnung. In Bouillon bilden sie Indol; auf Drigalskiplatten wachsen sie als große rote Kolonien.
Wann können Colibacillen pathogene Wirkung entfalten?	Wenn sie in empfänglichere Gebiete verschleppt werden. (Katarrh der Gallenwege; Peritonitis nach Darmperforation, Cystitis.)
Was sendet man zweckmäßig den bakteriologischen Instituten zur Untersuchung bei derartigen Infektionen zu?	Steril entnommenen Urin, Eiter oder Venenblut.
Kennen Sie eine spezifische Therapie bei Coliinfektionen?	Die Serumtherapie bei Perforationsperitonitis usw. Man verwendet entweder reines antitoxisches Coliserum oder ein Mischserum des antitoxischen Gasödem- und Coliserums. Bei chronischen Infektionen empfiehlt sich die Anwendung einer polyvalenten Colivaccine.

Siehe auch Kapitel „Wasser“ im hygienischen Teil.

9. Ruhrbacillen.

Die in unseren Breiten vorkommende Ruhr ist bacillärer Art. Sie wird durch den Ruhrbacillus (Kruse-Shiga) hervorgerufen. Wodurch unterscheidet er sich vom Typhusbacillus?	Durch seine Unbeweglichkeit und seine plumpe Gestalt. Die auf künstlichen Nährböden gewachsenen Ruhrbacillen sind durch ihren spermaartigen Geruch charakterisiert. Weiter wird der Ruhrbacillus durch Ruhrserum agglutiniert. Seine Resistenz ist bedeutend geringer als die des Typhusbacillus. In Substraten mit saurer Reaktion stirbt er bald ab.

Neben dem echten giftigen Ruhrbacillus gibt es noch die Pseudodysenteriebacillen, die keine echten Gifte bilden. Kennen Sie einige Typen?

Ja, den Typ Flexner, Strong, Kruse-Sonne, Schmitz usw. Sie werden nicht durch Dysenterieserum (Kruse-Shiga) agglutiniert.

Wie gelingt die Züchtung der Ruhrbacillen am leichtesten und sichersten?

Aus frisch entleerten, noch warmen Stühlen, und zwar aus den Schleimflöckchen, die man zweckmäßig in steriler 0,85%iger NaCl-Lösung abspült und dann auf Endoagar oder Lackmusnutroseagar ohne Krystallviolettzusatz ausstreicht. Auf letzterem Nährboden wachsen Ruhrbacillen blau, wie Typhusbacillen, auf Endoagar ebenfalls wie Typhusbacillen farblos.

Wie geht man nun weiter bei der Differenzierung der Ruhrbacillen vor?

Anlegen von Reinkulturen, orientierende Agglutination; nach deren Ausfall dann wie bei Typhusbacillen die quantitative Agglutination; Kruseserum agglutiniert nur Krusebacillen, Pseudodysenterieserum niemals Krusebacillen, aber auch neben der zugehörigen Pseudorasse andere Pseudodysenterierassen.

Die Widalsche Reaktion wird ebenso, wie bei Typhus beschrieben, angestellt. Von welchem Krankheitstage an tritt sie auf, und wann gilt sie als positiv?

Vom 5. Krankheitstage an; die Agglutination gilt schon bei 1:50 als positiv.

Welche Unterscheidungsmerkmale zeigen die Ruhrbacillen auf folgenden Nährböden: Lackmusmannitagar, Lackmusmaltoseagar und Lackmussaccharoseagar?

	Lackmusmannitagar	Lackmusmaltoseagar	Lackmussaccharoseagar
Bac. dys. Kruse-Shiga	blau	blau	blau
„ „ Kruse-Sonne	rot	rot	blau
„ „ Flexner ...	rot	rot	blau
„ „ Strong	rot	blau	rot

Bilden die Dysenteriebacillen ein Toxin?

Ja, ein hitzeempfindliches Toxin (Endo-Ektotoxin), das nach intravenöser Injektion bei Kaninchen Lähmungen und eine hämorrhagische Entzündung des Dickdarms hervorruft, und ein hitzebeständiges Toxin (Endotoxin), das Meerschweinchen unter Temperaturabfall tötet.

Eignen sich abgetötete Ruhrbacillen daher zur aktiven Immunisierung?

Nein. Sie lösen beim Menschen heftige Reaktionserscheinungen aus. Neuerdings verspricht man sich viel von dem Formoltoxoid.

Kennen Sie noch andere beim Menschen angewendete Immunisierungsverfahren gegen Ruhr?

Die prophylaktische Impfung gesunder Menschen mit dem toxisch-antitoxischen Ruhrbacillenimpfstoff (Dysbakta-Boehncke). Dieser Impfstoff enthält Dysenterie- und Pseudodysenteriebacillen, Gift und Antitoxin.

Injektion 1. Tag 0,5 cm³, 5. Tag 1,0 cm³, 10. Tag 1,5 cm³ subcutan einen Querfinger breit unterhalb des Schlüsselbeines. Falls besondere Beschleunigung in der Durchführung dringend geboten erscheint, kann die Impfung auch zweizeitig geschehen, und zwar

1. Tag 1,0 cm³, 6. Tag 2,0 cm³.

Kinder unter 14 Jahren erhalten die Hälfte der angegebenen Dosen.

Für frische Ruhrfälle eignet sich die Behandlung mit Ruhrheilstoff-Boehncke (Dysenteriebacillen + Pseudodysenteriebacillen, die mittels Carbol abgetötet sind, + Dysenterieantitoxin).

Dosierung: 1. Tag 0,2—0,3 cm³ subcutan. Nach 20—30 Stunden 0,5—0,75 cm³ subcutan. Nach weiteren 20—30 Stunden 0,75—1,0 cm³ subcutan und steigend in gleichen Abständen bis 2,0 cm³ subcutan.

Wie verbreitet sich die Ruhr?

1. Durch Kontakt,
2. durch Nahrungsmittel,
3. selten durch Brunnenwasser,
4. durch Fliegen.

Gelten für die Bekämpfung der Ruhr dieselben Maßnahmen wie für Typhus?

Ja.

Das Ruhrserum hat sich therapeutisch und prophylaktisch bewährt. Worauf beruht seine Wirksamkeit?

Auf antitoxischen, bactericiden und bakteriotropen Substanzen.

Wie steht es mit einer Schutzimpfung gegen Ruhr?

Wegen der durch die Giftstoffe der Ruhrbacillen unangenehmen Nebenerscheinungen ist von einer Schutzimpfung durch Injektion abgetöteter Kulturen bisher abgesehen worden. Aus diesem Grunde hat man zur Erzielung einer aktiven Immunität die Simultanmethode versucht (Einspritzung von Dysenterieserum und abgetöteter Kultur). Bei der Kruse-Shiga-Ruhr hat man zur aktiven Immunisierung Formoltoxoide anscheinend mit Erfolg verwendet.

Was wissen Sie in bezug auf die Therapie?

Therapeutisch ist bei der Shiga-Kruse-Ruhr die Anwendung von monovalentem antitoxischem Dysenterieserum angezeigt. Bei ätiologisch ungeklärter, aber wahrscheinlich auf Infektion mit Shiga-Kruse- oder mit Flexner-Bacillen beruhender Ruhr ist ein Versuch mit dem polyvalenten antitoxischen plus antiinfektiösen Dysenterieserum in Betracht zu ziehen (I.G. Farben).

Haben Sie schon von der Anwendung von Ruhr-Bakteriophagen zur Bekämpfung der Ruhrerkrankungen gehört?

Sie kann prophylaktisch und therapeutisch erfolgen. Bei der prophylaktischen Anwendung gibt man die Ruhr-Bakteriophagen oral nach vorheriger Neutralisierung der Magensäure durch Natriumbicarbonat oder Magnesia usta. An drei aufeinanderfolgenden Tagen werden je 10 cm^3 = 2 Teelöffel voll der polyvalenten Ruhrphagen 5 Minuten nach Einnahme einer Tablette Natriumbicarbonat oder Magnesia usta (0,5 g) gegeben, und zwar morgens nüchtern.

Zur Therapie erfolgt entweder nur orale oder gleichzeitig orale und parenterale Verabreichung des Ruhr-Bakteriophagen ebenfalls nach Neutralisierung des Magensaftes. Drei Tage gibt man das Präparat. Wiederholung gegebenenfalls nach 8 Tagen. Bei Hinzuziehung der parenteralen Phagentherapie verabreicht man 2 cm^3 des Phagen intramuskulär oder subcutan.

Bei schweren toxischen Ruhrfällen wird so frühzeitig wie möglich mit der Phagentherapie die Behandlung mit antitoxinhaltigem Serum verknüpft.

Wo tritt die durch Pseudoruhrbacillen hervorgerufene Infektion öfters auf?

Im Kriege unter schlechten hygienischen Verhältnissen, bei allgemein herabgesetzter körperlicher Widerstandsfähigkeit, wie in Heil- und Pflegeanstalten, evtl. auch in Kinderheimen.

10. Pathogene Kapselbacillen.

Ein selten bei der menschlichen Pneumonie vorkommender Bacillus ist der Pneumobacillus Friedländer. Was wissen Sie über seine Morphologie?

Er ist ein kurzes, unbewegliches Stäbchen, gramnegativ, bildet durch Aneinanderlagerung mehrerer Bacillen kurze Fäden. Im Tierkörper ist er von einer Kapsel umgeben.

Wie verhält er sich auf Nährböden in bezug auf Wachstum?

Er wächst auf allen gebräuchlichen Nährböden schon bei 20° C. Die Kulturmasse ist fadenziehend, Traubenzuckerlösungen werden vergoren, wobei Gas und Säure gebildet wird.

Ist er pathogen?

Die Pathogenität ist gering. Bei Einführung genügender Mengen ins Unterhautzellgewebe und in die serösen Höhlen lassen sich Mäuse und Meerschweinchen leicht infizieren. Durch Inhalation verstäubter Kulturen ist es ebenfalls gelungen, Versuchstiere zu infizieren.

Welche Bacillen sind den Friedländerschen Pneumoniebacillen nahe verwandt?

Die Kapselbacillen, die in der Nase von Ozaenakranken gefunden wurden; auch die bei Rhinosklerom nachgewiesenen Bakterien.

11. Gruppe der hämorrhagischen Septicämie.

a) Bacillus pestis (Pestbacillus).

Welche Bacillen gehören zur Gruppe der hämorrhagischen Septicämie?

Der Pestbacillus sowie die Erreger einer Reihe von Tierseuchen, die als Pasteurella-Arten bekannt sind.

Nennen Sie mir die morphologischen und kulturellen Eigentümlichkeiten des Pestbacillus.

Er ist ein kurzes, plumpes, unbewegliches, sporenfreies, nach Gram negatives Stäbchen, das sich hauptsächlich an den Polenden färbt. In den Bubonen und in der Leiche bildet er Involutionsformen. Er ist gegen Austrocknung sehr empfindlich.

In Bouillon wächst er in Ketten- und Stalaktitenform; auf Gelatineplatten bildet er nicht verflüssigende Kolonien mit unregelmäßig gezacktem, hellem, fein granuliertem Rande. Die Resistenz ist gering.

Schildern Sie mir kurz den Gang der bakteriologischen Untersuchung bei Pest aus Drüsensaft, Pustelinhalt, Blut beim Lebenden, aus Milz, Furunkeln der Haut, Drüsensaft, Blut und Lungenstückchen bei der Leiche.

1. Anfertigung mikroskopischer Präparate.
2. Anlegung von Kulturen auf Agar- und Gelatineplatten.
3. Tierimpfung (Meerschweinchen und Ratten).
4. Serologische Prüfung der gewonnenen Kultur (Gruber-Widal).

Wie geht man vor, wenn man eine schöne charakteristische Polfärbung der Pestbacillen erhalten will?

Das lufttrocken gewordene Präparat wird 1 Minute in Alcohol absol. fixiert. Durch Abbrennen wird der Rest des Alkohols von dem Präparat entfernt, das alsdann am besten mit dünner wässeriger Methylenblaulösung gefärbt wird.

Welche Eigentümlichkeit kommt dem Pestbacillus außer seinem charakteristischen färberischen Verhalten im Gegensatz zu allen anderen pathogenen Mikroorganismen noch zu?

Daß er noch bei niederen Temperaturen, selbst im Eisschrank (bei + 5° C) zu wachsen vermag. Praktische Verwendung dieses Verfahrens daher zur Herauszüchtung des Pestbacillus aus Bakteriengemischen.

Welche Tiere sind für Pest empfänglich?

Die Nager, z. B. Ratten und Murmeltiere (Arctomys bobac. Tarbaganen). Auf Meerschweinchen, Mäuse, Kaninchen und Affen kann die Pest künstlich übertragen werden.

Auf welche Weise infiziert man die Laboratoriumstiere?

Meerschweinchen intraperitoneal oder subcutan, oder durch cutane Verreibung des Materials auf die rasierte Bauchhaut. Ratten durch Einstechen der infizierten Nadel in die Schwanzwurzel, durch Aufstreichen auf die unverletzte Conjunctiva oder Nasenschleimhaut und durch Verfütterung.

Welches Material eignet sich für die Impfung der Versuchstiere?

Pustelinhalt, Blut, Sputum, Harn, Drüsensaft, Milz und Lungenteile.

Wo sind noch endemische Pestzentren, von denen von Zeit zu Zeit Epidemien sich ausbreiten?	Im westlichen Himalaya, in Tibet, in Ägypten, im Nordwesten von Ostafrika, in Südamerika.
Auf welche Weise kommt die Pestinfektion zustande?	1. Von der Haut aus (Pusteln, Furunkeln, Pestbubo). In 30—50% der Fälle Heilung. 2. Durch die Blutbahn. Prognose ungünstig (Pneumonie und Darmpest). 3. Durch Einatmung (primäre Pestpneumonie). Prognose ungünstig.
Welche Infektionsquellen kommen bei Pest in Frage?	1. Der an Bubonenpest Erkrankte bietet kaum eine Infektionsgefahr. 2. Der an primärer oder sekundärer Pestpneumonie Erkrankte kommt als Infektionsquelle stark in Betracht (Tröpfcheninfektion des Sputums). 3. Die Infektion wird von Haus- oder Wanderratten, insbesondere durch Flöhe (Pulex cheopis) übertragen. 4. Evtl. indirekte Infektion durch Wohnung, Wäsche, Kleidung.
Hinterläßt das Überstehen einer Pesterkrankung eine Schutzwirkung gegen neue Infektion?	Ja.
Auf welchem Wege kommt es hin und wieder zur Einschleppung von Pest in Europa?	Durch Schiffe, auf denen pestkranke Ratten sich befinden.
Wie wird die Pest wirksam bekämpft? Siehe auch Reichsgesetz vom 30. Juni 1900, wo im § 20 Maßregeln zur Vertilgung und Fernhaltung von Ratten, Mäusen und anderem Ungeziefer angeordnet werden können. Besondere Vorschriften bringt die amtliche „Anweisung zur Bekämpfung der Pest" vom 3. Juli 1902.	1. Schiffe, auf denen pestverdächtige Ratten oder auffällig viele tote Ratten vorgekommen sind, werden einer 10tägigen Quarantäne unterworfen. Bakteriologische Feststellung notwendig. 2. Durch Überwachung des Grenzverkehrs mit einem verseuchten Nachbarlande. 3. Durch bakteriologische Sicherung der Diagnose in besonderen Pestlaboratorien nach der Einschleppung einer verdächtigen Erkrankung. 4. Durch Isolierung des Kranken und aller übertragungsverdächtigen Personen, strengste Meldepflicht jeder Erkrankung und jedes Todesfalles. 5. Desinfektion der Häuser bzw. Schiffe und Vernichtung der Ratten. 6. Immunisierung des Pflegepersonals.
Wie desinfiziert man die Schiffe?	Entweder mit dem unexplosibelen Generatorgas (5% CO, 18% CO_2, 77% N) oder mit dem Clayton-Apparat (SO_2) oder mit Piktolin (flüssige $SO_2 + CO_2$).
Wie kann man beim Menschen eine künstliche Immunität gegen Pest hervorrufen?	Durch aktive Immunisierung mit abgetöteten Pestbacillen. Sie empfiehlt sich bei Personen, die der Pest ausgesetzt sind, wie z. B. Ärzte,

Krankenpfleger. Zur Erzielung eines sofortigen Schutzes ist die prophylaktische Verabfolgung von Pestserum angezeigt. Der erzielte Schutz hält aber nur 1 Woche an.

Welche Immunkörper enthält ein Pestserum (Pferd), das durch Immunisierung mit abgetöteten und lebenden virulenten Pestkulturen gewonnen wurde?

Agglutinine, Bakteriolysine.

Worauf beruht die Wirkung eines auf die angegebene Weise gewonnenen Pestserums?

Auf Bakteriotropinen und Antiendotoxinen. Ihrer Wirkungsweise nach handelt es sich bei den Pestsera um antiinfektiöse Immunsera.

Auf welchen Zeitraum erstreckt sich die Schutzwirkung?

Auf 1 Woche.

b) Pasteurella-Bacillen.

Welche Bacillen gehören noch hierher und spielen sie bei der menschlichen Infektion eine Rolle?

Es sind die Erreger der Geflügelcholera, der Wild- und Rinderseuche, der Pleuropneumonie der Kälber und Lämmer und der Schweineseuche. Sie spielen für menschliche Infektion keine Rolle.

c) B. tularense und die Tularämie.

In welchen Ländern kommt die Tularämie vor?

In Nordamerika, Kanada, Japan, Rußland, Norwegen, Schweden, Italien. In Deutschland bisher nicht beobachtet. Den Namen hat der Erreger von dem Bezirk Tulare in Kalifornien, wo er bei einer pestähnlichen Erkrankung der Erdhörnchen oder Ziesel festgestellt wurde.

Wie sieht der Erreger aus?

Er ist eine kleines, pleomorphes, gramnegatives, unbewegliches Stäbchen, das nur bei Sauerstoffanwesenheit auf besonderen Nährböden wachsen kann. Er erzeugt eine Zoonose, die bei wildlebenden Nagetieren als tödlich verlaufende Bakteriämie auftritt.

Welche Berufe sind besonders gefährdet?

Personen, die beruflich mit Nagetieren in Berührung kommen, die mit dem Abhäuten oder der Zerlegung von Wild beschäftigt sind. Sie infizieren sich einmal durch die verletzte oder unverletzte Haut, einmal durch den Bindehautsack oder durch blutsaugende Insekten.

In welchen Formen tritt die Tularämie beim Menschen auf?

1. Als ulcero-glanduläre Form (Primäraffekt, Geschwürsbildung, Lymphdrüsenschwellung).
2. Als oculo-glanduläre Form (Conjunctivitis mit Lymphdrüsenschwellung).
3. Als glanduläre Form (ohne Primäraffekt mit Lymphknotenschwellung).
4. Als typhöse Form (Allgemeininfektion mit hohem Fieber und typhusähnlichem Verlauf).

Wie wird die Diagnose gestellt?

Durch Bakteriennachweis, durch Verimpfung von Blut oder von Material des Primäraffektes auf Meerschweinchen und durch serologische Blutuntersuchung mit dem Nachweis spezifischer Agglutinine.

Was wissen Sie über die Bekämpfung der Tularämie des Menschen?

Die spezifische Behandlung ist erst im Werden begriffen. Im Vordergrund steht die persönliche Prophylaxe, Aufklärung über die Gefahr der Ansteckung. Dasselbe gilt auch für das Laboratoriumspersonal, Anzeigepflicht jeder Erkrankung, jeden Verdachts einer Erkrankung und jeden Sterbefalles.

12. Gruppe der hämoglobinophilen Bacillen.

a) Bacillus influenzae.

Die gramnegativen, unbeweglichen, zu den kleinsten Mikroorganismen zählenden Influenzabacillen (1892 von R. Pfeiffer beobachtet) sind äußerst labile Gebilde, kurze, oft diplokokkenähnliche Bacillen, die sich an den Polen stärker färben als in der Mitte. Gelingt ihre Züchtung leicht?

Nein. Sie gelingt im allgemeinen nur auf einem hämoglobinhaltigen Nährsubstrat (Taubenblut). Hier wachsen sie als feinste glasartige Tröpfchen. Besonders empfehlenswert ist ein Agar mittlerer Alkalescenz, der Tauben-, Kaninchen- oder Menschenblut enthält. Entweder streicht man das steril entnommene Blut in dünner Schicht auf der Oberfläche der Agarplatte bzw. Schrägröhrchen aus oder fügt nach Levinthal zu 110 cm³ verflüssigten und auf 70° C eingestellten Agars tropfenweise etwa 5% defibriniertes Menschen-, Kaninchen- oder Pferdeblut, kocht die Mischung dreimal hintereinander über der Flamme kurz auf, entfernt die braunschwarzen Gerinnsel durch Filtration und gießt dann Platten bzw. Schrägröhrchen. In Symbiose mit gewissen anderen Bakterien gedeihen die Influenzabacillen auch gut auf gewöhnlichem Agar.

Siehe auch V. Viruskrankheiten der Atmungsorgane „Die epidemische Grippe“.

Wie isoliert man den Influenzabacillus aus dem Ausgangsmaterial?

Bronchialsputum wird mehrere Male nacheinander durch Spülen in sterilem Wasser vom anhaftenden Mundschleim befreit. Aussaat auf Nährböden mit Blutzusatz oder auf Glycerinagar. Nach 24stündiger Bebrütung bei 37° C sind auf dem Blutnährboden ganz feine tautropfenähnliche Kolonien entstanden. Die gewöhnlichen Nährböden sind steril geblieben Saft aus bronchopneumonischen Lungenpartien wird mit 1—2 cm³ Bouillon verdünnt und dann ebenfalls auf Nährböden ausgestrichen.

Wie verbreitet sich die durch den Influenzabacillus hervorgerufene Influenza (Grippe)?	Ob der Influenzabacillus der Erreger der epidemisch auftretenden Grippe ist, wird heute bezweifelt. Englische Forscher nehmen ätiologisch ein ultravisibles Virus an. Die Verbreitung der Influenzaerkrankung geht von Mensch zu Mensch; durch Berührung z. B. der Taschentücher, der Hände des Kranken mit nachfolgender Infektion der eigenen Schleimhaut (Nase, Rachen), dann durch Sputumtröpfchen.
Wie steht es mit der Immunität nach Überstehen der Krankheit?	Die Immunität ist nur von kurzer Dauer.
Wie sucht man sich gegen die Influenza zu schützen?	Dadurch, daß man in Influenzazeiten den Verkehr mit Kranken meidet (Tröpfcheninfektion!). Schutzimpfungen sind unsicher und kurzfristig. Gute Erfolge will man bei der Verwendung von Rekonvaleszentenserum gesehen haben

b) Bacillus conjunktivitidis (Koch-Week).

Dieser Bacillus ist der Erreger einer weitverbreiteten eitrigen Bindehautentzündung. Was wissen Sie über ihn?	Der Erreger zeigt in Form, Größe und Färbbarkeit die gleichen Eigenschaften wie der Influenzabacillus. Er ist etwas länger als der Influenzabacillus und gedeiht nicht gut auf Serum- und Blutagar. Es fehlt ihm jede pathogene und toxische Wirkung bei Affen, Meerschweinchen, Kaninchen und Mäusen.

c) Bacillus des Keuchhustens (Bordet-Gengou).

Wie sieht der Keuchhustenbacillus aus?	Er ist ein dem Influenzabacillus ähnliches, kleines, ovoides, gegen Eintrocknung und andere schädigende Einflüsse wenig widerstandsfähiges Stäbchen, das sich gramnegativ verhält, unbeweglich und sporenfrei ist.
Ist er leicht auf gewöhnlichem Agar zu züchten?	Nein. Am besten gelingt die Kultur auf Menschenblutagar und erst später auch auf blutfreiem Agar. Die Kolonien sehen dick und weißlich aus.
Wodurch unterscheidet er sich vom Influenzabacillus?	Durch sein Wachstum auf bluthaltigen Nährböden, sein hautbiologisches Verhalten (Nekrose nach intracutaner Einverleibung lebender Keuchhustenbacillen in die Meerschweinchen- und Kaninchenhaut), seine Hämolysebildung auf Blutagar, Agglutination mit homologem Serum (Pferd, Kaninchen), Komplementbindungsreaktion.
Ist es gelungen, Keuchhusten experimentell mit Reinkulturen zu erzeugen?	Bei Affen und Hunden konnte man mit Reinkulturen typischen Keuchhusten auslösen.
Wie stellt man sich die Übertragung des Keuchhustens vor?	Durch Tröpfcheninfektion und Kontakt.

Wie bekämpft man die Weiterverbreitung des Keuchhustens?

Durch Absonderung der Erkrankten von der Umgebung (Geschwister), Ausschließung der Geschwister vom Schul- und Kindergartenbesuch, durch Meldepflicht jedes Erkrankungs- und Todesfalles (Verordnung zur Bekämpfung übertragbarer Krankheiten vom 1. Dezember 1938), durch aktive Immunisierung der bedrohten Kinder mit Impfstoffen aus abgetöteten Keuchhustenbacillen.

Treten im Serum der Geimpften spezifische Antikörper auf?

Ja, sie sind durch die Komplementbindungsreaktion nachzuweisen.

Ist die Behandlung mit polyvalenten Keuchhustenvaccinen erfolgversprechend?

Bei erkrankten, im katarrhalischen Stadium befindlichen Kindern empfohlen.

d) Der Ulcus molle-Bacillus.

Wie sieht der Ulcus molle-Bacillus (Schankerbacillus) aus und auf welchem Nährboden wächst er am besten?

Gramnegatives, geißelloses Stäbchen, das in parallel liegenden Ketten angeordnet ist und daher als Streptobacillus bezeichnet wird. Das Aussehen ist etwas plump. Er wächst auf stark bluthaltigen Nährsubstraten am besten.

Wo finden sich die genannten Bacillen?

Im Gewebe, im Eiter der Bubonen.

Wie erfolgt die Übertragung?

Durch den Geschlechtsverkehr.

Was gilt für die Bekämpfung dieser Erkrankung?

Sorgsame Überwachung durch die Medizinalbehörde ist notwendig. Die Bestimmungen des Gesetzes zur Bekämpfung der Geschlechtskrankheiten vom 1. Oktober 1927 sind maßgebend.

13. Bacillus des Schweinerotlaufs.

Wo findet er sich?

Im Blut und in den Organen an Rotlauf verendeter Schweine.

Wie verhält er sich morphologisch und kulturell?

Er ist ein grampositives Stäbchen, das auf gewöhnlichem Nährboden leicht zu züchten ist und schleierartig feine Kolonien bildet.

Welche Tiere lassen sich mit ihm leicht infizieren?

Mäuse, Kaninchen und Tauben; auch gelegentlich für den Menschen pathogen.

Ist die Erkrankung auf den Menschen übertragbar?

Ja, durch rotlaufkranke Schweine (Stich- und Schnittverletzungen).

Wie bekämpft man die Tierseuche?

Durch die aktiv-passive Immunisierung, die Simultanimpfung (Schutzimpfung mit Immunserum und Kulturen), wodurch ein lang dauernder Schutz gewährleistet wird.

Wie ist die Therapie im Erkrankungsfall bei Mensch und Tier?

Einspritzung des hochwertigen Rotlaufserums.

Welcher Erreger ähnelt dem Bacillus des Schweinerotlaufes?

Der Erreger der Mäusesepticämie.

14. Brucellosis.

Welche Infektionskrankheiten gehören hierher?

Infektionen durch Micrococcus melitensis, Bacillus abortus Bang und Brucella suis.

Was wissen Sie mir über den Erreger des undulierenden Fiebers (früher Malta- oder Mittelmeerfieber [Bruce] genannt) zu sagen?

Der Erreger ist ein unbewegliches, elliptisch aussehendes gramnegatives Bacterium, das an der Grenze zwischen Stäbchen und Coccus steht, spärliches Wachstum auf künstlichen Nährböden aufweist. Er findet sich im Blut, in der Milz, Leber und Urin. Durch Ziegenmilch wird die Krankheit, die in den Mittelmeerländern herrscht, in 10% der Fälle übertragen. Das Maltaserum enthält Agglutinine; therapeutisch wird es benutzt. Die Vaccinetherapie (Autovaccine oder käufliche Mischvaccine) ist vielversprechend.

Die Erreger der beiden anderen Seuchen sind ebenfalls kleine gramnegative Stäbchen, wie der Erreger des Maltafiebers. Wie wächst der Brucella abortus (Erreger der Abortus Bang-Infektion bei Mensch und Tier, Übertragung durch das Rind) am besten?

In der Erstkultur nur in Nährböden mit erhöhter Kohlensäurespannung. Sonst ist die Blutkultur anzuwenden (Spezialnährböden).

Wie stellt man sonst bei den genannten Erkrankungen die Diagnose?

Durch den Tierversuch und durch eine serologische Prüfung.

Wird die Schweineseuche, die die Brucella suis hervorruft, vom Schwein auf den Menschen übertragen, und wo herrscht sie?

Ja. Sie herrscht in nordamerikanischen Bezirken und vereinzelt in nordischen Ländern.

Nennen Sie mir die Eintrittspforte für diese Erkrankungen?

Die Schleimhäute des Verdauungskanals, der Atmungsorgane, der Augen, der Geschlechtsorgane und auch die Haut. Bei Brucella abortus entstehen beim Menschen die Infektionen vorwiegend durch Milchgenuß.

Wie bekämpft man daher die Abortus Bang-Infektionen?

Durch Meldepflicht jeder Erkrankung und jeden Sterbefalles, durch Schutz noch unverseuchter Rinderbestände gegen ein Eindringen der Infektion (Eindämmen der Verseuchung bei bereits infizierten Beständen vermittels Absonderung oder Ausmerzung kranker und infizierter Tiere). Abkalben in besonderen Ställen. Desinfektionsmaßnahmen. Aufklärung der Schweizer, Melker usw. über das Wesen der Bang-Infektion, Aufklärung der Bevölkerung, Vermeiden des Genusses infizierter Rohmilch und roher Milchprodukte (Reichsmilchgesetz vom 31. Juli 1930. Erlasse des Ministeriums des Innern vom 22. Januar 1935 und Landwirtschaft vom 1. März 1935). Weiter durch Schutzimpfung des Menschen mit Mischvaccinen.

Worin besteht die Therapie bei den menschlichen Brucellosen?

Therapeutische Behandlung mit Impfstoffen aus dem betreffenden Erregertypus, evtl. Anwendung der Febris undulans-Vaccine der I.G. Farben angezeigt.

Diphtherideen.

15. Bacillus diphtheriae (Diphtheriebacillus).

Woran erkennen Sie in gefärbten Präparaten sofort, daß Sie Diphtheriebacillen vor sich haben?

An der Form und Lagerung. Die jungen Individuen zeigen die Form eines kurzen Keils; die älteren sind länger, zeigen leicht angedeutete Krümmung, zuweilen keulenartige Auftreibung eines oder beider Enden. Lagerung wie „gespreizte Finger" oder V-Form oder Y-Form oder palisadenartig.

Ältere Kulturen (9—20 Stunden) zeigen mit der M. Neißer-Färbung (essigsaures Methylenblau und Chrysoidin) Polkörperchen (blaue metachromatische Körnchen im braun gefärbten Bacillenleib [Volutin]).

Färbemethode siehe Allg. Teil.

Das Tuschepräparat nach Burri gibt ebenfalls gute Bilder.

Nach heutigen Anschauungen handelt es sich beim Diphtheriebacillus auf Grund kultureller Unterschiede um drei Typen. Kennen Sie diese Einteilung?

Man unterscheidet die Typen gravis, mitis und intermedius. Therapeutisch bedeutungslos. Das Toxin (ein echtes Ektotoxin) ist überall einheitlich.

Welcher Nährboden gilt als Elektivnährboden für Diphtheriebacillen?

Das Löfflersche Blutserumgemisch (3 Teile Serum + 1 Teil Dextrose-Peptonbouillon), das bei 90° C in Petrischalen zum Erstarren gebracht wird. Auf diesem elfenbeinfarbigen Nährboden wird das diphtherieverdächtige Material ausgestrichen. Schon nach 4—6 Stunden sind darauf Diphtheriebacillenkolonien als kleine, weißgraue, schleimige Tröpfchen mit leichtem Stich ins Gelbliche gewachsen. Angewandt wird ferner in größeren Laboratorien ein kompliziert zusammengesetzter Indikatornährboden nach Clauberg, auf dem die Diphtheriebacillen einen tiefblauen Hof bilden.

Kennen Sie noch weitere Charakteristika des Diphtheriebacillus?

Säurebildung in Bouillon, die später in alkalische Reaktion übergeht; Säuerung in dextrose-, fructose- und mannosehaltigen Nährböden, kräftige Reduktion (schwarze Kolonien auf Tellurplatten) und Giftbildung (Unterscheidungsmerkmal von Pseudodiphtherie- und Xerosebacillen).

Wo findet man Pseudodiphtheriebacillen und Xerosebacillen?

Auf gesunder und erkrankter Haut und Schleimhaut (Nase, Conjunctiva).

Wie stellt man das Diphtheriegift her?

Man züchtet Diphtheriebacillen bei 37° C in Kolben mit Bouillon. Die Diphtheriebacillen müssen als Haut auf der Oberfläche der Bouillon wachsen. Nach etwa 4 Wochen enthält die Bouillon das Gift. Gewinnung desselben nach keimfreiem Filtrieren der Bouillon. — Abtöten auch durch Toluolüberschichtung. — Zum Filtrat, das das Gift enthält, $^1/_2$% Carbolsäure zwecks Konservierung.

Sind Diphtheriebacillen sehr resistent gegenüber äußeren Einflüssen?

Nein. Eintrocknen, Hitze und chemische Desinfizientien vernichten sie bald.

Will man feststellen, ob der gefundene Erreger wirklich ein Diphtheriebacillus ist, wird der Tierversuch eingeleitet. Wie wird er ausgeführt?

Es wird einem Meerschweinchen von 200 g eine große Platinöse Serumreinkultur oder 0,1 cm³ Bouillonreinkultur von Diphtheriebacillen subcutan injiziert (Brust). Bei Diphtherie erfolgt der Tod des Tieres innerhalb 3—4 Tagen. Bei der gleich großen Dosis Di-Kultur gemischt mit einer reichlichen Menge D.-Heilserum (0,2 cm³ 200faches Serum und mehr) bleibt das Tier am Leben. Bei der Sektion der Tiere findet man Ödem an der Injektionsstelle, pleuritische Ergüsse, Hyperämie der Nebennieren. In den inneren Organen keine Bacillen.

Auch wird die intracutane Methode von Römer, die eine Ersparnis an Tiermaterial bedeutet, da man Versuch und Antitoxinkontrolle, ebenso wie die Prüfung verschiedener Stämme an ein und demselben Tier ausführen kann, angewendet.

Anstellung des Versuches:

Kultur	Antitoxinkontrolle
$^1/_{10}$, $^1/_{100}$, $^1/_{1000}$ } Davon 0,1 cm³ intracutan	0,05 cm³ von der Kultur (Verdünnung $^1/_{10}$) + $^1/_2$ A.-E. in 0,05 cm³.

Je nach der Giftigkeit des Diphtheriestammes tritt an 1, 2 oder 3 Stellen eine mehr oder minder deutliche Reaktion auf, bei der sich zunächst eine kleine anämische Zone bildet, die sich vergrößert und sich nach etwa 48 Stunden mit einem hyperämischen Hof umgibt, während das Kontrolltier nur leichte Rötung und Schwellung der Injektionsstelle zeigt. Bei stärkerer Reaktion kann sich eine weitere Verfärbung und Nekrotisierung herausstellen. Bei großer Toxizität kann das Versuchstier auch zugrunde gehen.

Wodurch werden die Krankheitserscheinungen bedingt?

Teils durch die löslichen Toxine, teils durch die Toxone (Herztod).

Wie wird die Diphtherie verbreitet?

Durch Kontakt: Tröpfcheninfektion beim Husten, Niesen, Sprechen u. a., durch Schmierinfektion durch ausgehustete Membranen, durch infizierte Finger u. a., durch Übertragung durch infizierte Gegenstände und Nahrungsmittel, Eßgeschirr, Spielsachen, Taschentücher usw.

Wie lange sind beim Rekonvaleszenten Diphtheriebacillen noch nachzuweisen?

Wochen- und monatelang.

Gibt es bei der Diphtherie auch Bacillenträger?

Ja.

Welche Infektionsquellen kommen demnach bei der Diphtherie in Betracht?

1. Der erkrankte Mensch.

2. Der Keimträger als Dauerausscheider nach überstandener Diphtherieerkrankung.

3. Der Bacillenträger ohne vorangegangene erkennbare Diphtherieerkrankung.

4. Die ausgehusteten Membranen, Sputa, verunreinigte Gegenstände, wie Eß- und Trinkgeschirre, Löffel, Taschentücher u. a.

Haben die bei Kälbern, Hühnern, Tauben usw. vorkommenden diphtherieartigen Erkrankungen mit der menschlichen Diphtherie etwas zu tun?

Nein.

Wie bekämpft man die Diphtherie erfolgreich?

Siehe Seuchengesetz vom 28. August 1905 und für Preußen Ergänzungen zum Seuchengesetz vom 10. August 1934, Seuchenverordnung vom 1. Dezember 1938, den Preußischen Schulseuchenerlaß vom 28. September 1927.

1. Durch sichere, schnelle bakteriologische Untersuchung (Originalpräparat und kulturellen Nachweis nach 6—8, 12 und 24 Stunden).

2. Durch Anzeigepflicht, Isolierung von Kranken und Krankheitsverdächtigen.

3. Durch fortlaufende und Schlußdesinfektion nach Genesung oder Tod.

4. Durch Zurückhaltung der Geschwister erkrankter Kinder vom Schulbesuch und Verkehr mit andern Kindern. Bei epidemischem Auftreten Sperren und Schulschließungen, durch bakteriologische Untersuchung vor der Verschickung in Ferienheime u. a.

5. Durch prophylaktische Seruminjektion bzw. aktive Schutzimpfung mit dem Anatoxin oder Diphtherie-Formoltoxoid sämtlicher Men-

schen aus der Umgebung des Diphtheriekranken und in besonders gefährdeten Gebieten.

Eine lang dauernde Immunität suchte v. Behring durch die prophylaktische aktive Immunisierung mit seinem Diphtherietoxin-Antitoxin-Gemisch beim Menschen zu erzielen.

Welche Präparate kennen Sie?

Das Toxin-Antitoxin-Gemisch (T.A.) sowie die Toxin-Antitoxin-Flocken (T.A.F.), das Diphtherie-Formol-Toxoid (F.T.). Bei diesen Präparaten war eine dreimalige subcutane Injektion von etwa 1,0 cm³ in achttägigen Abständen notwendig. Weitere Verbesserungen führten zur Schaffung der sog. Präcipitat- oder Adsorbatimpfstoffe, des (Al.F.T.) Aluminiumhydroxyd-Formol-Toxoid der Behringwerke oder des Diphtherie-Toxoid-Asid des Anhaltischen Serum-Institutes.

In Fällen, wo direkte Infektionsgefahr besteht, ist die passive Immunisierung mit Diphtherieserum, welche sofortigen Schutz verleiht, nicht zu umgehen. Um länger dauernden Schutz zu erreichen, gibt man 500—1000 A.-E. Diphtherie-Rinderserum Behring und leitet die aktive Immunisierung gleichzeitig durch eine gesonderte subcutane Injektion von 1 cm³ Al.F.T. (Diphtherie-Impfstoff Behring) ein. Eine einmalige Injektion dieses neuen Impfstoffes verleiht einen mehrjährigen Schutz. Die Immunität tritt innerhalb von 2—3 Wochen nach der Injektion des Al.F.T. ein. Kinder von 1—2 Jahren erhalten 1 cm³, von 2—4 Jahren 0,5 cm³, von 4—10 Jahren 0,3 cm³, über 10 Jahre 0,1 cm³.

Bei Massenimpfungen gibt man Kindern von 1—6 Jahren 0,5 cm³, älteren Kindern 0,2 cm³. Diese aktive Schutzimpfung hat sich seit 1934 in Deutschland bestens bewährt.

Anwendung für Umgebungsimpfungen bei Diphtherieepidemien (Schulen, Krankenhäuser und Pflegepersonal in Diphtheriestationen).

Wie gewinnt man das Diphtherieserum?

Von Pferden bzw. Rindern oder Hammeln, die mit Diphtherietoxin aktiv immunisiert werden.

Wie viele A.-E. injiziert man prophylaktisch?

500—1000 A.-E. Der Schutz hält 3—4 Wochen an.

Kommt dem Diphtherieserum eine hohe therapeutische Wirksamkeit zu?

Ja. Bei leichten bis mittelschweren Fällen genügen Dosen von 2000—4000 A.-E., höchstens 6000—8000 A.-E., bei schweren Fällen dagegen Dosen von 20000—30000 A.-E. je Fall.

Kennen Sie eine Form der Angina, die der diphtherischen sehr ähnlich sieht?

Die Plaut-Vincentsche Angina, bei der man keine Diphtheriebacillen, sondern fusiforme Bacillen und Spirillen findet, die sich beide gramnegativ verhalten. (Färbung am besten mit verdünnter Carbolfuchsinlösung; daneben Tuschepräparat anfertigen.)

16. Bacillus mallei (Rotzbacillus).

Ist der Rotz eine für den Menschen gefährliche Erkrankung?	Ja, er ist für den Menschen meist tödlich.
Wodurch wird er übertragen?	Durch den Rotzbacillus, ein den Tuberkelbacillen ähnliches, unbewegliches, nicht säurefestes Stäbchen, das sich gramnegativ verhält, auf erstarrtem Blutserum in glasigen Tropfen wächst.
Wie gewinnt man das Mallein?	Durch Einengen und Filtrieren von Glycerinbouillonkulturen.
Bei welchen Tieren kommt Rotz am häufigsten vor?	Bei Pferden und Eseln (90% in chronischer, 10% in akuter Form).
Welche Versuchstiere eignen sich für die Erzeugung von Rotz?	Ziegen, Katzen, unter Umständen Kaninchen. Am sichersten gelingt die Infektion bei Meerschweinchen, Feldmäusen und Zieseln.
Da die mikroskopische Deutung der Präparate kaum zur sicheren Diagnose führt, ist eine Verimpfung des Materials oder der Kultur auf männliche Meerschweinchen (Straußsche Methode) notwendig. Nennen Sie mir die charakteristischen Symptome beim Meerschweinchen.	Nach intraperitonealer Impfung oder nach subcutaner Injektion bei verunreinigtem Material tritt beim männlichen Meerschweinchen eine entzündliche eitrige Infiltration in der Tunica vaginalis des Hodens auf. Die Sektion ergibt gelbliche Knötchen in Lunge, Leber und Milz (Tod der Tiere nach $1^1/_2$—6 Wochen), die Rotzbacillen in Reinkultur enthalten.
Auf welche Weise kann man sich sonst Gewißheit darüber verschaffen, ob die gewonnene Kultur eine Rotzkultur ist oder nicht?	Durch Agglutination derselben mit agglutinierendem Rotzserum (von Pferden gewonnen).
Wie kann man serologisch feststellen, ob es sich bei den Erkrankten um Rotz handelt oder nicht?	1. Durch die Widalsche Reaktion (Agglutination). Serum des verdächtigen kranken Menschen oder Tieres + 3 Stunden bei 60° C abgetötete Rotzkultur; 24 Stunden Brutschrank. Beweisend ist nur eine Agglutination der Rotzbacillen mindestens in einer Serumverdünnung 1:1000. 2. Durch Präcipitation (Mallein wird auf das Serum vorsichtig geschichtet). 3. Durch Komplementbindung. 4. Durch die Konglutinationsreaktion (Pfeiler u. Weber); hier werden Hammelblutkörperchen bei Zusatz von inaktiviertem normalem Rinderserum und Komplement (Pferdeserum) zu einer festen Masse zusammengeballt, die sich auch durch Schütteln nicht mehr fein verteilen läßt.
Welche andere Probe gibt bei rotzigen Tiere eine rasche und zuverlässige Diagnose?	Die Malleinprobe: a) Subcutane Anwendung; ruft bei rotzigen Tieren in sehr kleinen Dosen Fieber, Allgemein- und Lokalreaktion hervor.

b) Cutane, intracutane Anwendung.

c) Conjunctivale Anwendung.

Die aktive Immunisierung mit abgeschwächten Erregern und Bacillenextrakt Mallein versagt. Wie bekämpft man den Rotz?

Durch schnelle, frühzeitige, sichere, bakteriologische Diagnosestellung (Eiter, Nasenschleim, Auswurf und womöglich Blut [zur Agglutinationsprobe]) aller kranken und verdächtigen Tiere.

Durch Beobachtung krankheitsverdächtiger Personen, der Erkrankten, Isolierung, durch restlose Beseitigung der rotzkranken Tiere, Desinfektion der Standplätze der Tiere, amtliche Überwachung der Pferdebestände, laufende und Schlußdesinfektion usw. (Reichs-Viehseuchengesetz).

Anzeigepflicht jedes Erkrankungs-, Todes- und Verdachtsfalles von Rotz beim Menschen.

Säurefeste Bacillen.

17. Tuberkelbacillen. (R. Koch, 1882.)

Welches sind die morphologischen und färberischen Merkmale des Tuberkelbacillus?

Er ist ein schlankes, leicht gekrümmtes Stäbchen (grampositiv und unbeweglich), das mit einer wachsartigen Hülle umgeben ist, durch die seine Säurefestigkeit bedingt wird, d. h. die einmal eingedrungenen Farbstoffe haften so fest, daß selbst Säure, Alkohol usw. nicht entfärbend wirkt. Auf dieser Eigenschaft beruht die Ehrlich-Ziehl-Neelsensche Doppelfärbung.

Welches Anreicherungsverfahren kennen Sie für Tuberkelbacillen?

Das Antiforminverfahren nach Uhlenhuth.

Was ist Antiformin?

Eine Mischung von Liqu. natr. hypochlor. und Liqu. natr. caustici $\overline{aa}$, die fast alle organischen Substanzen mit Ausnahme wachsartiger Stoffe auflöst.

Wie wird das Antiforminverfahren ausgeführt?

20 cm^3 Sputum + 20 cm^3 50%iges Antiformin werden im Schüttelzylinder gemischt, 1 Stunde homogenisiert, zentrifugiert. Der Bodensatz wird dann untersucht, d. h. ausgestrichen, fixiert, gefärbt und mikroskopiert.

Wie züchtet man den Tuberkelbacillus?

1. Auf erstarrtem Blutserum (deutliches Wachstum erst nach 14—21 Tagen). Man geht dabei nicht direkt vom Ausgangsmaterial, z. B. Sputum aus, sondern von Leichenteilen oder von Organen infizierter Tiere.
2. Auf Glycerinagar, in Glycerinbouillon (4%) und auch auf Glycerinkartoffeln.
3. Auf Gehirnnährböden oder Nährstoff Heyden (Hessescher Nährboden).

4. Auf Eigelbnährboden nach Lubenau.

Zu 100 g steril entnommenen Eigelbs, das gut durchgeschüttelt sein muß, setzt man 100 g neutrale Bouillon und 3% Glycerin, läßt den gut durchgemischten Nährboden in Reagensgläsern schräg erstarren und sterilisiert 3 Tage je 2 bis 3 Stunden bei 90° C.

5. Auf Amino-Eiernährboden nach Hohn.

Welches sind die gebräuchlichsten Infektionsmethoden bei Laboratoriumstieren?

1. Die subcutane Injektion von infektiösem Material.
2. Die Inhalationsmethode mit versprayten Aufschwemmungen von Kultur oder Sputum, Eiter.
3. Die Verfütterung von Nahrung mit Tuberkelbacillen.
4. Die intravenöse Injektion.
5. Impfungen in die vordere Augenkammer.

Worüber gibt der Tierversuch Aufschluß?

Ob es sich bei den verdächtigen Bakterien wirklich um Tuberkelbacillen oder andere säurefeste Bakterien (Lepra- und Smegmabacillen, letztere im Urin) handelt. Die säurefesten Bakterien sind für Tiere nicht pathogen.

Worauf beruht die pathogene Wirkung der Tuberkelbacillen?

Auf der Bildung von Ekto- und Endotoxinen. Die Ektotoxine wirken fieber- und entzündungserregend, die Endotoxine rufen Nekrose und Verkäsung mit allgemeiner Kachexie hervor.

Was wissen Sie über die Resistenz des Tuberkelbacillus?

Gegen Austrocknung ist der Tuberkelbacillus wenig empfindlich, Sonnenlicht tötet ihn in 1 bis 3 Stunden, diffuses Tageslicht nach 3 Tagen in dünnen Sputumschichten ab. Temperaturen von 70° C werden 20 Minuten, von 80° C 5 Minuten lang vertragen. Strömender Wasserdampf wirkt in wenigen Minuten abtötend. 5prom. Sublimatlösung vernichtet Tuberkelbacillen frühestens in 2 Stunden.

Welche verschiedenen Typen des Tuberkelbacillus kennen Sie?

1. Den Typus humanas.
2. Den Typus bovinus.
3. Den Typus gallinaceus.
4. Die Bacillen der Kaltblütertuberkulose.
5. Saprophytisch säurefeste Bacillen (Timothee, Smegma usw.).

Ist die Tuberkulose in der gemäßigten Zone sehr verbreitet?

Ja; 12% aller Todesfälle sind hier durch Phthise bedingt. Erreger fast ausschließlich der Typus humanus.

Welches sind die Hauptinfektionsquellen und Infektionswege für die Tuberkulose?

1. Die Kontaktinfektion (Schmutz- und Schmierinfektion).
2. Die Stäubcheninfektion.
3. Die Tröpfcheninfektion (Husten).

4. Genußmittel, in denen der Typus bovinus enthalten ist (Butter, Milch, tuberkulöses Fleisch).

Wie erkennt man die Krankheit?

1. Durch mikroskopischen Nachweis von Tuberkelbacillen im Sputum.

2. Durch Prüfung mit Tuberkulin:

a) Cutanreaktion nach v. Pirquet.

b) Percutanreaktion (Moro). (Tuberkulinsalbe.)

c) Intracutanreaktion (Römer). (Verdünntes Tuberkulin.)

d) Ophthalmoreaktion (Calmette, Wolff-Eisner).

e) Subcutane Tuberkulinprobe (Koch).

3. Die Komplementbindungsreaktion.

4. Die Flockungsreaktion.

Wie bekämpft man die Tuberkulose?

1. Durch Erkennung der Krankheit.

2. Meldepflicht jeder Erkrankung, jeden Verdachts einer Erkrankung und jedes Todesfalles an ansteckender Lungen- und Kehlkopftuberkulose, an Hauttuberkulose und an Tuberkulose anderer Organe. (Gesetz zur Bekämpfung der Tuberkulose vom 4. August 1923 mit dem Nachtragsgesetz vom 24. März 1934, das inzwischen durch die Reichsverordnung zur Bekämpfung übertragbarer Krankheiten vom 1. Dezember 1938 überholt ist.)

3. Isolierung des Kranken.

4. Desinfektion der Ausscheidungen. Als chemische Desinfektionsmittel kommen in Betracht: 5%ige Lösungen von Alkalysol oder Tb-Bacillol, Chloramin, Kresolseifenlösung oder Baktol; ferner 3%ige Lösungen von Sagrotan oder Carbolsäure bei 8stündiger Einwirkung. Schmutzige Wäsche des Tuberkulösen wird in einem Wäschesack aufbewahrt und ausgekocht oder in einen Eimer mit desinfizierender Lösung eingelegt und wie üblich gewaschen.

Wie isoliert man zweckmäßig Tuberkulöse?

1. In Lungenheilstätten (Anfangsstadien).

2. In Rekonvaleszentenheimen, ländlichen Arbeiterkolonien, in Walderholungsstätten.

3. Schwere unheilbare Fälle werden in Krankenhäusern und Pflegestätten untergebracht.

Welche Wohlfahrtseinrichtungen sorgen für die Feststellung des Leidens?

Die Polikliniken, die mit einer Fürsorgestelle verbunden sind.

Wie kann man die Allgemeinheit vor Ansteckung möglichst schützen?

Durch Auffindung der ansteckenden Tuberkulösen (Röntgenreihenuntersuchungen der Bevölkerung mittels Schirmbildphotographie), Entfernung der Kinder von ihren offentuberkulösen Müttern, Herausnahme der Infektionsquellen aus ihren Familien, evtl. durch Zwangsasylierung, d. h. Unterbringung in einem Krankenhaus oder einer anderen geeigneten Anstalt auf Vorschlag des Gesundheitsamtes durch die Ortspolizeibehörde auch gegen den Willen des Betreffenden bei ungenügender Absonderung oder Nichtbefolgung der angeordneten Schutzmaßnahmen, durch Aufstellen von Spucknäpfen, durch Benützung von Spuckfläschchen, Gebrauch von Papiertaschentüchern, durch Vermeidung von Staubentwicklung in Räumen mit Phthisikern, durch Schutz gegen Tröpfcheninfektion, durch Sterilisierung bzw. Abkochen der Verkaufsmilch, Genuß von Butter nur aus pasteurisiertem Rahm. Bekämpfung der Tuberkulose der Tiere, insbesondere des Rindes (Reichs-Fleischbeschau-Gesetz), Impfverfahren, Ausmerzung der Tiere mit offener Tuberkulose nach dem Ostertagschen Verfahren.

Kann die Ehe mit einem an einer ansteckungsfähigen Tuberkulose Leidenden verboten werden?

Ja, nach dem Ehegesundheitsgesetz vom 18. Oktober 1935. Den gleichen Zweck erfüllt auch das Gesetz zur Vereinheitlichung des Rechtes der Eheschließung und der Ehescheidung vom 6. Juni 1938.

Was wissen Sie über Immunisierungsversuche gegen Tuberkulose, die ein befriedigendes Ergebnis bisher nicht gezeitigt haben?

1. Aktive Immunisierung beim Menschen wurde versucht

a) mit lebenden Kulturen. Verfahren von Calmette, der ein durch Züchtung auf Gallenährböden abgeschwächtes, lebendes Vaccin bovinen Ursprungs bei Neugeborenen oral verabreicht.

b) Mit Kulturextrakten (Kochsches Alt-Tuberkulin und Neu-Tuberkulin).

2. Passive Immunisierung:

Serum von Pferden, die mit Toxalbuminen der Tuberkelbacillen und Tuberkulin vorbehandelt sind (Maragliano), oder Serum von Pferden, die mit autogenen jungen Tuberkelbacillen behandelt sind (Marmorek).

Was ist Alt-Tuberkulin?

Das Tuberkulin Koch-Alt wird aus Glycerinbouillonkulturen des Tuberkelbacillus vom Typus humanus hergestellt, welche nach vorheriger Abtötung auf $^1/_{10}$ ihres Volumens eingeengt werden. Durch Filtrieren wird die Flüssigkeit von den Tuberkelbacillen befreit.

Was ist Neu-Tuberkulin?

Tuberkelbacillen werden trocken verrieben, in Wasser aufgeschwemmt, zentrifugiert. Man

	erhält im Zentrifugat oben die löslichen Bestandteile (TO), unten den unlöslichen Rückstand (TR), der das wirksame Agens für die Erzielung einer Immunität darstellt.
Woraus besteht das Präparat Neu-Tuberkulin — Bacillenemulsion?	Aus einer Aufschwemmung von einem Teil pulverisierter Tuberkelbacillen mit 100 Teilen Aqu. dest., der gleiche Teile Glycerin zugesetzt sind.

18. Bacillus leprae (Aussatzbacillus).

In welchen Ländern findet man den Aussatz noch in größerer Ausbreitung?	In Norwegen, Indien, China, Japan, Südamerika.
Wo finden sich beim Kranken die Leprabacillen?	In den Tumoren der Haut und im Nervengewebe, auf den ulcerierenden Schleimhäuten (besonders der Nase).
Wie sehen die Leprabacillen aus?	Die Leprabacillen sind 3—6 μ lange Stäbchen; sie gleichen den Tuberkelbacillen; sie widerstehen der Entfärbung, wenn auch nicht so energisch wie die Tuberkelbacillen.
Sind Leprabacillen für Tiere pathogen?	Nein.
Welche Formen von Lepra unterscheidet man?	Die Lepra tuberosa mit Knotenbildung in der Haut und die Lepra nervosa mit Sensibilitätsstörungen. Daneben gibt es allerlei Mischformen.
Wie bekämpft man die Lepra?	Durch Meldepflicht jeder Erkrankung, jedes Todesfalles sowie jedes Verdachtsfalles, durch Isolierung der Erkrankten in „Leprosorien“, Desinfektionsmaßnahmen, sorgfältige Überwachung und Verhinderung jeder Lepraeinschleppung. In Deutschland gelten für Lepra die Bestimmungen des Reichsseuchengesetzes betr. die Bekämpfung gemeingefährlicher Krankheiten vom 30. Juni 1900 mit den Anweisungen zur Bekämpfung des Aussatzes vom Jahre 1904 und den Desinfektionsbestimmungen vom Jahre 1907.
Wie behandelt man die Lepra?	Spezifische Behandlung versagt. Chemotherapeutisch hat das Chaulmoograöl und das Antileprol, zum Teil kombiniert mit Goldpräparaten, günstig gewirkt.

III. Pathogene Vibrionen.

Choleravibrionen (Koch, 1883).

Beschreiben Sie mir den Choleravibrio?	Ein gramnegatives, kurzes, schwach gekrümmtes Stäbchen (Komma, daher Kommabacillus genannt), das in Zusammenhängen oft längere

Schrauben bildet (10—20 Windungen aufweisend). Seine Beweglichkeit verdankt es einer an einem Polende befindlichen Geißel. Es färbt sich mit verdünntem Carbolfuchsin. Wachstum nur auf stark alkalischen Nährsubstraten.

Wie wachsen die Choleravibrionen auf Gelatineplatten?

Hier bilden sie nach 24 Stunden kleinste, fast „farblose Scheiben mit gebuckelter, welliger Kontur und glänzendhöckeriger Oberfläche". Bald beginnt Verflüssigung der Gelatine einzutreten. Neben diesem hellen Typ kommen auch noch die atypischen Kolonien von dunklerer Farbe ohne Gelatineverflüssigung vor.

Wie müssen die Nährböden zur Züchtung der Choleravibrionen beschaffen sein?

Stark alkalisch.

Wie sehen die Choleravibrionenkulturen auf Agarplatten aus?

Flach, opaleszierend, klar durchsichtig.

Kennen Sie einen Elektivnährboden für Choleravibrionen?

Den Dieudonnéschen Blutalkaliagar, seine Modifikationen von Esch, Lentz, Pilon und der Aronsonsche Fuchsin-Sulfit-Saccharose-Agar.

In welchem flüssigen Nährmedium wachsen die Choleravibrionen außerordentlich rasch?

In Peptonwasser. Wegen ihres Sauerstoffbedürfnisses findet man die Choleravibrionen immer sehr zahlreich an der Oberfläche der Flüssigkeit.

Was bilden sie in Peptonwasser?

Indol + salpetrige Säure (Stoffwechselprodukte). 12 Stunden alte Cholerapeptonkultur + einige Tropfen H_2SO_4 gibt eine rosaviolette Färbung (Cholerarotreaktion) innerhalb der nächsten 30 Minuten.

Was wissen Sie über die bakteriologische Choleradiagnose?

Die Untersuchung von Stuhl, Darminhalt, Erbrochenem der Kranken und Krankheitsverdächtigen, bzw. von Darminhalt der Leichen wird folgendermaßen ausgeführt.

a) 1 cm^3 dieses Materials wird in 50 cm^3 Peptonwasser gebracht und bei 37° C bebrütet. Bei ersten Fällen sind drei solcher Kölbchen anzulegen. Größere Mengen, auch ganzer Darmschlingeninhalt, in 500 cm^3 Peptonwasser.

b) 4—6 Ösen des evtl. mit Peptonwasser verdünnten Materials auf einer Dieudonnéplatte mit Glasspatel ausstreichen; außerdem noch eine Dieudonnéplatte und zwei Agarplatten nacheinander ausstreichen. Platten sollen vorgetrocknet sein. In wichtigen Fällen 2 Reihen Platten anlegen. Wenn nur Agarplatten zur Verfügung stehen, diese ausstreichen (1 Öse Material benutzen).

Zugleich wird von einer Schleimflocke ein Originalausstrichpräparat angefertigt und mit verdünntem Carbolfuchsin gefärbt (1.10), ein hängender Tropfen in Peptonwasser sofort und nach ½stündiger Bebrütung untersucht. Bei Vorhandensein reichlicher Vibrionen wird Choleraverdacht ausgesprochen.

Nach 5—8stündiger Bebrütung werden von der Oberfläche des angelegten Peptonwassers 4 Ösen auf einer Dieudonnéplatte verrieben und mit Spatel zwei Agarplatten bestrichen. Wiederholung nach 18—24stündiger Bebrütung. Die anfangs ausgestrichenen Platten werden nach 8—16stündiger Bebrütung untersucht. Verdächtige Kolonien werden auf dem Objektträger mit Choleraserum 1:100 agglutiniert. Anlegen von Reinkultur und Agglutinationstiter genau bestimmen.

Bei der Untersuchung von Wasser auf Choleravibrionen geht man folgendermaßen vor:

1 Liter H_2O + 100 cm³ Peptonwasser-Stammlösung (Pepton 10,0, NaCl 5,0, Traubenzucker 10,0, Aqu. 100,0); verteilt die Masse zu je 100 cm³ in Kölbchen. Nach 8—24stündiger Bebrütung bei 37° C Präparate von der Oberfläche anlegen, und von dem Kölbchen, in dem sich die meisten Vibrionen finden, Anlegen von Dieudonné- und Agarplatten in der gleichen Weise, wie oben angegeben.

Wie stellt man abgelaufene Cholerafälle fest?

Patientenserum wird mit physiol. NaCl-Lösung in Abstufungen verdünnt und gegen einen bekannten Cholerastamm agglutiniert. Wenn das Ergebnis nicht eindeutig erscheint, wird der Pfeiffersche Versuch ausgeführt (siehe unten).

Sind Choleravibrionen sehr widerstandsfähig gegen äußere Einflüsse, Chemikalien usw.?

Nein. Hitze von 60° C tötet sie in 10 Minuten, 2%ige Carbolsäure oder Sublimatlösung 1:1000 in wenigen Minuten ab. Austrocknung in 2 bis 24 Stunden. Auf feucht aufbewahrten Nahrungsmitteln halten sie sich 8 Tage, in feuchter Wäsche dagegen über 14 Tage lebend.

Bei welchen Tieren gelingt es, durch Verfütterung eine der menschlichen Cholera ähnliche Erkrankung hervorzurufen?

Bei ganz jungen Kaninchen, Katzen und Hunden. Bei Meerschweinchen konnte R. Koch eine Cholerainfektion erzielen, wenn er den Tieren zuerst Opiumtinktur in die Bauchhöhle, dann Sodalösung (zur Neutralisierung des Magensaftes) und endlich Cholerakultur in den Magen injizierte.

Wodurch wird der Tod von Meerschweinchen bedingt, die Choleravibrionen intraabdominal erhielten?

Durch die Wirkung der Endotoxine. Die Vergiftung kann aufgehalten werden, d. h. das Tier bleibt am Leben, wenn man ihm gleichzeitig mit der tödlichen Dosis Kultur eine entsprechende Dosis Immunserum (von mit Choleravibrionen vorbehandelten Kaninchen) injiziert. Die Choleravibrionen werden aufgelöst. Dieser Versuch gelingt nur, wenn ein sicheres Choleraserum mit sicheren Choleravibrionen zusammentrifft (Pfeifferscher Versuch). Diagnostisch wichtig!

Der Pfeiffersche Versuch wird bei nicht eindeutigem Agglutinationsergebnis noch mit herangezogen, um festzustellen, ob es sich bei den aus choleraverdächtigem Stuhl isolierten Vibrionen um Choleravibrionen handelt.

Wie wird der Pfeiffersche Versuch ausgeführt?

Herstellung der Serumverdünnungen (Kaninchen vorbehandelt mit abgetöteten und dann mit lebenden Choleravibrionen, Mindesttiter des Serums 1:5000) 1:100, 1:500 bzw. 1:1000. Zu je 1 cm^3 dieser Verdünnungen fügt man eine Öse 16—20stündiger Cholera-Agarkultur. Gut verreiben. Injektion von je einem Kubikzentimeter dieser Verdünnungen je einem Meerschweinchen von rund 200 g Gewicht intraperitoneal.

Das Kontrolltier erhält eine Öse Kultur in 1 cm^3 Bouillon ohne Serum intraperitoneal injiziert. Nach 20 und 60 Minuten entnimmt man mit der Glascapillare ein Tröpfchen Peritonealexsudat und untersucht es im hängenden Tropfen bei starker Vergrößerung auf Körnchenbildung und Auflösung der Vibrionen.

Tritt bei den Serumtieren Auflösung der Vibrionen ein, während beim Kontrolltier reichlich bewegliche Formen erhalten sind, so ist Cholera zu diagnostizieren.

Welche Infektionsquellen kommen für die Verbreitung der Cholera in Frage?

1. Die Dejekte des Cholerakranken.
2. Die beschmutzte Wäsche.
3. Oberflächliche Rinnsale, Bäche und Flüsse, die mit Abwasser und Exkrementen Cholerakranker verunreinigt sind.

Welche Übertragungswege sind möglich?

Die Übertragung auf den Gesunden:

1. Von Kranken, Leichtkranken, Rekonvaleszenten (Bacillenträger).
2. Durch Fliegen.
3. Durch Nahrungsmittel (feuchte Aufbewahrung).
4. Durch Wasser.

	a) Oberflächlich stagnierende Ansammlungen, b) Bäche und Flüsse, die Abwässer aufnehmen, oder in denen gewaschen wird, oder auf denen Schiffer und Flößer leben.
Welche verschiedenen Verbreitungsweisen der Cholera kommen vor?	Die Kontaktepidemie und dic explosive Epidemie. Beispiel für explosionsartig ausbrechende Massenepidemie ist Hamburg 1892.
Wie bekämpft man zweckmäßig die Cholera prophylaktisch?	Durch Einrichtung von Flußüberwachungsstellen, Bereitstellung von Isolierspitälern, Ausbildung von Reserve-Desinfektionskolonnen sowie Kontrolle des gesamten Desinfektionswesens, Einrichtung von bakteriologischen Untersuchungslaboratorien, Vorrat von Impfstoffen, Revision der Anlagen zur Wasserversorgung und zur Beseitigung der Abfallstoffe usw.
Wie verhindert man die Einschleppung der Cholera?	An den Landesgrenzen müssen die die Grenze passierenden Händler, Arbeiter usw. revidiert, ebenso Kranke isoliert werden. Eisenbahnreisende sind zu kontrollieren. Auf schiffbaren Flößen sind die Personen streng zu überwachen. Schiffe sind durch besondere Kontrollstationen anzuhalten, das Personal ärztlich zu untersuchen. Bei Choleraverdacht Isolierung sämtlicher Schiffsinsassen in einer Isolierbaracke, Desinfektion des Schiffes und 6tägige Quarantäne. Im eigenen Lande: Bei Fällen von Choleraverdacht Sicherung der Diagnose durch bakteriologische Untersuchung, Isolierung des Kranken. Beschaffung von unverdächtigem Wasser bei Flußwasserversorgungen (evtl. Filterbetrieb). Verdächtige Nahrungsmittel sind zu kochen oder trockener Hitze auszusetzen. Gemeinverständliche Belehrungen der Bevölkerung über das Wesen der Cholera und die Art ihrer Übertragung, über Desinfektion und andere Schutzmaßnahmen haben zu erfolgen.
Die aktive Immunisierung (Pfeiffer und Kolle) hat Erfolge aufzuweisen. Wie wird dieselbe ausgeführt?	Die Impfung erfolgt mit 2 mg frischer, bei 58° C abgetöteter Kulturmasse (virulente Choleravibrionen) in 1 cm^3 Aufschwemmung (physiologische Kochsalzlösung) subcutan. Nach 5 Tagen Injektion der doppelten Dosis. Vom 5. Tage ab beginnt die eintretende Immunität (bakteriolytische Kraft des Serums). Dauer des Impfschutzes $^1/_2$ Jahr, dann Nachimpfung (einmalige Injektion von 1 cm^3 Impfstoff).
Hat die passive Immunisierung Erfolge aufzuweisen?	Nein.

B. Pathogene Streptotricheen.

Actinomyceten.

Zu welcher Art rechnet man den Strahlenpilz, Actinomyces (ἀκτίς = Strahl)?	Zu den Actinomyceten.
Was bewirkt er beim Menschen und Tier?	Abscesse, Eiterungen beim Rindvieh, Abscesse in Zunge und Kiefer.
Was findet man mikroskopisch im Eiter derartiger Abscesse?	Körnchen, die aus hyphenähnlichen, gablig verzweigten Fäden bestehen, die vom Zentrum aus nach allen Richtungen ausstrahlen und gegen den Rand zu kolben- oder birnförmig anschwellen (Druse).
Wie geht die Infektion vor sich?	In der Mundhöhle des Gesunden finden sich fast regelmäßig Actinomyceten, die nach Verletzungen, darunter auch durch Grannen, in die Schleimhäute eindringen können. Die Gesichts- oder Wangenaktinomykose geht von den Schleimhäuten der Wange, des Ober- und Unterkiefers oder von cariösen Zähnen aus. Die Larynxaktinomykose nimmt chronischen Ausgang vom Rachen, Ösophagus oder Larynx. Die Zungenaktinomykose entsteht primär durch Aspiration. Die Darmaktinomykose hat ihren Sitz vorwiegend im Coecum und den angrenzenden Dünn- und Dickdarmabschnitten. Die Hautaktinomykose tritt meist sekundär bei anderen Erkrankungen auf, kommt aber auch primär nach Verletzungen mit steckengebliebenen Fremdkörpern vor.
Wie züchtet man ihn?	Auf Agar, Blutserum, Kartoffeln und in Bouillon. Daneben auch anaerobe Nährböden, da man einen gut anaerob wachsenden Actinomyces beobachtet hat (Actinomyces Israeli).
Sind Ihnen neben dem mikroskopischen und kulturellen Nachweis sonst noch diagnostische Methoden bekannt?	Die Intracutanreaktion mit dem homologen Antigen und die Komplementbindungsreaktion.

C. Pathogene Sproß- und Schimmelpilze.

Sproßpilze.

Charakteristika der Sproßpilze?	Kugel- oder eiförmige Gebilde. Vermehrung durch Knospung, Erreger der Gärung.
Welche pathogenen Arten gehören hierher?	1. Soor, Schwämmchen. 2. Sporotrichon Schenkii, Erreger der Sporotrichosis. 3. Erreger von Granulomen.

Die Schimmelpilze.

Wodurch sind die Schimmelpilze charakterisiert?

Sie bilden ein Netzwerk von Fäden, das als Mycelium bezeichnet wird. Jedes Mycel besteht aus kürzeren oder längeren Hyphen. Die Schimmelpilze bilden Sporen, die sich zuweilen weiter als Sporen vermehren (Conidien) oder zu einem neuen Mycel auswachsen. Die Art der Sporenbildung wird systematisch verwertet.

Welche Arten von Schimmelpilzen sind fakultative Parasiten und finden ihre Lebensbedingungen im Warmblüter?

1. Penicillium,
2. Oidium,
3. Mucor,
4. Aspergillus.

Nennen Sie mir die charakteristischen Unterschiede zwischen Mucorineen, Penicilliaceen, Aspergillineen?

Bei den Mucorineen entstehen die Sporen so, daß das Ende der Hyphen kolbenförmig anschwillt und um dasselbe herum eine Fruchtblase (Sporangium) entsteht, in der sich die Sporen bilden. Bei den Aspergillineen entwickeln sich auf dem kolbig angeschwollenen Hyphenende kurze Stiele (Sterigmen), und darauf erst die Ketten von runden Sporen. Bei den Penicilliaceen tritt an die Spitze der Fruchthyphen ein Quirl von Ästen pinselförmig hervor, die Ketten von kugeligen Sporen tragen.

Kennen Sie einige Schimmelpilze, die zu den eben besprochenen Arten gehören?

Penicillium glaucum, der gemeinste Schimmelpilz, kommt in ranziger Butter, im Roquefortkäse vor.

Penicillium brevicaule, zum Arsennachweis benutzt; knoblauchartiger Geruch der Kulturen.

Penicillium minimum, gelegentlich im äußeren Gehörgang des Menschen:

Mucor corymbifer	tierpathogen,
„ rhizopodiformis	
„ racemosus	
„ stolonifer	nicht pathogen.
„ mucedo............	

Aspergillus glaucus, in Kellern, an feuchten Wänden, auf eingemachten Früchten.

Aspergillus fumigatus	beim Warmblüter vorkommend.
„ flavescens	
„ niger	

Wie werden die Schimmelpilze mikroskopisch untersucht?

a) Ungefärbt, indem man Teile des Pilzes mit dem ihn tragenden Substrat ohne Deckglas mikroskopisch bei schwacher Vergrößerung oder Teile desselben zwischen Deckglas und Objektträger untersucht, und zwar nicht in Wasser, sondern in folgender Lösung:

Alcohol. + Liqu. ammon. caust. āā 25,0,
Glycerin 15,0,
Aqu. dest. 35,0.
Deckglas wird mit Lack umzogen.

b) Gefärbt (Färbung mit basischen Anilinfarben).

Sind beim Menschen Erkrankungen durch Schimmelpilze bekannt?

Ja, sog. Bronchomykosen, Otomykosen (Ohr), Keratomykosen (Hornhaut).

Welche Dermatomykosen werden beim Menschen und bei Tieren durch Pilze bedingt?

Favus,
Mikrosporie,
Trichophytie,
Pityriasis,
Erythrasma.

D. Spirochäten.

1. Spirochäten des Rückfallfiebers.

Ist der Erreger der Recurrens bekannt?

Ja. Im Jahre 1868 wurden von Obermeier im Blute von Rückfallfieberkranken sehr feine korkzieherartig gewundene Fäden (6—8 flache Windungen) gefunden, die er im Jahre 1873 als Spirillum febris recurrentis näher beschrieb. Der direkte Nachweis gelingt im frischen Blutstropfen oder durch die Dunkelfelduntersuchung, besonders im Fieberanfall. Färbung mit Methylenblaulösung, Giemsa usw. Sind nur wenige Spirochäten nachweisbar, empfiehlt sich die Anwendung des dicken Tropfens. Der 1—2 cm^3 große Tropfen wird auf sauberem Objektträger ausgebreitet, luftgetrocknet und etwa $^1/_2$ Stunde ohne Fixierung mit Giemsalösung gefärbt.

Wie verläuft das Rückfallfieber?

Nach einer Inkubationszeit von 5—8 Tagen tritt Fieber bis 41° C auf. Milzschwellung, Erbrechen, Temperaturabfall (kritisch) nach 6 Tagen. 5—10 Tage, dann fieberfrei. Neuer Anfall von Fieber, evtl. noch ein dritter Anfall. Im Blute während des Fieberanfalles zahlreiche Spirochäten. Nach dem Überstehen keine dauernde Immunität. Schon nach $1^1/_2$—6 Monaten Neuinfektion möglich. Therapie: Salvarsan 0,2 bis 0,3 g.

Ist die kulturelle Züchtung der Recurrensspirillen möglich?

Ja. Übertragung in Hydrocelen- oder Ascitesflüssigkeit ist anaerob gelungen (Noguchi). Ungermann verwendet unverdünntes Kaninchenserum oder Ringersche Lösung.

Welche Laboratoriumstiere sind für Versuche mit Spiroch. recurr. geeignet?

Affen, Meerschweinchen, Mäuse, Ratten.

Wie kommt die Übertragung des Rückfallfiebers auf den Menschen zustande?	Durch Ungeziefer, und zwar bei dem europäischen Rückfallfieber durch Kleiderläuse, bei dem afrikanischen und amerikanischen Rückfallfieber durch Zecken. Besondere Brutstätten: Asyle für Obdachlose, Herbergen niederster Art.
Welche Abarten des europäischen Febris recurrens gibt es noch?	1. Die afrikanische Form (Tick-Fever), hervorgerufen durch Spirosoma Duttoni, übertragen durch eine Zecke (Tick) Ornithodorus moubata, die nachts in die Hütten der Eingeborenen dringt, tagsüber in der Erde verborgen bleibt. Entwicklungsgang findet in den Ovarien der Zecken statt. Zur Infektion benutzt man die aus infizierten Eiern hervorgegangenen jungen Zecken. 2. Die amerikanische Form (selten), hervorgerufen durch Spirosoma Novyi. 3. Die nordafrikanische und asiatische Form (Spirosoma Carteri).
Welche Spirochätenkrankheiten kommen bei Haustieren vor?	Die durch Spiroch. anserina (Rußland und Nordafrika usw.) hervorgerufene Gänseerkrankung, die durch Spiroch. gallinarum (Brasilien) erzeugte Hühnerspirillose.
Wie denken Sie sich die Bekämpfung des Rückfallfiebers?	In Deutschland regelt sich die Bekämpfung nach den Ländergesetzen zur Bekämpfung übertragbarer Krankheiten. Anzeigepflicht, Isolierung, Desinfektion und Entlausung der Kranken, Behandlung mit Salvarsan.

2. Spirochaeta icterogenes, der Erreger der Weilschen Krankheit (Icterus infectiosus).

Wann wurde der Erreger dieser Krankheit entdeckt?	Im Jahre 1915.
Ist die Übertragung der Krankheit auf Meerschweinchen gelungen?	Ja (Huebener und Reiter).
Wer hat die Erreger zuerst als Spirochäten erkannt?	Uhlenhuth und Fromme und unabhängig von ihnen Inada und seine Mitarbeiter.
Gelingt der Nachweis der Erreger durch den Tierversuch?	Ja, am Meerschweinchen durch intraperitoneale oder intrakardiale Einspritzung von 0,5 bis 2,0 cm^3 defibr. Blut von Kranken.
Wie äußert sich die Krankheit beim Meerschweinchen?	Am 4. oder 5. Tage erkrankt es mit Fieber, Abmagerung, Hautblutungen, Blutungen an den Conjunctiven und ausgesprochenem Ikterus. Exitus.
Welches Bild bietet die Sektion?	Schwellung, Rötung der Nebennieren, Blutungen, Entartungen, Zellinfiltrate und Ödeme in Leber, Nieren und Muskeln.
In welchen Organen findet man beim verendeten Meerschweinchen die Spirochäten?	Im Blut, Pankreas, Hoden, Gehirn, Knochenmark, Kammerwasser, Glaskörper, in der Milz, Galle, Leber.

Wie sehen die Spirochäten aus?	Es sind zarte, schlanke Gebilde (4—20 μ). Sie weisen bald 2—3 oder 4—5 große, unregelmäßige Windungen auf. An den Enden, zuweilen auch in der Mitte knopfartige Verdickungen. Färbung nach Giemsa.
Wo finden sich die Spirochäten im kranken Menschen?	Im Blute (nur von japanischen Forschern bisher gefunden), in der Leber, im Harn, in den Nieren.
Ist die Spiroch. icterogenes gegen äußere Einflüsse resistent?	Erhitzung auf 50° C vernichtet sie in 15 Minuten; durch Eintrocknen gehen sie bald zugrunde. 1%ige Carbolsäure tötet sie in 2 Stunden ab. Eine Sublimatlösung (1 pro mille) erweist sich nach 2stündiger Einwirkung noch als unwirksam.
Ist eine Züchtung der Spirochaeta icterogenes geglückt?	Ja; in frischem Kaninchenserum, das mit Paraffin überschichtet war (Ungermann), oder in sterilem Leitungswasser mit Zusatz von 30% Kaninchenserum (Uhlenhuth) oder in einem halbstarren Gemisch von mit Ringer-Lösung verdünntem Meerschweinchenserum und Agar (Noguchi).
Welche wertvollen diagnostischen Untersuchungsmethoden gibt es noch außer Kultur und Tierversuch?	Die Agglutinationsreaktionen von Patientenserum mit Reinkulturen der Spirochaeta icterogenes und die Komplementbindungsreaktion.
Wie gelingt die Übertragung?	Nicht durch direkten Kontakt von Mensch zu Mensch. Die Spirochäten dringen durch die Haut, die Schleimhaut oder Bindehaut in den Körper ein. Laboratoriumsinfektionen sind häufig. Die meisten Infektionen entstehen durch Baden in infiziertem Wasser.
Wie kommen die Spirochäten in das Wasser?	Von den Ratten, die mit dem Urin die Erreger ausscheiden.
Wie bekämpft man die Krankheit?	Durch energische Bekämpfung der Ratten, durch frühzeitige Isolierung der Kranken. Maßnahmen gegen gefährliche Schwimmbäder, Schutzimpfung, Entfernung der infizierten Hunde aus der menschlichen Umgebung.
Gibt es eine aktive und passive Immunisierung bei der Weilschen Krankheit?	Die prophylaktische aktive Immunisierung mit Vaccins aus Spirochätenkulturen ist mit Erfolg in Japan versucht worden. Die Behringwerke haben durch Immunisierung von Kaninchen mit verschiedenen Weil-Spirochätenstämmen ein Heilserum hergestellt, das so früh wie möglich gegeben werden soll (10—20 cm^3 in leichten, 40—60 cm^3 in schweren Fällen intramuskulär).
Wird durch Überstehen der Krankheit eine Immunität bedingt?	Eine sichere Immunität wird erzielt, die 5 Jahre und noch länger anhält.

3. Spirochaeta pallida (Syphilisspirochäte). [Schaudinn.]

Bestimmen Sie die morphologischen Eigenschaften der Spirochaeta pallida.

Sie ist eine zarte, schwer färbbare Spirochäte mit zahlreichen, steilen, tiefen und regelmäßigen Windungen und lebhaften Bewegungen. An beiden Enden trägt sie einen Geißelfaden. Untersuchung mit Dunkelfeldbeleuchtung (Gewebssaft) oder mit dem Tuscheverfahren nach Burri. Auch Färbung nach Giemsa, am besten 24 Stunden. Für Schnitte empfiehlt sich die Levaditische Methode (Silberfärbung).

Läßt sich die Syphilis auf Versuchstiere übertragen?

Ja, auf Affen und Kaninchen. Durch Einführung des Materials in die Hornhaut oder in die vordere Augenkammer entsteht Keratitis syphilitica; Impfung der Scrotumhaut gibt Scrotumsyphilis, Einführung von Material in den Hoden Orchitis syphilitica.

Ist die Züchtung der Spirochaeta pallida gelungen?

Ja, in halb erstarrtem Serum unter strenger Anaerobiose. Später in Ascites-Agar mit Gewebsstückchen, in Pferdeserum + 1%iges Normosal aa mit Organstückchen und Agar-Überschichtung.

Welche Reaktionen werden diagnostisch bei Syphilis verwendet?

Die Wassermannsche Reaktion, d. h. die Komplementbindung bei Syphilis, die Meinickesche Reaktion, die Reaktion von Sachs und Georgi, die Citocholreaktion.

Welche 5 Substanzen werden bei der Anstellung der Reaktion benutzt?

1. Das Antigen, Auszug aus fötaler syphilitischer Leber, normalen Meerschweinchenherzen oder normaler Menschenleber. Die Extrakte müssen staatlich geprüft sein.

2. Die Patientensera, die $^1/_2$ Stunde bei 56° C inaktiviert werden (d. h. das Komplement wird zerstört).

3. Komplement. Meerschweinchenserum, gewöhnlich in der Verdünnung 1:20.

4. Der hämolytische Amboceptor (Serum von Kaninchen, die mit Schafblut immunisiert sind), der $^1/_2$ Stunde bei 56° C inaktiviert wird. Er soll nach der seit 1. Januar 1935 gültigen amtlichen Anleitung über die Serumdiagnose der Syphilis einen Mindesttiter von 1:1000 haben und muß, wenn er nicht selbst hergestellt ist, auch staatlich geprüft sein.

5. Schafblutkörperchen, aus denen das Serum durch Zentrifugieren und Auswaschen mit NaCl-Lösung (0,85%) entfernt ist. Man verwendet eine 5%ige Emulsion.

Was versteht man unter dem hämolytischen System?

Ein System, das sich aus Komplement, hämolytischem Amboceptor und Schafblutkörperchen in 5%iger Aufschwemmung zusammensetzt und das nach 30 Minuten langem Verweilen im Brutschrank (37° C) Lösung der Blutkörperchen zeigt (Indicator für die Wassermannsche Reaktion).

Dem Hauptversuch nach von Wassermann müssen Vorversuche vorangehen. Worauf erstrecken sie sich?

1. Auf die Einstellung des Amboceptors.

Amboceptor in Abstufungen in 1 cm³ + 1 cm³ Komplement ($^1/_{20}$) + 1 cm³ einer 5%igen Schafblutkörperchenaufschwemmung.

45 Minuten Brutschrank bei 37° C.

Für den Hauptversuch nimmt man das 3- bis 4fache der kleinsten noch lösenden Dosis.

2. Auf die Komplementeinstellung.

Abgestufte Mengen von Komplement in 1 cm³ phys. NaCl-Lösung + 1 cm³ der Amboceptorverdünnung, die man gefunden, + 1 cm³ einer 5%igen Schafblutkörperchenaufschwemmung.

45 Minuten Brutschrank bei 37° C.

Zum Hauptversuch wird das Komplement in der 2—3fachen Grenzdosis genommen.

3. Auf die Antigeneinstellung:

a) Auf hemmende Wirkung (hämolytisches System + abgestufte Mengen von Antigen).

b) Auf lösende Wirkung (abgestufte Mengen von Antigen + 1 cm³ einer 5%igen Schafblutkörperchenaufschwemmung).

Vom Antigen wird die größte, nicht hemmende und nicht lösende Dosis im Hauptversuch verwendet.

Wie wird die Wassermannsche Reaktion im Hauptversuch ausgeführt?

Zum Antigen in fallenden Dosen wird das inaktivierte Krankenserum, das auf das Vorhandensein syphilitischer Antikörper untersucht werden soll, und das Komplement hinzugefügt.

Brutschrank 37° C 45 Minuten.

Dann wird die Amboceptorlösung zugleich mit den gewaschenen Schafblutkörperchen (5%ige Lösung) eingefüllt. Das Ganze wiederum 45 Minuten in den Brutschrank gestellt.

Kontrollen.

1. Antigenkontrolle auf eigenhemmende Wirkung des Antigens.

2. Serumkontrollen; auf eigenhemmende (doppelte Dosis) und auf eigenlösende Wirkung im Verein mit Antigen, Amboceptor und Erythrocyten (aber ohne Komplement).

3. Das hämolytische System.

4. Kontrolle mit einem sicher positiven und einem bestimmt negativen Patientenserum.

Welchen Ausfall der Wassermannschen Reaktion bezeichnet man
a) als positiv?

Wenn die Lösung der roten Blutkörperchen ausbleibt, dadurch, daß sich das Komplement fest an das syphilitische System (Antigen + syphilitischer Amboceptor) verankert und mithin für die Lösung des hämolytischen Systems nicht mehr verfügbar ist.

b) als negativ?

Wenn die Lösung der roten Blutkörperchen eintritt. Es verankert sich das Komplement am hämolytischen System, wenn der syphilitische Amboceptor im Patientenserum fehlt.

Neben der Wassermannschen Reaktion werden die sog. Flokkungs- bzw. Trübungsreaktionen (Sachs, Georgi und Meinicke) verwendet. Wie wird z. B. die Reaktion von Sachs und Georgi ausgeführt?

Cholesterinierter Rinderherzextrakt wird zunächst mit gleichen Teilen, dann noch mit weiteren 4 Teilen 0,85%iger Kochsalzlösung verdünnt. Zu 0,5 cm³ dieser Mischung gibt man 1 cm³ des 1:5 mit physiol. Kochsalzlösung verdünnten inaktivierten Patientenserums. 2 Stunden bei 37° C oder über Nacht bei 20° C stehenlassen. Bei positivem Ausfall der Reaktion feinkörnige Ausflockung sichtbar.

Von Meinicke sind verschiedene Verfahren ausgearbeitet worden. Die „Wassermethode" ist aufgegeben; die „Kochsalzmethode" hat nur noch theoretisches Interesse, ebenso die „Dritte Modifikation". Wichtig dagegen ist die Trübungs- und die Klärungsreaktion von Meinicke (MTR.). Hier hat Meinicke seinen Extrakt durch Zusatz von Tolubalsam verbessert; auch arbeitet Meinicke mit aktivem Patientenserum. Wie verfährt er bei der Trübungsreaktion?

Von dem schnell mit auf 45° C erwärmter 3%iger NaCl-Lösung im Verhältnis von etwa 1:5 verdünnten Extrakte wird 1 cm³ mit 0,2 cm³ des klar zentrifugierten, aktiven Serums gemischt und 1 Stunde bei Zimmertemperatur gehalten. Positive Proben zeigen dann undurchsichtige Trübung bzw. Ausflockung, negative gleichen der Kontrolle, die mit einem Tropfen 1:15 verdünnten Formalins angesetzt war. Bei schwach positivem Ausfall Beobachtung auf 24 bis 48 Stunden verlängern.

Gebräuchlicher ist die Klärungsreaktion (MKR. II). Wie unterscheidet sie sich von der Trübungsreaktion?

Man setzt mit aktiven Seren zwei Versuchsreihen an. Die erste enthält 0,2 cm³ Serum und eine mit 3,5%iger NaCl-Lösung bereitete Extraktverdünnung, die zweite 0,1 cm³ Serum und eine Extraktverdünnung, bei der die 3,5%ige NaCl-Lösung 0,01% Soda enthält. Ablesen am nächsten Tage nach Zimmertemperaturaufenthalt. Negative Sera bleiben gleichmäßig trübe, positive Sera zeigen Ausflockung. Die überstehende Flüssigkeit ist mehr oder weniger klar durchsichtig.

Kennen Sie Schnellreaktionen?

Die Citocholreaktion nach Sachs-Witebsky und die Reaktion nach Kahn. Hier werden Antigene mit hohem Cholesterin-

	zusatz verwendet. Bei positiver Reaktion tritt Flockenbildung auf.
Was wissen Sie über die Pallidareaktion?	Die Pallidareaktion arbeitet mit einem Antigen aus Spirochätenkulturen. Das brauchbare Antigen ist unter der Bezeichnung „Palligen" vom Sächsischen Serumwerk in Dresden zu beziehen.
Ist die Pallidareaktion zuverlässiger als die übrigen bekannten Methoden?	Die Beurteilung ist verschieden. Nach Grüneberg erfaßte sie in den verschiedenen Syphilisstadien 27%, bei Lues latens sogar 32% mehr Fälle als die Wassermannsche Reaktion. Friboes und Zündel fanden die besten Ergebnisse bei Lues I, sie weisen aber auf die häufigen unspezifischen Ausfälle hin.

4. Spirochäten bei Plaut-Vincentscher Angina.

Welche Erreger findet man bei der Plaut-Vincentschen Angina?	Feine flachgewundene Spirochäten regelmäßig gemeinsam mit spindelförmigen Bacillen (Bac. fusiformis).
Wie erscheint der Bacillus fusiformis bei der Färbung sowohl mit Methylenblau als auch nach Giemsa?	Er zeigt bei der Färbung mit Methylenblau streifiges gebändertes Aussehen, indem intensiv gefärbte Stellen mit farblosen Abschnitten abwechseln und bei der Färbung nach Giemsa scharf differenzierte rote Chromatinkörper im blauen Plasma.
Wie untersucht man verdächtiges Material auf Plaut-Vincentsche Angina?	Im gewöhnlichen Carbolfuchsinpräparat oder im Tuscheverfahren. Zur Vermeidung von Fehldiagnosen ist das Material unbedingt stets auf Diphtheriebacillen zu untersuchen, da auch auf diphtherischen Membranen fusiforme Bacillen und Spirillen sich ansiedeln können.
Ist die Züchtung dieser Spirochäten gelungen?	Ja, in serumhaltigen Nährböden unter Luftabschluß (Mühlens). Kolonien wolkig mit gelblichem Zentrum und feinen Ausläufern.
Gibt es hier eine spezifische Therapie und Prophylaxe?	Nein. Mit Erfolg werden Salvarsan und ähnliche Präparate verwendet.

5. Die Rattenbißkrankheit (Sodöku).

Der Erreger dieser Krankheit ist eine Spirille (Spirillum morsus muris). Wo kommt sie vor?	In Japan und in den letzten Jahren in vielen anderen Ländern; während des Weltkrieges öfteres Auftreten beobachtet.
Charakteristika der Rattenbißkrankheit?	Primäraffekt an der Bißstelle, Hautausschlag, rekurrierendes Fieber. Nachweis des Erregers aus den Geweben des Primäraffektes und während des Fiebers aus dem Blut oder im Lymphdrüsenpunktat.

Wie bekämpft und behandelt man diese Krankheit?	Durch Bekämpfung der Ratten; Behandlung am besten mit Neosalvarsan.

6. Die Frambösie.

Ist der Erreger der Frambösie bekannt?	Ja, es ist eine der Syphilis verwandte ähnliche Gewebsspirochäte, die sich in frischen Papeln mit Reizserum findet.
Wie zeigt sich diese Erkrankung beim Menschen?	Himbeerartige Erhebungen auf der Haut in sekundärem Stadium mit geschwürigem Zerfall im Spätstadium.
Wo kommt die Frambösie vor?	In tropischen Ländern, besonders in dichtbevölkerten Gegenden bei Unreinlichkeit.
Wie bekämpft man die Frambösie?	Durch Verbesserung der hygienischen Verhältnisse, „Salvarsanisierung" ganzer Stämme oder Bevölkerungsgruppen.

E. Krankheitserregende Protozoen.

Einteilung nach Doflein:

I. Plasmodroma. Sie besitzen Pseudopodien oder Geißeln, einen oder mehrere bläschenförmige Kerne. Entwicklungskreislauf abwechselnd geschlechtliche und ungeschlechtliche Generationen.
- 1. Klasse: Rhizopoden, mit Pseudopodienbewegung.
- 2. „ Mastigophora, mit Geißelbewegung.
- 3. „ Sporozoa: Vermehrung durch Sporen.

II. Ciliophora. Fortbewegungsorgane: Cilien, Haupt- und Nebenkern. Befruchtung durch anisogame Kopulation oder Konjugation ohne besondere Fortpflanzungsform. Vermehrung durch Teilung oder Knospung.
- 1. Klasse: Ciliaten, Cilien, Nahrungsaufnahme durch Osmose.
- 2. „ Suctoria, nur im Jugendzustand Cilien. Nahrungsaufnahme durch röhrenartige Organellen.

Welche infektiösen Protozoen aus den eben besprochenen Klassen kommen für uns in Betracht?	Von den Rhizopoden die Dysenterieamöben; von den Mastigophoren die Trypanosomen, von den Sporozoen die zu den Hämosporidien zählenden Malariaplasmodien und Coccidien, von den Ciliaten einige ziemlich harmlose Parasiten der menschlichen Darmschleimhaut (Balantidium coli).

1. Dysenterieamöben.

Welche Amöbe kommt bei der tropischen und subtropischen Ruhr vor?	Die Entamoeba histolytica (Schaudinn), auch Entam. dysenteriae genannt (Syn. Entam. tetragena Viereck).
Kennen Sie noch eine andere nicht pathogene Amöbe, die auch im Darm vorkommt?	Die Entamoeba coli Loesch.

Nennen Sie mir die gleichen Arteigenheiten, die beiden Arten (Entamoeba coli und Entamoeba histolytica) zukommen.

a) Vegetative Formen, einkernig; mit Ekto- und Entoplasma; Bewegung durch Pseudopodien; Phagocytose; veränderliche Gestalt („Amoebe" von *ἀμείβομαι*, sich verändern).

b) Cysten, kugelig, unbeweglich ohne Ekto- und Entoplasmadifferenzierung, mehrkernig mit Membran.

Welches sind die Artunterschiede der beiden erwähnten Amöben?

Ruhramöbe:

Vegetative Form: enthält oft gefressene Erythrocyten, selten Bakterien.

Ektoplasma stets auch in der Ruhe deutlich vom Entoplasma abgegrenzt, stark lichtbrechend. Cysten: sehr klein, mit einfacher Membran, höchstens vierkernig. Tierversuch: Junge Katzen können mit Ruhrstühlen rectal infiziert werden.

Entamoeba coli:

Vegetative Form: Enthält niemals Erythrocyten, oft reichlich Bakterien, Ektoplasma nicht immer deutlich abgegrenzt, schwächer lichtbrechend. Cysten: sind größer als bei der Ruhramöbe, mit doppelt konturierter Membran; in reifem Zustande achtkernig.

Vermehrung außer durch Cysten durch Zweiteilung; bei Entamoeba coli auch durch Schizogonie (8 Schizonten).

Infektion per os: Wasser, Nahrungsmittel, Fliegen.

Es gibt auch klinisch gesunde Cystenträger, die in Europa Infektionen vermittelt haben.

Wie untersucht man am besten Stuhl auf Amöben?

Ungefärbt zwischen Deckglas und Objektträger oder im hängenden Tropfen mit leicht angewärmter 0,85%iger NaCl-Lösung.

Welche Hauptinfektionsquellen kennen Sie?

Infizierte Nahrungsmittel, Wasser, Salate, Gemüse, Früchte usw. Auch kommen direkte Kontaktinfektionen von Mensch zu Mensch vor. Gefährlich sind die Keimdrüsen; die Fliegen dienen der Verschleppung.

Wie bekämpft man die Amöbenruhr?

Durch Meldepflicht, Isolierung, Trinkwasserhygiene und Behandlung mit Yatren 105, Emetin und Carbazone.

2. Trypanosomen.

Welche allgemeinen Merkmale gelten für die Trypanosomen?

Sie sind von länglicher Gestalt, bewegen sich mittels 1 oder 2 Geißeln, deren eine den Randfaden einer undulierenden Membran bildet. Die Geißel entspringt am Blepharoplast, dessen Lage in bezug auf den Kern bei den einzelnen Arten variiert. Fortpflanzung durch Längsteilung, seltener durch Rosettenstadium. Im Zwischenwirt vielleicht Gametenbildung. Befruchtung und Ookinetenbildung.

Durch welche Insekten werden die Trypanosomen übertragen?

Durch Glossina-, Stomomyx-, Tabanusarten. In den Fliegen machen die Trypanosomen eine cyclische Entwicklung durch, gelangen in die Speicheldrüsen, wo sie infektionsfähig werden; dann Übertragung auf den Menschen durch Stich- und Saugakt.

Welche wichtigen Arten von Trypanosomen unterscheidet man?

1. Trypanosoma Lewisi, Rattentrypanose. Durch Rattenlaus (Hämatopinus spinulosus) und Rattenfloh (Ceratophyllus) übertragen. Multiple Teilung unter Rosettenformbildung; Züchtung im Kondenswasser von Blutagar (Novy).

2. Trypanosoma Theileri bei Rindern; sehr groß. 30—70 μ.

3. Trypanosoma Brucei (Nagana Tsetsekrankheit) bei Huftieren, Rindern, Pferden, Eseln, Schweinen usw., auch Hunden (Afrika). Wirt und Überträger Glossina morsitans.

4. Trypanosoma Evansi, Surrakrankheit der Pferde, Esel, Kamele (Indien).

5. Trypanosoma equinum (Mal de Caderas), Kruppenkrankheit der Pferde in Südamerika.

6. Trypanosoma equiperdum, Dourine = Beschälkrankheit der Pferde. Übertragung durch Coitus. Auftreten in den Ländern um das Mittelmeer.

7. Trypanosoma Gambiense; erzeugt „Schlafkrankheit"; in Afrika vorkommend.

Übertragung durch Glossina palpalis und morsitans. Die Krankheit beginnt mit Kopfschmerz, Fieber, Lymphdrüsenschwellung, besonders im Nacken; später Milzschwellung, Abnahme der roten Blutkörperchen, Ödeme, Exantheme, Abmagerung, oft Hirnsymptome, Tobsucht, Verrücktheit, Somnolenz, Coma. Übertragung gelingt auf Affen, Meerschweinchen, Hunde. Bekämpfung durch Ausrottung der Glossinen durch Abholzen der See- und Flußufer, Verfolgung der Krokodile, Einführung von Grenzsperren, Schlafkrankheitslager in glossinfreier Gegend für Kranke bis zum Ablauf der Krankheit, weiter durch prophylaktische Einspritzungen von Germanin oder Bayer 205. Sie bringen nicht nur Schutz gegen Neuinfektion, sondern halten das Blut Erkrankter längere Zeit von Trypanosomen frei, so daß die Glossinen nicht infizieren können.

Zur Behandlung eignet sich außer dem Germanin das Tryparsanid, Atoxyl und neuerdings eine kombinierte Behandlung Germanin mit Fuadin.

8. Trypanosoma rhodesiense. Überträger Glossina morsitans.

9. Trypanosoma (Schizotrypanum) Cruzi. Übertragen durch eine Wanzenart Conorrhinus megistus, Erreger der „infektiösen Thyreoiditis". Erzeugt Kropf, Anämie, Ödeme, Lymphdrüsenschwellung, Milztumor und nervöse Störungen. Im Blutplasma, seltener in roten Blutkörperchen kommen die Parasiten vor. Vermehrung entweder Längsteilung (nicht bei Warmblütern) oder Schizogonie im Lungenendothel, in Herzmuskel-, Neuroglia- und anderen Organzellen. Verbreitete Krankheit in Brasilien.

Wie untersucht man Blut, Lumbalpunktat, Punktat der geschwollenen Nackendrüsen auf Trypanosomen?

Im Ausstrichpräparat nach Giemsa oder im Tuschepräparat nach Burri und im hängenden Tropfen. In fieberfreien Pausen fehlen die Erreger im Kreislauf.

Ist die Züchtung der Trypanosomen gelungen?

Im Kondenswasser einer Mischung von Nähragar + defibrin. Kaninchenblut aa bei 37° C.

3. Kala-Azar.

Wo ist diese Krankheit verbreitet und ist der Erreger bekannt?

Das Kala-Azar ist verbreitet in China, Südasien, Mittelmeerländern. Der Erreger „Leishmania Donovani" wurde im Blut, im Endothel der Blut- und Lebergefäße sowie in Milz und Leber von Kala-Azar-Kranken entdeckt. In Kulturen entwickeln sich aus den geißellosen kleinen Formen längliche geißeltragende Formen (Flagellaten).

Wie erfolgt die Übertragung?

Von Mensch zu Mensch wahrscheinlich durch Sandfliegen (Phlebotomen), in denen sich die Leishmanien in Flagellaten umwandeln.

Wie stellt man die Diagnose?

Zunächst auf Grund des klinischen Verlaufes der Erkrankung, weiter durch den Nachweis des Erregers im Milz- evtl. Leberpunktat (Färbung nach Giemsa).

Anhang: Die Orient- oder Aleppo-Beule, die Schleimhautleishmaniose, als Espundia bezeichnet, sollen durch denselben Erreger hervorgerufen werden, der durch eine Stechmücke (Phlebotomus) übertragen wird. Behandlung mit Antimonpräparaten, wie Neostibosan und Fuadin. Die Bekämpfuug besteht in der persönlichen Prophylaxe (Schutz vor Sandfliegenbiß. Bekämpfung der Überträger in den Häusern)

Hämosporidien: Plasmodidae.

4. Die Erreger der Malaria.

Zu welcher Klasse gehören die Malariaplasmodien?

Zu den Hämosporidien.

Wie teilt man die Hämosporidien ein?

In die

1. Haemogregarinidae. Wurmähnliche längliche Parasiten (Kaltblüter und Vögel).

Gattung: Drepanidium, Haemoproteus (Halteridium).

2. Plasmodidae. Runde Parasiten (Vögel, Säugetier).

Gattung: Proteosoma (praecox bei Vögeln).

Gattung Plasmodium:

a) Plasmodium vivax; Parasit der menschlichen Malaria tertiana,

b) Plasmodium malariae quartanae, Parasit der menschlichen Malaria quartana,

c) Plasmodium Laverania; Parasit der Malaria tropica.

Wie geht die Entwicklung des Plasmod. malariae hominis im allgemeinen im Blute vor sich?

Aus den Napf- oder Ringformen, die $^{1}/_{10}$ des roten Blutkörperchens ausfüllen, bildet sich beim Wachsen derselben Melanin, das sich zerstreut im Körper des Parasiten einlagert. Schließlich Schizogonie. Das Pigment wird auf ein oder einige Zentren zusammengezogen, der Körper des Parasiten teilt sich in 8—20 kleine Elemente (Rosettenform, Gänseblümchenstadium), die sich durch Platzen der roten Blutkörperchen loslösen, frei im Blute umherschwimmen und neue rote Blutkörperchen befallen. Bei Auflösung des Schizonten Fieberanfall. Neben diesem ungeschlechtlichen Entwicklungszyklus, der Schizogonie der Malariaparasiten, läuft die geschlechtliche Entwicklung, wobei sich männliche und weibliche Gameten (Mikrogameten und Makrogameten) bilden. Durch Stich der weiblichen Anophelesmücke gelangen die Gameten in den Mückenmagen, wo sich Geißelfäden oder Mikrogameten entwickeln, die die weiblichen Gameten oder Makrogameten befruchten. Aus ihnen entwickeln sich bewegliche wurmartige Formen, die Ookineten, die die Magenwand durchdringen und sich in der äußeren Magenepithelschicht zu Oocysten umwandeln, die nun zu Sporoblasten auswachsen, in denen sich Sichelkeime oder Sporozoiten bilden. Durch Platzen gelangen sie in die Leibeshöhle, von dort in die Speicheldrüsen und somit durch den Saugakt der Mücken in den menschlichen Organismus.

Wodurch unterscheiden sich Anopheles und Culex?

Bei Culex:	Bei Anopheles:
Kurze Fühlhörner, wenig gefiederte Antennen (beim Männchen Fühlhörner länger als der Rüssel).	Fühlhörner und Stechapparat ungefähr gleich lang; Antennen stark gefiedert.
Körper der sitzenden Culex parallel der Wandfläche.	Körper der sitzenden Anopheles zur Wandfläche in einem Winkel von 45° geneigt.
Die Culexlarve hängt fast senkrecht von der Wasseroberfläche abwärts.	Die Anopheleslarve liegt dicht unter der Wasseroberfläche parallel zu dieser. Bei Anopheles auf den Flügeln je 4 in T-Form gestellte dunkle Flecke.

Welches sind die Hauptmerkmale
a) des Quartanaparasiten (Plasm. malariae)?

Grobes Pigment, 8—12 Schizonten, zuweilen deutliche Bandbildung quer über das rote Blutkörperchen. Gameten spärlich, nicht größer als ein rotes Blutkörperchen mit grobem Pigment. Wiederholung des Fieberanfalles nach je 72 Stunden.

b) des Tertianaparasiten (Plasm. vivax)?

Parasit zart, Pigment fein. Die befallenen roten Blutkörperchen nehmen an Größe zu und sind rot getüpfelt (Romanowsky-Giemsa). Schizonten 16—24 unregelmäßig verteilt. Zahlreiche Gameten, die oft bis zur doppelten Größe eines roten Blutkörperchens auswachsen, mit fein verteiltem Pigment. Fieberanfall alle 48 Stunden.

c) der Malaria tropica (Plasm. immaculatum)?

Sehr kleine Ringformen mit deutlichem Chromatinkorn im Beginn des Fiebers, später größere Ringe. Schizontenbildung nur in den inneren Organen (Milz). Gameten haben Halbmond- oder Eiform, die sich anfangs oft an den Erythrocyten anschmiegen, später sich frei vorfinden (oft doppelt so groß in der Länge wie ein rotes Blutkörperchen). Männliche Gameten mit blaßgefärbtem Plasma und reichlichem kompaktem Chromatin, weibliche Gameten dunkel gefärbt mit weniger Chromatin.

Fieberanfall alle 48 Stunden, Fieberdauer 40 Stunden, Remission nur 6—8 Stunden.

Wie untersucht man das Blut auf Malariaplasmodien?

Das am besten kurz vor dem Fieberanfall entnommene Blut (Ohrläppchen, Fingerkuppe) untersucht man

1. im Blutausstrich auf Objektträger. Färbung nach Giemsa; siehe S. 133.

2. Ebenso; Färbung nach Manson (Borax-Methylenblau); siehe S. 133.

3. Im dicken Tropfen; er ermöglicht noch die Auffindung vereinzelter Parasiten in Fällen, in denen das Ausstrichpräparat im Stich läßt.

Wie behandelt man den Bluttropfen in dicker Schicht?

Man läßt mehrere Bluttropfen in dicker Schicht auf einem Objektträger staubsicher 2 Stunden gut trocknen. Ohne Fixierung wird dann das Präparat mit Giemsa-Lösung gefärbt ($^1/_2$ Stunde lang). Vorsichtiges Abspülen mit destilliertem Wasser; dann durch Senkrechtstellen der Objektträger lufttrocknen lassen; nicht mit Fließpapier abtrocknen!

Eine weitere Methode ist folgende: Einlegen der Präparate für einige Minuten in eine wässerige Lösung von 2% Formalin + $^1/_2$—1% Essigsäure. Nach Auslaugen des Hämoglobins 2 bis 5 Minuten in Alkohol fixieren, dann Färbung nach Giemsa.

Welche Gegenden sind besonders von der Malaria heimgesucht?

Die tropische und subtropische Zone; in der kalten Zone fehlt sie gänzlich, in der gemäßigten zeigt sie noch starke Verbreitung.

Welche vier Bedingungen müssen bei einer endemischen Ausbreitung von Malaria zusammentreffen?

1. Als Ansteckungsquelle müssen Malariakranke mit Parasiten (Gameten) im Blute vorhanden sein.

2. Es müssen Anophelesmücken in der Gegend sein.

3. Empfängliche Menschen müssen von infizierten Anophelesmücken gestochen werden.

4. Temperatur muß dauernd so hoch sein, daß die Parasiten in der Mücke nicht zugrunde gehen.

Wie bekämpft man die Malaria?

1. Durch Fernhalten der Anophelesmücken vom Menschen, Mückenschutz für den bettlägerigen Kranken.

Durch Vertilgung der Stechmücken (Saprol, Petroleum, Formalin, Ammoniak); auch durch Aussetzen natürlicher Larvenfeinde (Karpfen, Schwimmkäfer usw.). In Wohnungen Tötung der Mücken durch schweflige Säure, Formaldehyd, Terpentin usw.

Weiter durch Trockenlegung des Bodens (Drainage, Eukalyptuspflanzungen usw.).

2. Durch Schutz der empfänglichen Gesunden gegen Mückenstiche durch Moskitonetze, Handschuhe usw., schließlich durch prophylaktische Chininbehandlung, alle 3 Tage 0,5 g.

Neuerdings werden zur Behandlung des Menschen Präparate wie Atebrin und ein synthetisch hergestelltes Chinolin-Derivat „Plasmochin" empfohlen. Bei allen Malariaarten wirkt das Atebrin besonders auf die Schizonten, Plasmochin auf die Gameten abtötend. Durch Kombination beider Mittel erzielt man sichere Heilung aller Malariaformen in kürzester Zeit. Das Präparat „Certuna" hat sich bei der Malaria tropica besonders bewährt.

Was ist Schwarzwasserfieber?

Eine unter Schüttelfrost und Fieber akut einsetzende Hämoglobinurie, die mit der Malaria in engstem Zusammenhange steht. Sie wird bedingt durch einen plötzlich massenhaften Zerfall roter Blutkörperchen. Mortalität etwa 6—10%.

Was wissen Sie über die Ursache des Schwarzwasserfiebers?

Eine bestehende oder früher überstandene ungenügend behandelte Malaria schafft eine Intoleranz gegen Chinin, so daß schon geringe Gaben von Chinin zur Auslösung eines Schwarzwasserfieberanfalles genügen. Die Bedingungen für das Zustandekommen des Schwarzwasserfiebers sind aber noch keineswegs geklärt.

F. Virus und Viruskrankheiten.

Was versteht man unter dem Begriff Virus?

Krankheitserreger nicht voll bekannter biologischer Natur, die dadurch charakterisiert sind, daß sie

1. sehr klein sind und zum Teil unter mikroskopischer Sichtbarkeit liegen,
2. anscheinend nur in enger Symbiose mit lebenden Zellen sich erhalten können,
3. vermehrungsfähig sind und sich vornehmlich intracellulär vermehren,
4. in ununterbrochener Reihe bei geeigneten Wirten typische und gleichartige Krankheiten hervorrufen,
5. bei einer Infektion oft bestimmte Zellarten befallen,
6. eine bestimmte Antigenstruktur haben, die zur Bildung spezifischer Antikörper Anlaß gibt, und
7. eine große Variationsfähigkeit besitzen.

Was wissen Sie über die Größe der einzelnen Virusarten?

Sie ist verschieden. Die größten Vira entsprechen beinahe den kleinsten Bakterien, während die kleinsten Vira schon großen Molekülen räumlich fast gleich sind. Das Virus der Variolavaccine ist z. B. im Volumen 15—20000mal größer als das der Maul- und Klauenseuche. Bestimmt man z. B. die Größe des Bac. prodigiosus mit 750, dann ist die Größe des Pockenvirus 250, der Variolavaccine 150, der Lyssa 125, des Gelbfiebers 22, der Maul- und Klauenseuche 10 mμ.

Wie steht es mit der Filtrabilität der Vira?

Sie gilt heute nicht mehr als biologische Begründung für eine Trennung der Virus von anderen Mikroorganismen. Die Filtrabilität des Virus ist nur ein Zeichen für die geringe Größe der Virusteilchen. Unter dem Mikroskop erscheinen sie in mehr oder minder kugeliger Gestalt als Elementarkörperchen (Färbung mit Viktoriablau und Untersuchung mit dem Luminescenzmikroskop). Daneben sind die Einschlußkörperchen von Wichtigkeit, die man als Zelleinschlüsse bei bestimmten Viruskrankheiten findet. Sie haben bestimmte Beziehungen zu dem Virus (Pocken, Lyssa).

Wie steht es mit der Züchtung und Haltbarkeit des Virus?

Die Züchtung gelingt in der künstlichen Gewebskultur, aber auch in physiologischer Kochsalzlösung, der man frisches überlebendes Embryonalgewebe beigibt, zuweilen mit Zusatz von Serum oder Plasma bestimmter Tiere; z. B. verwendet man für die Viruszüchtung das bebrütete Hühnerei. Vermehrung der Krankheitsstoffe auf der Chorion allantois, zum Teil auch im Körper des wachsenden Hühnchens. Die Haltbarkeit gelingt in reinem oder hochkonzentriertem Glycerin oft jahrelang bei niedriger Temperatur.

Was wissen Sie über die Pathogenität und die Virulenz der Vira?

Sie ist für die einzelnen Tiere verschieden. Durch Tierpassagen läßt sich die Virulenz bis zum Erhalt eines Passagevirus steigern.

I. Allgemeinerkrankungen.

1. Gelbfieber.

Das Gelbfieber ist eine mit schwerem Ikterus einhergehende Erkrankung. Wo kommt es vor?

In Brasilien, in einigen anderen süd- und mittelamerikanischen Staaten, an den Küsten des tropischen Westafrika.

Von dem Erreger nahm man bisher an, daß er unterhalb der Grenze der mikroskopischen Sichtbarkeit liegt und durch Porzellanfilter hindurchgeht. Wie lange kreist das Virus im Blute?

Nur während der ersten drei Tage des Fiebers, daher erfolgt in dieser Zeit die Infektion der Mücke durch den Stich an einem Kranken.

Ist der Erreger züchtbar?

Ja, auf flüssigen Nährböden mit Hühnerembryonalgewebe.

Wie gelingt die Übertragung der Krankheitserreger auf den Menschen?

Durch eine in den wärmeren Zonen heimische Mückenart, Aedes aegypti. In den allein blutsaugenden Weibchen findet die Entwicklung des Parasiten statt. Frühestens nach 12 Tagen wird die Mücke infektiös und bleibt es während ihres Lebens, also etwa 4 Wochen. Die in kleine Wasseransammlungen abgelegten Eier enthalten das Virus, wie die daraus entwickelten Imagines, letztere 14 Tage nach dem Ausschlüpfen in infektionstüchtigem Zustand. Da das Virus im Blut frisch Erkrankter und in der infizierten Mücke auch durch die Haut des Menschen eindringen kann, ist Vorsicht geboten (Laboratoriumsinfektion).

Welche Organe werden besonders geschädigt?

Toxisch degenerative Schädigungen finden sich in der Leber, in den Nieren. Dazu treten Fieber, Gelbsucht, Albuminurie, Blutungen im Magen-Darm-Kanal.

Wie wird das Gelbfieber bekämpft?

Durch Anzeigepflicht, Isolierung der Kranken, Überwachung des Verkehrs, persönlichen Mückenschutz, Vernichtung der Mücken und ihrer Brut (Brutplätze zuschütten, mit Petroleum übergießen usw. Einleitung von Clayton-Gas in unterirdische Kanäle; Ausräuchern der Häuser mit SO_2). Auch für den Luftverkehr, durch den Gelbfieberkranke und auch infizierte Aedesmücken verschleppt werden können, sind zwischenstaatliche Maßnahmen gegen die Gelbfieberverschleppung vereinbart worden. (Sanitätsabkommen vom 12. April 1933.)

Gibt es eine Schutzimpfung bei Gelbfieber?

Ja, und zwar eine aktiv-passive Immunisierung durch Verwendung menschlichen Immunserums und Mäusegehirnvirus. Neuerdings benutzt man nur abgeschwächtes Mäusegehirnvirus Letzteres Verfahren nicht ganz gefahrlos. Die Erfolge sollen gut sein.

2. Dengue.

Wie wird das Denguefieber übertragen?

Durch die gleiche Mückenart wie das Gelbfieber (Aedes aegypti).

Wie verläuft die Krankheit?

Mit Fieber, Hautexanthem, Gelenk- und Muskelschmerzen; kurzer, wenige Tage dauernder Verlauf. Oft plötzliche Ausbreitung in ausgedehnten Epidemien.

Hinterläßt das Überstehen der Krankheit beim Menschen eine Immunität?

Ja.

Wogegen richtet sich die Bekämpfung dieser Krankheit?

Gegen die Ausrottung der Mücken, Mückenschutz.

3. Pappatacifieber.

Wie wird das Pappatacifieber übertragen?	Nicht durch direkten Kontakt von Mensch zu Mensch, sondern durch den Stich von Phlebotomen (Mittelmeer, Schwarzes Meer, in den wärmeren Ländern der übrigen Erdteile).
Wie verläuft die Krankheit?	Gutartig, kurzfristig mit Fieber, heftigen Allgemeinerscheinungen, Erythem; lang dauernde Rekonvaleszenz. Nach Überstehen lang dauernde Immunität.
Wie verhütet man die Krankheit?	Durch Schutz vor Phlebotomenstichen, sehr engmaschige Mückennetze.

4. Riftal-Fieber.

Wo beobachtet man diese Erkrankung?	Bei Schafen im Tal des Riftflusses in Ostafrika; sie kann auf Rinder und den Menschen übergehen, ist auch auf Mäuse, Ratten und Frettchen übertragbar.
Wie verläuft die Krankheit?	3—4 Tage grippeähnlich; klinisch ähnlich wie Denguefieber. Sie hinterläßt deutliche Immunität.

II. In der Haut sich manifestierende Viruskrankheiten.

1. Pocken.

Was wissen Sie über den Pokkenerreger?	Er ist nicht nur ein filtrierbares Virus, sondern kommt auch in den Pusteln der Erkrankung frei vor. Man nimmt die darin gefundenen Elementarkörperchen, die Paschenschen Körperchen, als die Erreger der Pocken an. Es handelt sich um kleinste, nach Gram negative, nach Giemsa mäßig färbbare Körperchen.
Wo findet sich der Erreger?	Im Blut, in den inneren Organen und frühzeitig in den Tonsillen, von denen er ausgeschieden wird. So kann das Virus beim Sprechen und Husten mit den Tröpfchen verstreut und mit der Atemluft wieder aufgenommen werden, wie es andererseits auch mit Staubpartikelchen in die Luft gelangen und in die Atmungsorgane eindringen kann.
Was wissen Sie über die Guarnierischen Körperchen zu sagen?	Man findet die sog. „Vaccinekörperchen, Cytoryctes vaccinae et variolae“ (Guarnieri) in Hornhautzellen von Kaninchen, die mit dem Inhalt von menschlichen Pockenpusteln oder von Kuhpocken in die oberen Hornhautschichten geimpft sind. Sie entstehen durch eine spezifische Reaktion der Zelle auf das Variolavaccinevirus.
Wie züchtet man das Vaccinevirus?	Mittels Thyrodelösung mit Gewebsstückchen oder angebrüteten Hühnereiern. Die Chorion-

allantois des noch lebenden Embryos zeigt typische Veränderungen. Sie wird entnommen und auf das Vorkommen von **Paschen**-Körperchen untersucht.

Ist es im trockenen Zustande lange lebensfähig?

3 Jahre.

Wie kommt die Übertragung der Pocken zustande?

Durch Berührung des Kranken und der vom Kranken benutzten Gegenstände, durch Tröpfchen- und Stäubcheninfektion, gelegentlich auch durch Nahrungsmittel und Insekten.

Auf wie lange Zeit erstreckt sich nach Überstehen der Pocken die Immunität?

Gewöhnlich auf 10 Jahre.

Welche Schutzmaßregeln sind für die Umgebung zu ergreifen? (Siehe Reichsseuchengesetz vom 30. Juni 1900, die vom Bundesrat am 18. Januar 1904 herausgegebene Anweisung zur Bekämpfung der Pocken und das Preußische Seuchengesetz vom 28. August 1905.)

1. Anzeigepflicht für alle Pockenerkrankungen und Verdachtsfälle.
2. Strenge Isolierung des Kranken und des Pockenverdächtigen.
3. Pflege durch geschultes, vorher gegen Pokken geimpftes Personal.
4. Desinfektion während und nach der Krankheit.
5. Schutzimpfung der Umgebung (Reichsseuchengesetz).
6. Verbot größerer Menschenansammlungen.
7. Meldepflicht für zureisende Personen, strenge Beaufsichtigung der Besucher der Herbergen, Obdachlosenasyle und der fremdländischen Arbeiter.

Welche Schutzimpfung kommt bei Pocken in Frage?

Die aktive Immunisierung, die einen hinreichenden Impfschutz gewährt.

Was versteht man unter der „Variolation"?

Eine um den Anfang des 18. Jahrhunderts geübte Schutzpockenimpfung, die mit unabgeschwächtem Pockenvirus vorgenommen wurde. Diese Art der Impfung wurde bald wieder verlassen, teils wegen der nach der Impfung auftretenden schweren Erkrankung (selbst Todesfälle wurden beobachtet), teils weil die Variolation sehr zur Verbreitung der Pocken beitrug.

Man verwendete später einen Impfstoff, den der englische Arzt **Edward Jenner** in der **Lymphe der Kuhpocke** entdeckte (**Vaccine**). Was ruft die **Jenner**sche Vaccination beim geimpften Menschen hervor?

Eine pockenähnliche, lokale Pustelbildung mit gutartigem Verlauf, die einen sicheren Schutz gegen die Variolation erzeugt. Die Vaccine ist eine durch Tierpassage entstandene dauerhafte abgeschwächte Varietät des Variolavirus.

Was versteht man

a) unter animaler Lymphe?

a) Animaler Impfstoff ist die Kuhpockenlymphe, die direkt vom Tier auf den Menschen verimpft wird.

b) unter humanisierter Lymphe?

b) Humanisierter Impfstoff ist Lymphe aus menschlichen Vaccinepusteln.

Hat man im Blutserum von Pockenrekonvaleszenten und mit Erfolg Geimpften sowie von variolisierten und vaccinierten Versuchstieren Antikörper nachgewiesen?

Ja; vom 7. Tage an. Präcipitine sind nur in verschwindend kleiner Menge vorhanden. Komplementbindende Stoffe konnten bei Rekonvaleszenten etwa 3 Wochen lang, bei Revaccinierten vom 10. bis 16. Tage, bei lapinisierten Kaninchen, ebenso bei Rindern, nur selten gefunden werden.

In Deutschland besteht der allgemeine Impfzwang. Wann wurde für Deutschland ein neues Impfgesetz erlassen?

Am 8. April 1874. Nähere Bestimmungen über die Ausführung des Impfgesetzes sind durch Bundesratsverordnungen zuletzt am 22. März 1917 erlassen.

Was bestimmt dieses Gesetz?

Jedes Kind muß „vor Ablauf des Kalenderjahres, welches auf das Geburtsjahr folgt, zum ersten Male, und vor Ablauf des Jahres, in welchem das Kind sein 12. Lebensjahr vollendet, zum zweiten Male (Revaccination) geimpft" werden.

Kann ein Impfpflichtiger nicht nach ärztlichem Zeugnis *ohne Gefahr für sein Leben oder für seine Gesundheit* geimpft werden, ist er *binnen Jahresfrist nach Aufhören des diese Gefahr begründenden Zustandes* der Impfung zu unterziehen. Der *Impfarzt* hat *in zweifelhaften Fällen* die endgültige Entscheidung darüber zu fällen, ob diese Gefahr noch fortbesteht.

Die früher mehrfach im Verlaufe der Schutzimpfung beobachteten Krankheiten (Syphilis, Tuberkulose, Erysipel, Ernährungsstörungen, Skrofulose) werden nach dem Reichsimpfgesetz dadurch eingeschränkt, daß die Impfung von Mensch zu Mensch verboten ist, daß bei Ekzemen nicht geimpft werden darf, daß schwächliche Kinder von der Impfung ausgeschlossen werden. Auch wird nur animale Lymphe verwendet, die unter staatlicher Kontrolle und unter bestimmten Vorsichtsmaßregeln gewonnen werden darf.

Was hat nach dem Impfgesetz zu geschehen, wenn eine Impfung nach dem Urteil des Arztes erfolglos geblieben ist?

Es *muß* dann die Impfung spätestens im nächsten Jahre, und falls sie auch dann erfolglos bleibt, im dritten Jahre wiederholt werden.

Einer etwaigen absichtlichen Übertretung der gesetzlichen Vorschrift tritt das Impfgesetz im § 4 mit Entschiedenheit entgegen. Was bestimmt dieser Paragraph?

Ist die *Impfung* bzw. Wiederimpfung *ohne gesetzlichen Grund* unterblieben, so ist sie binnen einer von der zuständigen Behörde zu setzenden *Frist nachzuholen*.

Wie Sie wissen, werden Impfbezirke gebildet, deren jeder einem Impfarzte unterstellt ist.

Wann nimmt der Impfarzt die Impfungen vor?

In der Zeit von Anfang Mai bis Ende September jedes Jahres an den vorher bekanntzumachenden Orten und Tagen für die Bewohner des Impfbezirkes unentgeltlich. Die Orte für die Vornahme der Impfungen sind so zu wählen, daß kein Ort des Bezirks von dem nächstgelegenen Impforte mehr als 5 Kilometer entfernt ist.

Für jeden Impfbezirk werden von der zuständigen Behörde, wie von den Vorstehern der betreffenden Lehranstalten vor Beginn der Impfzeit Listen über die zu impfenden Kinder aufgestellt. Was vermerken die Impfärzte darin?

Ob die Impfung mit oder ohne Erfolg vollzogen oder ob und weshalb sie ganz oder vorläufig unterblieben ist.

Dürfen nur die Impfärzte Impfungen vornehmen?

Nein, auch andere Ärzte. Sie müssen nach Schluß des Kalenderjahres die Listen der Behörde einreichen.

Eine Anzahl von Impfinstituten wurde von der Landesregierung zur Beschaffung und Erzeugung von Schutzpockenlymphe eingerichtet.

Beziehen die Impfärzte die Schutzpockenlymphe von den Impfinstituten unentgeltlich?

Ja.

Die öffentlichen Impfärzte sind wieder verpflichtet, auf Verlangen Schutzpockenlymphe, soweit ihr entbehrlicher Vorrat reicht, an andere Ärzte unentgeltlich abzugeben.

Welche Angaben enthält der Impfschein, der über jede Impfung nach Feststellung ihrer Wirkung vom Arzte ausgestellt ist?

Vor- und Zuname des Impflings, Jahr und Tag seiner Geburt; weiter, „daß durch die Impfung der gesetzlichen Pflicht genügt ist, oder daß die Impfung im nächsten Jahre wiederholt werden muß".

In den ärztlichen Zeugnissen, durch welche die gänzliche oder vorläufige Befreiung von der Impfung nachgewiesen werden soll, wird unter der für den Impfschein vorgeschriebenen Bezeichnung der Person bescheinigt, aus welchen Gründen und auf wie lange die Impfung unterbleiben darf. Diese Scheine haben eine w e i ß e Farbe.

Wie sehen die Impfscheine für Erstimpflinge aus?

Rosa.

Wie die für Wiederimpflinge?

Grün.

Wann zeigen sich nach der erfolgreichen Impfung die Pockenpusteln, und beschreiben Sie mir die normale Abheilung einer Impfpustel?

Bei E r s t i m p f u n g e n zeigen sich vom 4. Tage ab kleine Bläschen, die sich in der Regel bis zum 9. Tage unter mäßigem Fieber vergrößern und zu erhabenen, von einem roten Entzündungshofe umgebenen Schutzpocken entwickeln. Dieselben enthalten eine klare Flüssigkeit, die sich am 8. Tage zu trüben beginnt. Am 10. bis 12. Tage beginnen die Pocken zu einem Schorfe einzutrocknen, der nach 3 bis 4 Wochen von selbst abfällt. Bei erfolgreicher Impfung bleiben Narben von der Größe der Pusteln zurück. — Bei Wiederimpflingen tritt die Entwicklung der Impfpusteln schon am 3. oder 4. Tage ein und ist nur mit ganz geringen Störungen im Allgemeinbefinden verbunden.

Kennen Sie einige Verhaltungsvorschriften für Impflinge?

Aus Häusern, in denen ansteckende Krankheiten herrschen, dürfen Erstimpflinge sowie Wiederimpflinge nicht zum allgemeinen Impftermin gebracht werden. Die zum Impftermin geladenen Kinder müssen mit reingewaschenem Körper in sauberen Kleidern erscheinen. Auch nach der Impfung ist große Reinhaltung des Impflinges die wichtigste Pflicht. Tägliches Bad schadet nichts; auch soll der Geimpfte täglich bei günstigem Wetter ins Freie gebracht werden. Die Impfstellen sind vor dem Aufreiben, Zerkratzen und vor Beschmutzung zu bewahren. Auch ist der Impfling vor Personen zu schützen, die an eiternden Geschwüren oder Wundrose erkrankt sind.

Welche Maßregeln ergeben sich für Wiederimpflinge bei stärkeren Begleiterscheinungen nach erfolgter Impfung?

Wenn ausnahmsweise nach der Impfung Fieber auftritt, soll das Kind zu Hause bleiben; bei stärkerer Röte und Anschwellungen der Impfstellen sind kalte, häufig zu wechselnde Umschläge mit abgekochtem Wasser wegen Maceration der Haut zu widerraten; dagegen empfiehlt sich eine Pinselung mit 5%igem Kal. hypermang. (nach Gins).

Das Turnen ist vom 3. bis 13. Tage von allen, bei denen sich Impfblattern bilden, auszusetzen.

Während fast allgemein die geschilderten Impfreaktionen glatt ablaufen, können unter Umständen schwere Störungen, sogar Todesfälle vorkommen. (Häufiger bei Erstimpflingen als bei Wiederimpflingen.) Nennen Sie mir solche Impfschäden!

1. Die spezifisch-vaccinalen Komplikationen. Außer den harmlosen Nebenpocken und postvaccinalen Exanthemen kommen durch Kratzen der Impfstellen und Übertragungen auf andere gekratzte Körperstellen sekundäre Pokken zustande, die man als Vaccina secundaria und Vaccina generalisata bezeichnet. Erfolgt die Übertragung des Impfstoffes auf größere ekzematöse Hautpartien, so entsteht das Eczema vaccinatum. Hier vereinzelte Todesfälle. Bei der Vaccina generalisata wird das Virus auf dem Blut- und Lymphwege verschleppt (Bläschenausschlag an den verschiedensten Körperstellen bei durchaus gesunder Haut).

2. Die nicht spezifisch-vaccinalen Komplikationen. Hierher gehören das sog. Früh-Erysipel, das in den ersten 3 Tagen nach der Impfung auftritt und auf Verunreinigungen zurückzuführen ist (unsauberes Impfgerät usw.), und andere durch sekundäre Infektionen der Impfpusteln hervorgerufene Infektionen bis zu septischen Prozessen. Weiter das Spät-Erysipel, das am 7. bis 10. Tage nach erfolgter Impfung oder noch später auftritt. Prognose ernst.

Wie wird die Lymphe hergestellt?

Gesunde, junge Rinder oder Kälber werden nach Reinigung der Impffläche (Unterbauch, innere Schenkelflächen), Rasieren derselben, Waschen mit Seife und warmem Wasser, Desinfektion mit Sublimatlösung (1‰) und Abwaschen mit sterilem Wasser, mit humanisierter oder animaler Lymphe in zahlreiche Schnitte geimpft. Am 4. bis 5. Tage wird die Lymphe mittels scharfen Löffels abgekratzt, die gewonnene Masse mit 60% Glycerin zur Keimabtötung der zahlreichen in der Lymphe vorkommenden Bakterien und Saprophyten im Mörser oder in Mühlen gut zu einer Emulsion verrieben. Abfüllen der nach dem Sedimentieren gewonnenen klaren Flüssigkeit. Die Kälber usw. werden nach der Abimpfung obduziert. Bei nicht gesunden Organen wird die Lymphe vernichtet.

Man hat Trockenlymphe hergestellt, die zum Gebrauch mit Glycerin angerührt wird.

Mit welchen Mitteln hat man versucht, die Lymphe lange haltbar zu machen, ohne daß sie ihre Wirksamkeit einbüßt (z. B. in den Tropen)?

Von den chemischen Mitteln werden Chinosol, $H_2O_2 + CO_2$, und ultraviolette Strahlen empfohlen.

Wie wird eine Pockenimpfung beim Menschen ausgeführt?

Die Impfung erfolgt mit beschicktem Impfmesser oder Impffeder unter aseptischen Kautelen am Oberarm (bei Erstimpflingen auf dem rechten, bei Wiederimpflingen auf dem linken). Es genügen 4 seichte Schnitte von 2—3 mm Länge im Abstand von 2 cm. Stärkere Blutungen beim Impfen sind zu vermeiden. Ein Schutzverband ist nicht unbedingt notwendig. Nach 6—8 Tagen findet der Nachschautermin statt.

Die Erstimpfung ist erfolgreich, wenn mindestens eine Pustel gut zur Entwicklung gelangt ist. Es genügt eine Bildung von Bläschen oder Knötchen an den Impfstellen bei der Revaccination.

2. Alastrim.

Was wissen Sie über diese Seuche?

Sie ist eine milde Form der Pocken, beobachtet in der Schweiz, England und Südamerika. Im Tierversuch verhält sich dieses Virus wie das der Variola vera. Verbreitung in der ungeschützten Bevölkerung ebenso leicht wie bei Variola vera. Durch Impfschutz wird sie noch leichter wie die echten Pocken abgewehrt.

3. Tierpocken.

Wodurch werden die Tierpocken hervorgerufen?

Durch ein filtrables Virus. Man findet meistens Zelleinschlüsse, die dem Guarnierischen Körperchen sehr ähnlich sind. (Schaf-, Ziegen-, Schweinepocken, Geflügel-, Hühner-, Taubenpocken.) Das Virus steht zu dem Virus der Variola vera in nahen Beziehungen.

4. Windpocken.

Eine harmlose Erkrankung sind die Windpocken oder Varicellen, die weit verbreitet sind. Sind sie ätiologisch von Variola vera abzutrennen?

Ja. Der Bläscheninhalt der Varicellen erzeugt in der Kaninchenhornhaut niemals eine Keratitis und niemals Guarnierische Körperchen. Mit der Viktoriablaufärbung nach Herzberg kann man Elementarkörperchen feststellen.

5. Herpes zoster.

Es handelt sich bei der Gürtelrose um eine fieberhafte mit Ausschlag einhergehende entzündliche Erkrankung eines sensiblen Neuroms. Was findet man im Bläscheninhalt?

Spezifische Einschlußkörperchen, die denen der Varicellen gleichen. Nach Überstehen der Krankheit bleibt eine starke Immunität.

6. Herpes simplex.

Wo findet sich diese Erkrankung?

Als bläschenförmiger Ausschlag am Lippenrande im Gesicht, auf den Schleimhäuten oder am Auge. Das Virus hat einen Durchmesser von 180—220 mμ.

Ist das Virus züchtbar?

Es ist künstlich züchtbar und auf Kaninchen, Meerschweinchen und verschiedene Affenarten übertragbar, so z. B. durch Übertragung mit keimfreiem Material auf die angeritzte Cornea der Kaninchen, bei denen eine spezifische Keratitis entsteht, in deren Corneazellen sich Kerneinschlüsse entwickeln.

7. Die Maul- und Klauenseuche.

Die Maul- und Klauenseuche ist eine Infektionskrankheit der Wiederkäuer und Schweine. Wie zeigt sich diese Erkrankung?	Es bilden sich Blasen an der Maulschleimhaut, in der Umgebung der Klauen und evtl. am Euter. Die Krankheit ist sehr infektiös und breitet sich außerordentlich schnell aus.
Ist die Maul- und Klauenseuche auf den Menschen übertragbar?	Unter Umständen ja, aber selten. Es bilden sich Bläschen auf der Mundschleimhaut, an den Lippen, Nasenflügeln, Bindehaut usw. Oft hohes Fieber, besonders bei Kindern.
Wo ist das Virus nachweisbar?	Im Blaseninhalt, im Speichel und sonstigen Ausscheidungen.
Ist es züchtbar?	Ja, in Gewebekulturen.
Wie groß ist das Virus?	8—12 mμ.
Worauf erstreckt sich die Bekämpfung?	Auf Absperrung der Gehöfte, Ställe, Dörfer, auf Pasteurisierung der Milch. Sauberkeit des Stallpersonals, bei Erkrankungen desselben oder bestehendem Verdacht einer Erkrankung Isolierung. Desinfektion ihrer Abscheidungen, Wäsche und Gebrauchsgegenstände. Einleitung der Schutzimpfung in gefährdeten Viehbeständen.

III. Durch Virusarten bedingte Exantheme.

1. Masern.

Ist der Masernerreger bekannt?	Nein. Das Virus geht durch bakteriendichte Seitz-Filter und durch Berkefeld-Kerzen W u. N.
Gelingt die künstliche Züchtung des Virus?	Ja, durch viele Passagen hindurch auf bebrütetem Ei, wobei Verdickungen, weißliche Trübungen oder Herdbildungen auf der Eihaut entstehen.
Hinterläßt das Überstehen der Masern eine Immunität?	Ja.
Ist dem Serum von Rekonvaleszenten eine Schutzwirkung zuzuschreiben?	Ja; es bildet sich eine kurz dauernde passive Immunität von 2—4 Wochen.

2. Die Röteln.

Das Überstehen der Röteln hinterläßt eine hohe Immunität. Ist der Erreger bekannt?	Nein; man nimmt auch hier ein Virus an.

3. Der Scharlach.

Ist die Ätiologie beim Scharlach geklärt?	Nein; es erscheint angebracht, ihn vorläufig noch im Rahmen der Viruskrankheiten darzustellen. Von Paschen sind elementarkörperchenartige Gebilde beschrieben worden. Doehle

	fand in Leukocyten eigenartige Einschlußkörperchen von rundlicher oder mehr länglicher Gestalt. Imamura berichtet über Versuche, Scharlachvirus im Ei zu züchten.

IV. Encephalomyelitiden.

1. Encephalitis epidemica.

Ist der Erreger bekannt?	Nein. Mit großer Wahrscheinlichkeit handelt es sich um eine virusbedingte Krankheit. Es bestehen nahe verwandtschaftliche Beziehungen zwischen ihm und dem menschlichen Herpesvirus.

2. Spinale Kinderlähmung.

Was wissen Sie über den Erreger dieser gefürchteten Krankheit?	Er gehört zu den kleinsten Virusarten. Durchmesser 10 mμ. Das Virus hält sich in gefrorenem Zustande und in 50%igem Glycerin monatelang.
Gelingt die Züchtung des Virus?	In Gewebekulturen z. B. in 10% Tyrose-Affenserum-Mischung, der als lebendes Gewebe Hühnerhirn eines 10—12tägigen Embryos zugesetzt wird.
Welches Versuchstier kommt in Frage für die Übertragung?	Der Affe. Intracerebrale Injektion von Gehirn- oder Rückenmarksaufschwemmung eines menschlichen Falles oder des Affenpassagevirus. Auch die Einträufelung des Virus in die Nase führt mit Sicherheit zum Ausbruch der Erkrankung.
Wie verbreitet sich die Erkrankung?	Durch Tröpfcheninfektion.
Wird durch das Überstehen der Erkrankung eine Immunität erworben?	Ja.
Wird durch Anwendung von Rekonvaleszentenserum eine besondere Wirkung auf den Heilverlauf erzielt?	Ja, durch Frühanwendung wird das schwere Krankheitsbild verhindert oder die Heilaussicht verbessert. Das Rekonvaleszentenserum wird durch das Reichsgesundheitsamt und die Behringwerke an bestimmten Verteilungsstellen vorrätig gehalten.

3. Louping ill.

Diese Erkrankung, die mit Bewegungsstörungen und Lähmungen bei Schafen (Großbritannien) einhergeht, wird durch ein Virus hervorgerufen. Kommt sie auch beim Menschen vor?	An sich nicht, wohl sind Laboratoriumsinfektionen beobachtet worden.

Gelingt die Züchtung des Virus?	Ja, wie beim Poliomyelitisvirus, auch auf bebrütetem Hühnerei und Nährböden mit verschiedenen Emulsionen.
Wie gelingt die Übertragung von Schaf zu Schaf?	Durch die Zecke, Ixodes ricinus.
Gelingt die Übertragung auf Versuchstiere?	Durch intracerebrale Injektionen des Virus auf weiße Mäuse und Affen.

4. Lyssa (Hundswut).

Wie verbreitet sich die Tollwut?	Von Hund zu Hund; auch Katzen und Wölfe kommen in Frage, die durch Bisse die Krankheit weiter verbreiten. Durch Bisse toller Hunde können aber auch Schafe, Ziegen, Rinder usw. infiziert werden.
Welche Arten von Wut kommen vor?	Die rasende und die stille Wut.
Welche Krankheitserscheinungen treten bei Wut auf? a) Tier?	Inkubation 3—10 Wochen. Dann 1. Prodromalstadium: abnorme Reizbarkeit, Verdrossenheit, Fressen unverdaulicher Gegenstände. 2. Maniakalisches Stadium: heulende Stimme, Angst, Bewegungsdrang, Wut- und Beißanfälle. 3. Paralytisches Stadium: Lähmungen. Exitus.
b) Mensch?	Inkubation 20—60 Tage bis 1 Jahr. Prodromalstadium: Kopfschmerz, Unruhe, Schlingbeschwerden, dann Schlundkrämpfe, Angstanfälle, Tobsucht, Lähmungen. Exitus.
Ist der Erreger der Lyssa bekannt?	Der Errger ist morphologisch nicht mit Sicherheit bekannt; er findet sich regelmäßig im Zentralnervensystem und im Speichel. Negri glaubte den Erreger in den großen Ganglienzellen des Ammonshornes von an Wut verendeten Tieren und Menschen gefunden zu haben (Negrische Körperchen); doch ist deren Befund nur ein Beweis für vorhandene Lyssa, ihr Fehlen aber kein Gegenbeweis.
Was sind Passagewutkörperchen (Lentz)?	Ovale, spindelförmige oder auch runde Körperchen, die frei im Gewebe zwischen gut erhaltenen Ganglienzellen liegen. Man findet sie im ganzen Ammonshorn, in den Clarkschen Säulen der Medulla oblongata und des Rückenmarkes. Ihre Grundsubstanz färbt sich mit Eosin, im Innern finden sich mehrere klumpige, dunkelblau gefärbte Anhäufungen. Sie zeigen gewisse Ähnlichkeit mit den Negrischen Körperchen, dürfen jedoch nicht mit ihnen identifiziert werden.

Wo findet man die Lentzschen Passagewutkörperchen?	Selten bei Tieren und Menschen, die an Straßenwut verendet sind, dagegen regelmäßig bei mit Virus fixe geimpften Tieren. Differentialdiagnostisch sind sie daher verwertbar zur Abgrenzung der Passagewut von der Straßenwut.
Wie schützt man sich gegen die Übertragung der Tollwut? (Reichs-Viehseuchengesetz vom 21. Juni 1909, Ausführungsvorschriften des Bundesrats vom 7. Dezember 1911 und viehseuchenpolizeiliche Anordnung vom Jahre 1912).	Durch Anzeigepflicht der lyssaverdächtigen Tiere, Tötung derselben und der von ihnen gebissenen Hunde usw. Durch Maulkorbzwang, Hundesperre für 3 Monate im Umkreis von 4 km.
Wie versucht man beim Menschen nach Bißverletzungen durch wutkranke Tiere den Ausbruch der Erkrankung zu verhüten?	Innere Mittel versagen. Ausbrennen der Bißwunden mit rauchender Salpetersäure und glühendem Eisen. Nur anwendbar kurz nach der Verletzung. Aussichtsvoller ist die Vornahme der Pasteurschen Schutzimpfung.
Worin besteht die Tollwutschutzimpfung?	Darin, daß der infizierte Mensch durch langsame Vorbehandlung mit einem für ihn abgeschwächten Lyssavirus während der Inkubationszeit eine aktive Immunität erhält. Ein mit Virus fixe geimpftes Kaninchen wird in der Agone getötet, das Rückenmark steril herausgenommen und an einem Seidenfaden in einem sterilen Gefäß über Ätzkali aufgehängt, bei 20° C getrocknet. Durch die Trocknung nimmt die Virusmenge im Rückenmark ab. Ein 1 Tag getrocknetes Stückchen Rückenmark enthält bedeutend mehr Virus als ein 4 Tage getrocknetes. Ein 12 Tage getrocknetes Rückenmark enthält nur geringe Virusmengen, ist also abgeschwächt. Von dem verschiedene Tage lang getrockneten Mark werden kleine Stückchen abgeschnitten und in Glycerin aufbewahrt. Zur Impfung, die nach einem bestimmten Schema ausgeführt wird, wird ein 9—10 Tage getrocknetes Stückchen Rückenmark in 5 cm^3 NaCl-Lösung (0,85%) gut verrieben und in die Bauchhaut des Menschen subcutan injiziert. Am folgenden Tage wird ein weniger lange getrocknetes Rückenmarkstückchen (7 bis 8 Tage) in derselben Weise verrieben und injiziert. Man steigt langsam bis zum virulenten Rückenmark. Die Behandlung dauert 21 Tage. In schweren Fällen Wiederholung der Injektionen.
Wie lange hält der durch die Schutzimpfung erzielte Schutz an?	1—2 Jahre.

Wo waren in Preußen Pasteurinstitute errichtet?	In Berlin im Institut für Infektionskrankheiten „Robert Koch“ und im Hygienischen Institut der Universität Breslau.

V. Viruskrankheiten der Atmungsorgane.

1. Die epidemische Grippe.

In den letzten Jahren ist an die Stelle des Influenzabacillus als den Erreger der epidemischen Grippe ein Virus getreten. Was wissen Sie darüber?	Man findet es in bakterienfreien Filtraten des Sputums der Erkrankten. Es läßt sich auf Frettchen übertragen und nach mehreren Passagen auch auf weiße Mäuse.
Wie groß ist das Virus?	80—120 mμ.
Gelingt die Züchtung?	Auf bebrütetem Hühnerei und auf Nährböden mit lebendem Hühnerembryonalgewebe.
Ist das Virus haltbar?	In Glycerin und auf Eis hält es sich wochenlang, in getrocknetem Zustande monatelang.
Kann mit dem Virus allein die Erkrankung hervorgerufen werden?	Nein, es bedarf der Mitwirkung bakterieller Erreger neben dem filtrierbaren Virus. Als Erreger der Influenza beim Menschen müssen daher das Influenzavirus und Influenzabakterien zusammenwirken.

2. Psittakosis.

Zu den filtrierbaren Virusarten gehört auch der Erreger der Psittakosis. Was wissen Sie darüber?	Als Erreger sind von Levinthal, Coles und Lillie sehr kleine, an der Grenze der Sichtbarkeit stehende, filtrierbare kokkoide Körperchen beschrieben, deren Züchtung mittels Gewebekultur gelang. Der Erreger gehört zu den größten Virusarten mit etwa 200—330 mμ.
Es handelt sich um eine Zoonose, die Papageien und Wellensittiche epidemieartig befällt. Wie wird die Psittakosis auf den Menschen übertragen?	Vom kranken oder als Keimträger scheinbar gesunden Vogel durch Biß, Tröpfchen- und Stäubcheninfektion.
Wo findet sich der Erreger?	In der Milz, in den Exsudaten der Brusthöhle und des Herzbeutels.
Gelingt seine Züchtung?	Auf Nährböden mit Gewebe von Hühnerembryonen, auf dem bebrüteten Hühnerei und in der Mäusemilzkultur.
Wie verläuft die Psittakosis beim Menschen?	In Form einer schweren Grippe oder eines Typhus mit Lungenkomplikationen oder einer atypischen Pneumonie. Sterblichkeit 20%.
Wie geht die diagnostische mikrobiologische Prüfung vor sich?	Das Untersuchungsmaterial von Menschen und Vögeln wird dem Robert Koch-Institut in Berlin zugesandt und dortselbst Mäusen intraperitoneal eingespritzt. Sputumproben sind täglich einzusenden, da das Virus sich nicht in jeder Probe

findet. Im Blut ist das Virus nur in den ersten Krankheitstagen enthalten.

Wie regelt sich die Bekämpfung der Psittakosis?

Durch Aufklärung der Bevölkerung über die Gefährlichkeit auch scheinbar gesunder Papageien und Wellensittiche. Nach dem Deutschen Reichsgesetz zur Bekämpfung der Papageienkrankheit vom 3. Juli 1934 ist jede Erkrankung, jeder Verdachtsfall sowie jeder Todesfall anzeigepflichtig. Das Gesetz enthält aber auch noch Bestimmungen über die polizeiliche Beaufsichtigung von Züchtern und Händlern von Papageien und Wellensittichen und Maßnahmen zur Bekämpfung der Krankheit bei diesen Vögeln. Verdächtige Tiere sind mit Chloroform zu töten und in einem geschlossenen Gefäß dem Institut „Robert Koch", Berlin, zuzusenden, ebenso das vom Menschen stammende Material.

VI. Erkrankungen der Drüsen.

1. Lymphogranuloma inguinale.

Der Erreger der als vierte Geschlechtskrankheit bezeichneten Infektion wird von Mensch zu Mensch durch Kontakt übertragen und ist ein filtrierbares Virus, das in Form von Elementarkörperchen im Krankheitsgewebe nachgewiesen werden kann. Ist er auf Versuchstiere übertragbar?

Auf Affen und weiße Mäuse durch intracerebrale Injektion. Nachweis durch Färbung nach Giemsa oder Herzberg.

Die Diagnose der Erkrankung gelingt durch die spezifische Freische Reaktion. Wie ist sie?

Als Antigen verwendet man Eiter aus nicht perforiertem Bubo vom Menschen, versetzt mit der 5fachen Menge physiol. Kochsalzlösung und nach mehrfacher Erhitzung auf 60° C. Die Patienten erhalten 0,1 cm^3 dieser Aufschwemmung intracutan. Nach 48 Stunden liest man die Reaktion ab. Es entsteht eine rötliche Papel bis zu 2 cm an der Injektionsstelle.

Ist die Züchtung des Virus gelungen?

Ja, durch Züchtung im Ei.

2. Lymphogranulomatose.

Diese Krankheit, Hodgkinsche Krankheit genannt, ist auf Kaninchen und Meerschweinchen übertragbar. Ist der Erreger bekannt?

Man nimmt ein filtrables Virus als die Ursache der Erkrankung an. Man will Elementarkörperchen gefunden haben.

3. Parotitis epidemica (Mumps).

Eine hochinfektiöse Erkrankung des Kindesalters ist der Mumps oder Ziegenpeter genannt. Der Erreger ist ein filtrierbares Virus. Wie überträgt sich die Erkrankung?	Durch Speichel und Tröpfcheninfektion.
Läßt das Virus sich auf Versuchstiere übertragen?	Auf Affen mit filtriertem und unfiltriertem Speichel mumpskranker Menschen.
Führt das Überstehen der Krankheit zur Immunität?	Ja, zu einer lang dauernden, oft lebenslänglichen Immunität.

VII. Erkrankungen der Augenbindehaut.

1. Die Körnerkrankheit.

Das Trachom, ägyptische Augenkrankheit, Körnerkrankheit oder Conjunctivitis granulosa und der Hornhaut ist eine Epithelerkrankung. Kennt man den Erreger?	Die Erregerfrage ist noch strittig. Die von v. Prowazek und Halberstädter gefundenen Körperchen kommen als Erreger in erster Linie ätiologisch in Frage.
Gelingt die Übertragung auf Versuchstiere?	Auf Affen.
Ist die Züchtung der Körperchen gelungen?	Nein.
Wie bekämpft man die Erkrankung?	Für die Erkrankung und den Verdachtsfall besteht Meldepflicht. Durch Feststellung der Infektionsquelle, fachärztliche Behandlung, Überwachung der Wanderarbeiter und Einwanderer aus Trachomgegenden, Belehrung der Bevölkerung.

2. Die Einschlußblennorrhöe.

Wie tritt diese Erkrankung auf?	Als akute Conjunctivitis.
Was findet man mikroskopisch?	Einschlußkörperchen.
Ist eine Züchtung gelungen?	Nein.

3. Die Schwimmbadconjunctivitis.

Es handelt sich um eine in Hallenschwimmbädern häufig beobachtete Infektion. Auch hier fand man Einschlußkörperchen in den Zellen des Sekrets.	
Gelingt die Übertragung auf Versuchstiere?	Auf Affen.

VIII. Virusähnliche Organismen.

Hier werden Erkrankungen besprochen, die durch Rickettsien hervorgerufen werden. Es handelt sich um bakterienähnliche Organismen von geringer Größe. Diese kokkoiden Gebilde sind unbeweglich, gramnegativ, färben sich mit den üblichen Anilinfarben nur schlecht, am besten nach Giemsa und Castellani.

1. Das Fleckfieber.

Wer ist der Überträger des Fleckfiebers?	Die Kleiderlaus.
Ist der Erreger bekannt?	Man nimmt als Erreger die Rickettsia Prowazeki an. Größe etwa 300—500 m*u*; sie ist wegen dieser Größe nicht filtrierbar und darum auch kein Virus im eigentlichen Sinne. Es handelt sich um kleinste elliptische bis stäbchenförmige, unbewegliche, gramnegative Gebilde.
Vermehrt er sich innerhalb der Zelle?	Ja; er ist ein echter Zellparasit und kann unter Verwendung von lebendem Gewebe gezüchtet werden. Die üblichen bakteriologischen Nährböden versagen.
Wo findet man die Rickettsien?	In den Endothelien der erkrankten Gefäße, im Darm der Läuse Fleckfieberkranker.
Gelingt die Übertragung auf Versuchstiere?	Auf Affen und Meerschweinchen. In der zweiten Woche nach der Infektion erkranken die Tiere hochfieberhaft, und während dieser Zeit findet sich das Virus im Blut, in allen Organen und besonders im Gehirn.
Wann vermag eine Laus, die am fleckfieberkranken Menschen Blut gesogen hat, das Virus auf den Menschen zu übertragen?	Frühestens am 4. oder 5. Tage.
Enthält der Läusekot auch Erreger?	Ja; der Darm einer infizierten Laus enthält 50 Millionen Erreger. Demnach ist der Läusekot außerordentlich infektiös. Er wird vom Menschen nach dem Biß der Laus in den Stichkanal infolge des Juckreizes eingerieben. Auch der verstäubte Läusekot kann infizieren (Conjunctiva, Einatmung).
Ist das Blut des Fleckfieberkranken auch infektiös?	Ja, bis zu 8 Tagen nach der Entfieberung. Vorsicht bei Blutentnahmen.
Welche Reaktion wird diagnostisch für die Erkennung des Fleckfiebers mit Erfolg angewendet?	Die Weil-Felixsche Reaktion. Agglutination des Patientenserums mit Bac. Proteus Berlin X 19, der aus dem Urin Fleckfieberkranker gezüchtet wurde. Ein Agglutinationstiter von 1:200 ist für Fleckfieber beweisend.
Besteht eine natürliche Immunität gegen Fleckfieber?	Nein.

Wird nach dem Überstehen des Fleckfiebers beim Menschen eine Immunität erzielt?

Ja, eine lang dauernde, vielleicht lebenslängliche.

Gibt es eine Schutzimpfung gegen Fleckfieber?

Man verwendet einen Impfstoff, der aus einer phenolisierten Aufschwemmung der herauspräparierten Därme künstlich infizierter Läuse besteht. Man gibt 3 Injektionen in Abständen von 5—8 Tagen subcutan. Ein weiterer Impfstoff wird aus Kulturen, die in Eiern angelegt werden, gewonnen.

Die Verwendung der Impfstoffe ist wegen der teueren Herstellung auf besonders gefährdete Personen beschränkt: Entlausungstrupps, Krankentransport- und Krankenpflegepersonal.

Immunsera gibt es noch nicht.

Wie bekämpft man erfolgreich das Fleckfieber?

Durch systematische Bekämpfung der Überträger, eine strenge Isolierung Erkrankter und Ansteckungsverdächtiger durch gewissenhafte, energisch durchgeführte Entlausungen, die sich auf die Kleidung, den Körper und die Wohnung beschränken, eventuell auch mit DDT, Dichlor-Diphenyl-Trichlormethan. Siehe Kapitel Desinfektion und Entwesung.

Siehe auch die deutschen gesetzlichen Anweisungen zur Bekämpfung des Fleckfiebers.

2. Febris quintana.

Das Fünftagefieber, Febris quintana, Schützengrabenfieber oder Trenchfever ist eine sporadisch auftretende akute Infektionskrankheit. Wie tritt es auf?

In meist 5tägigem Rhythmus und dauert 12 bis 24 Stunden. Es ist von rheumatisch-neuralgischen Beschwerden begleitet. Sterblichkeit ist fast gleich Null.

Ist der Erreger bekannt?

Er ist die Rickettsia quintana, die morphologisch und in ihrer Färbbarkeit der Rickettsia Prowazeki sehr ähnlich ist.

Wie geschieht die Übertragung?

Durch Kleider- und Kopfläuse (Biß oder Verreiben der rickettinfizierten Ausscheidungen der infizierten Läuse).

Ist eine serologische Diagnose mittels der Weil-Felixschen Reaktion möglich?

Nein.

Worin besteht die Bekämpfung der Seuche?

Durch Vernichtung der Läuse.

Desinfektion.

Was heißt desinfizieren, was sterilisieren?

Desinfizieren heißt, einen Gegenstand in einen solchen Zustand versetzen, daß er nicht mehr infizieren kann im Gegensatz zu „Sterilisieren“, was bedeutet, einen Gegenstand von allen lebenden Mikroorganismen zu befreien, d. h. von vegetativen Formen und Dauerformen.

Auf den Erfahrungen von der Widerstandsfähigkeit der Bakterien fußen die Desinfektions- und Sterilisationsmaßnahmen und die Prüfungsverfahren. Welche Testobjekte braucht man?

Für Desinfektionsprüfungen Milzbrandsporen oder einen aus Gartenerde isolierten nicht pathogenen Bakterienstamm. Die Resistenz seiner Sporen beträgt gegenüber Dampf von 100° C etwa 4—20 Minuten. Für Sterilisationsprüfungen native Erdsporen.

In welcher Form werden die Bakterien für Desinfektionsprüfungen verwendet?

Sie werden entweder in Flüssigkeiten aufgeschwemmt (Suspensionsmethode) oder in angetrocknetem Zustande an Seidenfäden, Granaten oder Battiststückchen (Keimträgermethode) der Wirkung des zu prüfenden Desinfektionsmittels ausgesetzt.

Der Vollständigkeit halber seien hier noch die Methoden von Rideal-Walker und von Lancet erwähnt.

Wie geht die Prüfung der entwicklungshemmenden Eigenschaft einer chemischen Substanz oder eines physikalischen Faktors vor sich?

Man läßt den zu prüfenden Faktor in abgestufter Dosis (z. B. abfallende Konzentrationen einer chemischen Substanz oder verschiedene Temperaturgrade) auf die zu prüfenden, in einem geeigneten Nährboden befindlichen Keime einwirken und zeichnet auf, bei welcher Dosis das Wachstum eben vollständig gehemmt wird.

Kennen Sie die Versuchsanordnung zur Prüfung der keimtötenden Wirkung?

Die Bakterien bzw. Sporen werden während einer bestimmten Zeit der Einwirkung des betreffenden schädigenden Agens ausgesetzt, worauf dieses letztere vollständig entfernt wird und die so vorbehandelten Keime nachträglich wieder in einen ihnen möglichst zusagenden Nährboden gebracht werden, um festzustellen, ob sie noch lebensfähig oder bereits abgestorben sind. Evtl. ist zur Prüfung der Lebens- und Ansteckungsfähigkeit auch der Tierversuch mit heranzuziehen.

Nennen Sie mir einige Verfahren, die sich mit der mechanischen Beseitigung der Keime befassen.

Zu verwerfen ist trockenes Abstauben, Fegen und Abreiben mit Brot. Besser ist die Beseitigung der Keime auf feuchtem Wege. Abwaschen mit heißer Seifenlösung (3%), mit Sodalösung (2%); es sei jedoch bemerkt, daß zur vollständigen Keimabtötung die gewöhnlichen Seifen- und Sodalösungen nicht befähigt sind. Das Abwaschen und Abbürsten glatter Flächen mit keimtötenden Mitteln verspricht Erfolg.

Welche thermischen Einwirkungen kommen für die praktische Desinfektion in Betracht?

1. Die trockene Hitze (Verbrennung).
2. Die feuchte Hitze.
   a) Durch Auskochen in Wasser.
   b) Im strömenden ungespannten Dampf.
   c) Im gespannten Dampf.

Wie geschieht zweckmäßig die Desinfektion mit trockener Hitze?

In einem Kasten aus Eisenblech mit Doppelwandung von etwa 1 m³ Inhalt, der mittels Gasbrenners und Regulators auf einer Temperatur von 80—90° C gehalten wird. Bei der Desinfektion von Büchern und Lederwaren erwiesen sich schon Temperaturen zwischen 70° C und 90° C wirksam. und zwar bei einer Einwirkungsdauer von 16—24 Stunden bei Büchern, bei anderen Objekten von 48 Stunden. Mängel: Zu lange Dauer und infolgedessen zu kostspielig. Bei der Sterilisierung durch ruhende Heißluft sind zur völligen Abtötung aller Keime, auch der Sporen, Temperaturen von 180—200°C bei einer $^1/_2$- bis 1stündigen Einwirkungsdauer zu verwenden. Vegetative Formen der Bacillen werden in trockner Luft von 100° C erst in $1^1/_2$ Stunden abgetötet, Sporen können in Heißluft bei 140° C nach stundenlanger Einwirkung noch am Leben bleiben.

Wie arbeitet die Heißluftkammer nach Vondran?

Sie arbeitet mit bewegter Luft. Hier genügen zur Bakterienvernichtung 130—150° C bei halbstündiger Betriebsdauer. Durch stark bewegte Umluft („elektrisch betriebenen Heißluftsterilisator mit Umluft“) werden alle Keime, auch Milzbrandsporen, bei 160° C bereits innerhalb 15 Minuten abgetötet.

Welche Gegenstände können auf diese Weise desinfiziert werden?

Bücher, Ledersachen, Pelze, wertvolle Kleider, Uniformen usw. Sachen, die im Dampfapparat nicht desinfiziert werden dürfen. Im allgemeinen ist die Desinfektionskraft der trockenen Hitze gering anzuschlagen.

Wie wirkt feuchte Hitze gegenüber Heißluft und in welcher Form kommt sie zur Anwendung?

Sie wirkt intensiver schädigend auf Bakterien und auf empfindliche Gegenstände. Sie wird in Form von warmem, heißem oder kochendem Wasser oder in Dampfform angewendet.

Wie wirkt das Auskochen in Wasser auf die Bakterien?

Auskochen in Wasser tötet die meisten Bakterienarten in etwa 4—10 Minuten, Milzbrandsporen gewöhnlich schon nach 1—2 Minuten. Einfaches, billiges Verfahren. Zusatz von Soda (etwa 2%) erhöht die Desinfektionswirkung.

Welche Arten von Desinfektion mit Wasserdampf unterscheidet man?

1. Die Desinfektion mit gesättigtem strömendem Wasserdampf von 100°C. Für die Sterilisation benötigt man Dampf von 120° C.

2. Die Desinfektion mit gespanntem Wasserdampf (mehr als 100—125° C). Austritt des Dampfes nur nach Überwindung eines Ventils möglich; daher im Innern des Apparates ein Überdruck.

Die am meisten benutzten Apparate arbeiten mit geringem Überdruck von $^1/_{10}$—$^1/_{20}$ Atmosphäre.

Wo soll die Einströmungsöffnung für den Dampf in dem Desinfektionsapparat liegen?

An dem höchsten Punkte, da nur so eine vollkommene Beseitigung der spezifisch schwereren Luft garantiert ist.

Welche Sachen sind von der Dampfdesinfektion auszuschließen?

Geleimte und furnierte Möbel, Hüte, Hutfedern, Sammet, Plüsch, Leder- und Gummisachen, die im Dampf hart werden und schrumpfen, Bücher und Pelzwerk, Stoffgewebe, denen Zellwolle zugegeben ist, feinere Kleidungsstücke, sämtliche mit Blut, Eiter oder Kot beschmutzte Wäschestücke, da sonst festhaftende Flecke entstehen, harzhaltige Hölzer und gestrichene Gegenstände.

Auch gesättigter Dampf von niedrigerem Siedepunkt als 100° C kann zu Desinfektionszwecken verwendet werden, obwohl die desinfektorische Wirksamkeit geringer ist als die des gewöhnlichen Wasserdampfes. Im Rubnerschen Apparat ist sie durch Zusatz von Formaldehyddämpfen zum Wasserdampf ausgeglichen. Was wissen Sie darüber?

Der Rubnersche Apparat arbeitet mit einem Vakuum von 600 mm Quecksilbersäule und leitet von oben den aus einer 8%igen Formalinlösung indirekt entwickelten Formalindampf ein, der nach Verdrängung der Luft aus den Objekten und dem Apparat in die innersten Teile der Objekte eindringt. Er eignet sich für die Desinfektion von Gegenständen (Haare, Borsten, Ledersachen, Pelze, Wolldecken), die eine stärkere Temperaturerhöhung bei gleichzeitiger Anwesenheit von Wasser oder gesättigtem Dampf nicht vertragen.

Welche 3 Abschnitte lassen sich bei einem Dampfdesinfektionsvorgang unterscheiden?

1. Die Vorwärmung, die die Bildung von Niederschlagswasser vermeidet.
2. Den eigentlichen Desinfektionsprozeß.
3. Die Nachtrocknung der Gegenstände.

Die Vorwärmung geschieht dadurch, daß man den Dampf zunächst „indirekt" in den im Apparat befindlichen Rippenheizrohren oder einen Doppelmantel strömen läßt, bis das Innere des Apparates eine Temperatur von 60—70° C erreicht hat. Dann erst wird der direkte Dampf in den eigentlichen Desinfektionsraum eingeleitet. Die Dampfabzugsklappe wird kurz darauf geschlossen, wenn das Thermometer im Dampfabzugsrohr 100° C anzeigt.

Die Nachtrocknung erfolgt in entsprechender Weise wie die Vorwärmung.

Worauf bezieht sich die Prüfung der Dampfdesinfektionsapparate?

1. Auf die Anheizungsdauer (Zeitraum bis zum Abströmen gesättigten Dampfes aus dem Apparat).
2. Auf die Eindringungsdauer des Dampfes in die Objekte.
3. Auf die Abtötungsdauer.

Nach welchen Methoden bestimmt man die Eindringungsdauer des Dampfes in die Objekte?

1. Durch Legierungs-Kontaktthermometer. Bei erreichter Temperatur von 100° C Verflüssigung eines Metallstäbchens oder Plättchens, wodurch Schluß eines Stromkreises und Auslösung einer Klingelvorrichtung eintritt.

2. Durch das Stuhl-Lautenschlägersche Quecksilber-Kontaktthermometer, durch welches bei 100° C und darüber ein elektrischer Strom geschlossen wird.

3. Durch Maximalthermometer, die ins Innere der Objekte eingelegt und nach Ablauf der Desinfektion herausgenommen und abgelesen werden, wobei sie 100° C anzeigen müssen.

4. Durch Jodkleisterstreifen nach v. Mikulicz. Bei Temperaturen unter 100° C im strömenden Dampf braucht die Entfärbung über 1 Stunde, bei 106—107° C ist sie schon in 10 Minuten eingetreten. In trockener Hitze tritt keine Entfärbung ein.

5. Durch Stichersche Phenanthren-Röhrchen. Phenanthren schmilzt bei 98° C nach 10 Minuten langer Einwirkung.

Durch welchen weiteren Versuch können Sie feststellen, ob der Desinfektionsapparat eine sichere Abtötung von Bakterien gewährleistet?

Durch den sog. Desinfektionsversuch (Einbringung verschiedenartigen sporenhaltigen oder sporenfreien Bakterienmaterials an Seidenfäden angetrocknet, in Fließpapier eingehüllt, in das Innere der Objekte. Nach erfolgter Desinfektion Prüfung auf ihre Wachstumsfähigkeit auf geeigneten Nährböden).

Jede Stadt sollte eine Dampfdesinfektionsanstalt besitzen. Beschreiben Sie mir eine derartige Anstalt.

Man unterscheidet eine unreine Seite, in die die zu desinfizierenden Gegenstände angefahren werden, und eine reine Seite, wo die desinfizierten Gegenstände entnommen werden und bis zur Abfahrt lagern. Der Dampfdesinfektionsapparat ist zwischen beiden Abteilungen derart aufgestellt, daß die eine Tür sich in die reine Seite, die andere Tür sich nach der unreinen Seite zu öffnet. Zwischen der reinen und unreinen Seite liegt gewöhnlich der Baderaum für den Desinfektor. Die meisten Dampfdesinfektionsapparate sind für ungespannten (freiströmenden) bzw. sehr wenig gespannten Dampf von 100—104° C eingerichtet. Die in den Apparat gebrachten Gegenstände müssen darin so verteilt werden, daß der Dampf von allen Seiten leichten Zutritt hat.

Außer den physikalischen Desinfektionsverfahren kommen auch

1. Sublimat (1 bis 5:1000),
2. Carbolsäure (3%),

die chemischen Desinfektionsmittel in Frage. Welche wichtigsten Präparate kennen Sie?

3. verdünntes Kresolwasser (2,5%) (zum Abwaschen des Fußbodens usw. von Ledersachen, zum Einlegen von Wäsche geeignet),

4. Kalkmilch (für Dejekte, Sputum, Abortgruben usw.), 20%,

5. Chlorkalk,

6. 35%ige wässerige Lösung von Formaldehyd,

7. Formaldehyd, CH_2O, Oxydationsprodukt des Methylalkohols, in Gasform zur Wohnungsdesinfektion.

Wie müssen die Desinfektionsmittel beschaffen sein, um wirksam sein zu können?

Wasserlöslich. Wasserdampf muß aber auch bei gasförmigen Desinfektionsmitteln (Formaldehyd) vorhanden sein.

Wirkt Alkohol desinfizierend?

Absoluter Alkohol wirkt an der Luft austrocknend auf die Bakterien. In Verbindung mit Wasser wirkt er stark desinfizierend, da die durch den Alkohol bewirkte Schrumpfung ausbleibt und so der Alkohol ins Innere der Zellen gelangen kann.

Sind Öle geeignete Suspensionsmittel für Desinfizientien?

Nein, weil Öle in Wasser unlöslich sind. So ist z. B. das früher gebräuchliche Carbolöl zur Desinfektion unbrauchbar.

Das Sublimat, eines der wirksamsten Desinfizientien, das in 1‰ Lösung vegetative Formen der Bakterien, in der Verdünnung 1:100 und 1:500 auch Sporen abtötet, wird in Pastillenform in den Handel gebracht. Was enthalten die Pastillen außer Sublimat?

Kochsalz. Es dient zur Löslichkeit und zur Hemmung der Gerinnung und ermöglicht daher das Eindringen des Desinficiens in eiweißhaltige Flüssigkeiten.

Was wissen Sie über die Wirküng der Kaliseife?

Sie tötet bei 50° C in kurzer Zeit Choleravibrionen, Typhus-, Diphtheriebacillen und die Eitererreger ab. Seife ist ein gutes Desinficiens.

Wie gewinnt man die Kresole?

Aus den bei 180—210° C siedenden Anteilen des Steinkohlenteers durch Ausschütteln mit NaOH, worin sich Kresole lösen; weiter durch Zusatz von H_2SO_4 und fraktionierte Destillation (Ortho-, Meta-, Parakresol).

Welche Kresolpräparate sind hauptsächlich im Gebrauch?

1. Kresolseifenlösung, Liquor cresoli saponatus, eine Mischung gleicher Teile Rohkresols und Kaliseife. Klare gelbbraune Flüssigkeit. Anwendung in 2,5—5%iger Lösung. Einwirkungszeit 2 Stunden.

2. Kresolwasser, Aqua cresolica, ein Gemisch von 1 Teil Kresolseifenlösung und 9 Teilen Wasser (100 Teile Flüssigkeit enthalten somit 5 Teile Kresol).

Was ist Phobrol?

Ein Chlorkresolpräparat, eine Mischung von ricinolsaurem Kali und Chlor-m-Kresol zu gleichen Teilen; geruchlos, weniger giftig und wirksamer als Kresolseifenlösung. Verwendet bei Lungentuberkulose in 2—5 %iger Lösung.

Hierher gehören auch Lysol, Bacillol, Saprol. Wie wendet man diese Präparate an?

Lysol in 2—3%iger Lösung; für Stuhlgang und Sputum in 5—10%iger Lösung; Bacillol in 2—5%iger Lösung. Saprol, auch ein gutes Präparat zur Desodorisierung, ist eine ölige Flüssigkeit, die 40% wasserlösliche Kresole enthält, auf Abwässern schwimmt. Die löslichen, desinfizierenden Bestandteile der schwimmenden Öldecke gehen allmählich in die Fäkalmassen über. Anwendung: In Epidemiezeiten pro Kubikmeter Fäkalien 10 kg Saprol; zu normalen Zeiten rechnet man zur Desodorisierung und Desinfektion der Aborte von Wohnhäusern je Kopf monatlich etwa $^1/_{20}$ Liter, von öffentlichen Gebäuden $^1/_{16}$ Liter.

Was kann mit verdünntem Kresolwasser desinfiziert werden?

Bettbezüge, Wäschestücke, auch wenn sie mit Blut, Eiter, Kot u. dgl. beschmutzt sind, ferner Pelz, Leder, Gummisachen, Fußböden, Möbel, Wände usw., die Absonderungen und Ausleerungen der Kranken, Hände und sonstige Körperteile.

Worin bestehen die Vorteile dieser Seifen?

In der Schmutz- und Fettauflösung und der abtötenden Wirkung der im Schmutz und Fett vorhandenen Keime.

Welche neueren Mittel eignen sich außer dem immerhin teueren Sublimat zur Desinfektion von tuberkelbacillenhaltigem Auswurf?

Alkalysol, Parmetol und Chloramin (Heyden) in 5%iger Lösung.

Wie stellt man Kalkmilch her?

Durch Anrühren von 1 Liter Kalkpulver (frisch gebrannter Kalk wird mit Wasser, etwa der halben Menge des Kalkes entsprechend, besprengt; er zerfällt unter starker Erwärmung und unter Aufblähen zu Kalkpulver) oder gelöschtem Kalk (vorher frisch bereitet) mit 3 Liter Wasser.

Was kann mit Kalkmilch desinfiziert werden?

Wände mit Kalkanstrich, Fußböden aus Lehmschlag und Steinfußböden. Stuhlentleerungen, Urin, Erbrochenes, Schmutzwässer, Rinnsteine, Kanäle.

Wie stellen Sie Chlorkalkmilch her?

Aus Chlorkalk (Calcaria chlorata), der in dicht geschlossenen Gefäßen vor Licht geschützt aufbewahrt war und stechenden Chlorgeruch besitzen soll, in der Weise, daß zu 1 Liter Chlorkalk allmählich unter Rühren 5 Liter Wasser zugesetzt werden. Vor dem Gebrauch ist Chlorkalkmilch stets frisch zu bereiten.

Was ist Formalin?	Eine 35%ige wässerige Lösung des Formaldehyds.
Wie wird Formalin verwendet?	1. Als gasförmiger Formaldehyd. 2. In wässeriger Lösung (1%ige Formaldehydlösung).
Wie wirkt Formaldehyd?	Formaldehyd, das beim Erhitzen mit Wasserdampf wieder in gasförmigen Formaldehyd übergeht, wirkt oberflächlich desinfizierend (5 g Formaldehyd gleich 12,4 g käufliches 40%iges Formalin pro Kubikmeter Wohnraum 4 Stunden lang).
Welche Apparate kommen für die Formaldehyddesinfektion (zur Verdampfung des Formalins) in Betracht?	Der Sprayapparat (Czaplewski-Prausnitz), Scherings „kombinierter Äskulap", der Breslauer-Flüggesche Apparat. Hier werden Formalin und Wasser in einem einfachen Behälter mit großer Heizfläche verdampft, nachdem vorher alle für die Ausführung der Formalindesinfektion notwendigen Maßnahmen erfüllt sind, wie Entfernung von Pflanzen und Tieren aus dem Zimmer, Durchtränkung der gebrauchten Wäschestücke mit Kresolseifenlösung, Abwaschen von Möbeln und Fußboden mit Kresolseifenlösung, Öffnen von Schränken, Aufhängen von Kleidern und Betten, Abdichten von Fenstern und Türen und sonstigen Öffnungen, Anbringen des Ammoniakentwicklers. Nach beendeter Desinfektion ist Ammoniak in besonderem Kessel zu entwickeln, und die Dämpfe sind durch ein durch das Schlüsselloch geführtes Rohr in das desinfizierte Zimmer zu leiten, um den Geruch des Formaldehyds zu entfernen.
Haften der Formaldehyddesinfektion Mängel an?	Ja. Die Apparate sind zu teuer; das Verfahren ist wegen der Benutzung eines Spiritusbrenners unter Umständen feuergefährlich. Für die Desinfektion größerer Räume sind mehrere Apparate notwendig.
Man hat daher nach apparatlosen Verfahren gesucht. Welche kennen Sie?	1. Das Autanverfahren (Bariumsuperoxyd + Paraform + H_2O = Formaldehyddämpfe + Wärmeentwicklung). [Verfahren zu teuer; wegen starken Aufschäumens hohe Gefäße notwendig.] 2. $KMnO_4$ + Formalin + H_2O (2 Liter Formalin + 2 Kilo $KMnO_4$ + 2 kg H_2O für 100 m^3 Raum). 3. Paraform + $KMnO_4$ + H_2O, 10 g + 25 g + 30 g pro Kubikmeter Raum. Für das Gelingen der Reaktion ist ein Sodazusatz von 1% der Paraformmenge notwendig.

Wie führen Sie das Formalin-Kaliumpermanganat-Verfahren praktisch aus?

Die abgemessenen Mengen Formalin und Wasser werden in das Entwicklungsgefäß (Waschbottiche oder Emailleeimer usw.) gegossen und erst dann die erforderliche Kaliumpermanganatmenge unter Umrühren dazu gegeben.

Welche Größe der Entwicklungsgefäße eignet sich am besten für das Paraform-Kaliumpermanganat-Verfahren?

Man rechnet für je 1 m^3 des zu desinfizierenden Raumes $^1/_2$ Liter Gefäßinhalt. Gefäße am besten aus Metall (Eisenblech).

Wie gehen Sie bei der Ausführung der Desinfektion mit Paraform-Kaliumpermanganat vor?

Die abgewogenen Paraform- und Sodamengen werden mit der nötigen Wassermenge von Zimmertemperatur in das Gefäß gegossen. Dann fügt man die vorher abgewogene Kaliumpermanganatmenge hinzu und rührt mit einem Holzstab das Ganze gut um.

In allen Fällen ist Kaliumpermanganatum crystallisatum zu verwenden.

Womit entfernt man die nach der Desinfektion mit dem Formalin-Kaliumpermanganat-Verfahren oft zurückbleibenden Flecke?

Mit wässeriger schwefliger Säure und Nachspülen mit H_2O.

Kann man die Formaldehyddesinfektion bei allen Infektionskrankheiten als genügend ansehen?

Nein, nur da, wo die Infektionserreger oberflächlich sitzen. Für infizierte Matratzen muß Dampfdesinfektion eintreten.

Kennen Sie noch ein anderes gasförmiges Desinfektionsmittel als Formaldehyd?

Das Schwefeldioxyd (Clayton-Apparat). Zur Desinfektion mindestens 8% Gehalt erforderlich. Zur Entlausung schon 4% genügend.

Bei der praktischen Wohnungsdesinfektion unterscheidet man die laufende und die Schlußdesinfektion. Worauf erstreckt sich die laufende Desinfektion?

1. Auf die Desinfektion aller Sekrete und Exkrete des Kranken.

2. Auf Eßgeschirre, Leib- und Bettwäsche des Kranken, Verbandstoffe, auf das Pflegepersonal, die Händedesinfektion usw.

Welche Vorbedingung ist zur Durchführung einer wirksamen laufenden Desinfektion unerläßlich?

Eine unbedingt zuverlässige Absonderung des Kranken.

Was bezweckt die Schlußdesinfektion?

Die Vernichtung sämtlicher Krankheitsstoffe, die der fortlaufenden Desinfektion entgangen sind, z. B. im Staub abgelagerte infektiöse Sekretteilchen.

Heute steht die laufende Desinfektion am Krankenbett im Brennpunkt des Interesses. Dementsprechend sind vom preußischen Minister für Volkswohlfahrt am 8. Februar 1921 für die in erster Linie in Betra ht kommenden übertragbaren Krankheiten: Tuberkulose, Typhus, Ruhr, Diph-

1. Bei Scharlach, Diphtherie und Genickstarre.

2. Bei Typhus, Paratyphus und Ruhr.

therie, Scharlach, Genickstarre und Körnerkrankheit, neue Desinfektionsanweisungen erlassen worden. Bei welchen Krankheiten soll danach von einer Schlußdesinfektion unter Zuhilfenahme der Formaldehyd- oder Dampfdesinfektion in der Regel abgesehen werden?

Bei welcher Krankheit wird noch oft eine Schlußdesinfektion mit dem Dampfdesinfektionsapparat nötig werden?

Bei der Tuberkulose.

Bei welchen Krankheiten ist die Schlußdesinfektion überhaupt entbehrlich?

Bei Körnerkrankheit, Kindbettfieber und sonstigen Wundinfektionskrankheiten.

Welche Händedesinfektionsverfahren kennen Sie?

1. Die Fürbringersche Methode (Seife, Alkohol, Sublimat).
2. Die Ahlfeldsche Methode (Seife, Alkohol).
3. Waschung mit Lysol, Sublimat und Carbolsäure in den entsprechenden Verdünnungen.
4. Seifenspiritus (Mikulicz).
5. Schumburgs Methode (Alkohol + Äther [2:1] + 0,5%ige HNO_3; später 0,5%ige Salpetersäure oder 1%iges Formaldehyd enthaltenden Alkohol).
6. Methode v. Herff (Alkohol + Aceton).
7. Waschung mit Seife und warmem Wasser, gründliche Nageltoilette, Trocknen der Hände mit sterilen Handtüchern, Alkoholdesinfektion 3—4 Minuten lang.
8. Die Gochtsche Methode. Waschung mit Gipspulver und warmem Wasser (10 Minuten), 5 Minuten Alkoholwaschung (70%).

Die Entwesung.

Worauf erstreckt sich die Entwesung?

1. Auf Personen,
2. auf Gegenstände und Kleider,
3. auf Räume.

Wie wird eine Person entlaust?

Der zu Entlausende tritt auf ein mit verdünntem Kresolwasser durchtränktes Laken und entkleidet sich langsam und vorsichtig, um ein Verstreuen der Läuse zu verhüten. Das Laken wird vorsichtig zusammengelegt und in einen Bottich mit verdünntem Kresolwasser eingetaucht. Brustbeutel, Bruchbänder, Verbände usw. sind auch abzulegen. Nun folgt gründliches Abseifen des ganzen Körpers mit Schmierseife und warmem Wasser. Nach dem Abtrocknen werden die Kopfhaare kurz geschnitten, die Achsel-, Scham- und sonstigen Haare am Körper rasiert oder gründlich mit grauer Salbe oder mit weißer Präcipitatsalbe eingerieben. Bei Frauen tränkt man die Haare mit läusetötenden Mitteln (Sabadillessig, Petroleum, Perubalsam) und umhüllt den Kopf mit gutsitzendem Verbande 12 bis 24 Stunden. Die entlausten Personen erhalten reine Leibwäsche, Unterwäsche und reine Kleidung.

Wie entlaust man Leib- und Bettwäsche und waschbare Kleidungsstücke?

Durch Kochen ($^1/_4$—$^1/_2$ Stunde) in Wasser mit Sodazusatz (2%) oder durch Einlegen in 5%ige Kresolseifenlösung (2 Stunden).

Wie geht man sonst bei der Entlausung von Wäsche, Kleidungsstücken, wollenen Decken, Federbetten und Matratzen vor?

Ein absolut zuverlässiges Entlausungsmittel ist der strömende oder gespannte Wasserdampf, der in wenigen Minuten alle Läuse und Nissen vernichtet.

Kann man auch trockene Heißluft anwenden?

Ja, in Form der *ruhenden* oder *bewegten* Heißluft. Läuse gehen bei 40° C schon in einer Stunde, bei 60° C in 15—20 Minuten zugrunde. Nisse werden bei 55° C in $1^1/_4$ Stunden, bei 80° C in 15 Minuten so geschädigt, daß Läuse nicht mehr auskriechen. Zur Vernichtung von Flöhen und ihrer Brut genügt eine Erhitzung der Räume und Gegenstände auf etwa 50—60° C während 2 Stunden. Entwanzungen von Zimmern und Möbeln sind durch *bewegte Heißluft* bei 60 bis 75° C und etwa 6 Stunden Einwirkungszeit abgeschlossen. Zur Bekämpfung von Holzkäfern (Holzwürmern) in Dachstühlen usw. wird heiße Luft von 80—90° C durch Rohre in die Räume geleitet. Einwirkungszeit 8 Stunden lang. Zum Entlausen von Gegenständen ist bei *ruhender* Heißluft eine Raumtemperatur von 100—120° C und $1^1/_2$—2 Stunden Einwirkungszeit erforderlich, bei *bewegter* Heißluft sind 100—120° C und 1—$1^1/_2$ Stunden notwendig. Trockene Leder- und Pelzsachen lassen sich mit trockener Heißluft entlausen (Schuhwerk ist auszuschließen.)

Außer den angegebenen Methoden stehen aber zur Entlausung noch Apparatverfahren zur Verfügung, die bei der Entlausung von Wäsche- und Kleidungsstücken, Leder und sonstigen für die Dampfdesinfektion ungeeigneten Sachen in Anwendung kommen. Welche kennen Sie?

1. Das Entlausungsverfahren durch trockene Hitze (80° C) in der Heißluftkammer (Apparat *Vondran*, bewegte heiße Luft).

2. Das Entlausungsverfahren durch die Dämpfe des unverbrannten Schwefelkohlenstoffes in einem mit Blech ausgeschlagenen Kasten. Einwirkung der Schwefelkohlenstoffdämpfe mindestens 6 Stunden.

(*Vorsicht: Giftig und feuergefährlich*).

Wie geht man bei der Entlausung von großen Räumen und bei Gegenständen in großen Massen vor?

Indem man gasförmige, schweflige Säure in den betreffenden Räumen einwirken läßt, die in der für die Formaldehyddesinfektion vorgeschriebenen Weise abgedichtet sind.

Wie entwickelt man schweflige Säure?

1. Durch Verbrennen von Schwefel in Stücken in einer rinnenförmigen Wanne aus Eisenblech, deren Grund mit Schamotteerde ausgekleidet ist. (6 kg Schwefel für 100 m³ Raum.) Einwirkung einer Schwefelsäurekonzentration von 2 Volumprozent 6 Stunden lang.

2. Durch Verbrennen von „Salfarkose“ (im Handel als Mischung von Schwefelkohlenstoff mit Zusatz von Spiritus und Wasser).

3. Durch Verwendung flüssiger schwefliger Säure in Stahlbomben (Feuergefährlichkeit ausgeschlossen). Das Gas wird durch eine Öffnung in der Wand oder Tür (Schlüsselloch) in den Raum geleitet. (Auf 100 m³ Raum 12 kg flüssige schweflige Säure; Einwirkung 6 Stunden.)

Ein neues Verfahren zur Vertilgung von Insekten und Ratten ist das Blausäureverfahren. Was wissen Sie darüber zu sagen?

Die Blausäure kommt nur für die Durchgasung ganzer Gebäude in Frage, die vorher von Menschen und Haustieren geräumt werden müssen. Das Cyanwasserstoffgas wird durch Übergießen von Cyannatrium in Holzbottichen mit Schwefelsäure (2 Liter Wasser, 2 Liter 60%ige Schwefelsäure und 1,5 kg Cyannatrium für 25 m³ Luftraum) erzeugt. Das am häufigsten verwendete Blausäurepräparat ist Zyklon B, dem ein starkes Reizmittel zugesetzt ist, so daß selbst Spuren des Gases für den Menschen erkennbar sind. Das Äthylenoxyd oder T-Gas ist hochwirksam, aber feuergefährlich und explodierbar. Mit ihm ist eine Einzelzimmerdurchgasung möglich. Gefährliches Verfahren, darf nur von den dazu beauftragten Stellen (Deutsche Gesellschaft für Schädlingsbekämpfung) ausgeführt werden. Abtötung von Läusen und Nissen in 2 Stunden bei Blausäuredämpfen von 2 Vol.-% Konzentration.

Welche Vorsichtsmaßregeln muß der Desinfektor bei dem Entlausungsprozeß für seine Person anwenden?

Er trägt einen Schutzanzug (eine Art Hemdhose), der unten geschlossen und mit einer Haube versehen ist, die nur das Gesicht frei läßt, außerdem Gummihandschuhe, die über die Armöffnungen der Hemdhose gestreift werden, hohe Gummischuhe oder hohe Schaftstiefel (evtl. Abdichtung der Zugangsöffnungen mit Heftpflaster usw.).

Die gleichen Verfahren gelten für die Vertilgung von Wanzen und Flöhen.

Worauf hat man zu achten, wenn die Entlausung in besonderen Entlausungsanstalten stattfindet?

Daß eine reine und eine unreine Seite vorhanden ist. Der Gang ist ähnlich dem in den Desinfektionsanstalten. Die Leute empfangen nach eigener Reinigung ihre entlausten Gegenstände oder saubere Kleider in der reinen Seite.

Was die Bekämpfungsmaßnahme gegen Fliegen, Ratten (Pest) und Mäuse anbetrifft, so verweise ich auf die in den einzelnen Kapiteln, z. B. Cholera, Pest, Malaria usw., niedergelegten Maßnahmen. Neuerdings mit DDT, Dichlor-Diphenyl-Trichlormethan.

Gesetzliche Maßnahmen zur Bekämpfung ansteckender Krankheiten.

Welche Gesetze zur Bekämpfung der Infektionskrankheiten kennen Sie?

1. Das Reichsgesetz, betreffend die Bekämpfung gemeingefährlicher Krankheiten, vom 30. Juni 1900 und

2. das preußische Gesetz, betreffend die Bekämpfung der übertragbaren Krankheiten, vom 28. August 1905 mit seinen drei Abänderungsgesetzen vom 23. Juni 1924, 25. Mai 1926 und 10. August 1934.

Welche Krankheiten berücksichtigt das Reichsgesetz?

Nur die bei uns nicht heimischen, aber gelegentlich eingeschleppten gemeingefährlichen Krankheiten, wie Aussatz, Cholera, Fleckfieber, Gelbfieber, Pest und Pocken. Die Landesregierungen können die Vorschriften des Reichsgesetzes aber auch auf andere Infektionskrankheiten anwenden.

Wodurch unterscheidet sich das preußische Gesetz von dem Reichsgesetz?

Es erfaßt außer den im Reichsgesetz aufgezählten Krankheiten die meisten der bei uns heimischen übertragbaren Krankheiten, wie Diphtherie, epidemische Gehirnentzündung, übertragbare Genickstarre, Kindbettfieber (einschließlich des septischen Aborts), epidemische Kinderlähmung, Körnerkrankheit, Rückfallfieber, übertragbare Ruhr, Scharlach, Typhus, Milzbrand, Rotz, Tollwut sowie Bißverletzungen durch tolle oder der Tollwut verdächtige Tiere, bakterielle Lebensmittelvergiftungen und Trichinose. Krankheiten, wie Masern, Keuchhusten und Grippe, sind nicht erwähnt, da bei diesen Krankheiten wegen ihrer weiten Verbreitung die Bekämpfungsmaßnahmen in der Regel wirkungslos bleiben. Die Geschlechtskrankheiten werden auch berücksichtigt, dagegen sind die sich auf alle Todesfälle an Lungen- und Kehlkopftuberkulose beziehenden Bestimmungen gestrichen, da sie in das im Jahre 1923 erlassene Tuberkulosegesetz aufgenommen wurden.

Die in beiden Gesetzen enthaltenen Bestimmungen können aber auch auf andere übertragbare Krankheiten ausgedehnt werden, „wenn und solange dieselben in epidemischer Verbreitung auftreten“.

Die Befugnisse des Bundesrats sind seit 1933 auf den Reichsminister des Innern übergegangen.

Wie geschieht die frühzeitige Erfassung möglichst aller Infizierten?

Durch die Anzeigepflicht durch den behandelnden Arzt.

Was ist nach dem Reichsgesetz anzeigepflichtig?

Jede Erkrankung und jeder Todesfall der im Gesetz aufgezählten Krankheiten, auch jeder Verdacht einer solchen Erkrankung im Gegensatz zum preußischen Gesetz, das nur die Anzeige jeder Erkrankung und jedes Todesfalles fordert.

Sind auch Typhusbacillenträger und Typhusdauerausscheider zu melden?

Ja; auch der Wohnungs- und Aufenthaltswechsel ist der Polizeibehörde des alten und des neuen Aufenthaltsortes zu melden.

Wann ist die Anzeige zu erstatten?

Sofort nach der Feststellung der Krankheit nach dem Reichsgesetz; nach dem preußischen Gesetz innerhalb „24 Stunden nach erlangter Kenntnis“.

Wer ist zur Anzeige, die mündlich oder schriftlich erstattet werden kann, verpflichtet?

Zunächst der zugezogene Arzt, dann der Haushaltungsvorstand, jede sonst mit der Behandlung und Pflege des Erkrankten beschäftigte Person (Hebamme), der Wohnungsinhaber, der Leichenschauer; in Anstalten der Vorsteher, auf Schiffen und Flößen der Haushaltungsvorstand, der Schiffer oder Flößführer oder deren Stellvertreter.

Zur Auffindung aller Infizierten und der Infektionsquelle usw. muß der beamtete Arzt Ermittelungen anstellen. Worauf haben sie sich zu erstrecken?

Auf evtl. Infektionen in der Familie, im Hause, in der Nachbarschaft, von Schulgenossen, auf evtl. zugegangene Sendungen von außerhalb, auf den Bezug von Milch und Lebensmitteln, auf die Wasserversorgung, auf die Befragung des behandelnden Arztes, der Nachbarn des Kranken, anderer Ortsangehöriger, wie z.B. Pfarrer, Lehrer, Polizeibeamten, des Gutsvorstandes.

Bei welchen Krankheiten sind die Ermittelungen durchzuführen?

Bei Erkrankungen und Todesfällen, bei denen die Diagnose gestellt ist, und weiter bei Aussatz, Cholera, Fleckfieber, Gelbfieber, Pest und Pokken, bei Gehirnentzündung, Genickstarre, Kindbettfieber, Kinderlähmung, Typhus und auch schon bei Verdacht auf eine dieser Krankheiten.

Eine Ergänzung der Ermittelungen bilden die bakteriologischen Untersuchungen, die der beamtete Arzt durchführen muß. Worauf erstrecken sie sich?

Auf die Ausscheidungen des Kranken und von Personen aus seiner Umgebung (Rachenabstrich, Kot, Urin, Blut) (3. Ergänzung des preußischen Seuchengesetzes § 6 Absatz 4).

Wo werden die bakteriologischen bzw. serologischen Untersuchungen ausgeführt?

In Medizinaluntersuchungsämtern. Das Material für die Versendung erhalten die praktischen Ärzte kostenlos in den Apotheken. Die Untersuchungen werden kostenlos ausgeführt, wenn die Kreise eine Pauschalgebühr (6 DM für je 1000 Einwohner) an das Medizinaluntersuchungsamt zahlen. Die Beantwortung erfolgt kostenlos. Bei positivem Untersuchungsergebnis erhält auch der beamtete Arzt Mitteilung.

Bei welchen Krankheiten kann zur Feststellung der Krankheit der beamtete Arzt eine Leichenöffnung anordnen?

Bei Cholera, Gelbfieber, Pest, Rotz und Typhusverdacht.

Was hat der beamtete Arzt zu tun, wenn eine Übertragung einer Krankheit von einem Tier auf den Menschen in Frage kommt?

Er hat sich mit dem beamteten Tierarzt ins Einvernehmen zu setzen und mit ihm gemeinsame Ermittelungen durchzuführen.

Was erfolgt nach Feststellung des Ausbruches einer Infektionskrankheit?

Es folgt die Einleitung von Schutzmaßnahmen durch den beamteten Arzt und die Polizeibehörde. Absonderung des Kranken, Desinfektion seiner Ausscheidungen, der Leib- und Bettwäsche, des Eßgeschirres, des Fußbodens des Krankenzimmers. Für die Pfleger müssen zur Desinfektion der Hände Desinfektionslösungen im Krankenzimmer vorhanden sein; auch hat er einen waschbaren Mantel im Krankenzimmer zu tragen, den er beim Verlassen des Zimmers ablegt und dort läßt.

Was hat nach der Genesung des Kranken zu erfolgen?

Die Schlußdesinfektion.

In Epidemiezeiten kann der beamtete Arzt besondere Bestimmungen herausgeben, die eine Verbreitung der Krankheit verhindern sollen. Was ist hiermit gemeint?

Verbot der Einschränkung aller öffentlichen Veranstaltungen, Überwachung der gewerbsmäßigen Lebensmittelherstellung. Überwachung der Schiffahrt und sonstiger Transportbetriebe, der Wasserversorgung und der Badeanstalten. Maßregeln in der Behandlung infektiöser Leichen usw.

Ist der klinische Befund allein für die Beendigung der Absonderung und der laufenden Desinfektion maßgebend?

Nein, sondern nur der Ausfall der bakteriologischen Untersuchung. Wenn drei in 2- bis 8tägigen Zwischenräumen ausgeführte bakteriologische Untersuchungen der Abgänge der Patienten negativ ausfallen, kann der Kranke als genesen angesehen werden.

Wie verfährt man mit Keimträgern und Dauerausscheidern?

Eine unter Umständen monatelange Absonderung kann kaum durchgeführt werden; man belehrt sie und hält sie zu größter Sauberkeit und Vorsicht im Verkehr mit anderen Menschen an.

Zur Verschleppung von Seuchen durch Dauerausscheider in Irrenanstalten werden die neu aufgenommenen Kranken und neu einzustellenden Pflegepersonen auf Typhus, Paratyphus und Ruhr bakteriologisch untersucht und bei positivem Ausfall isoliert. Schulkinder, die Infektionskeime ausscheiden (Diphtherie), müssen der Schule fernbleiben. Dauerausscheider von Diphtheriebacillen können aber 8 Wochen nach der klinischen Genesung wieder die Schule besuchen, da erfahrungsgemäß die Diphtheriebacillen in dieser Zeit avirulent geworden sind.

Was geschieht zur Verhütung von Seucheneinschleppung aus dem Auslande?

Der Reiseverkehr wird an den Landesgrenzen überwacht; auch findet in den Seehäfen eine Kontrolle der einlaufenden Schiffe statt.

Kennen Sie noch sonstige gesetzliche Maßnahmen?

Ja, das Gesetz zur Bekämpfung der Papageienkrankheit vom 10. August 1934 (siehe Psittakosis), das preußische Tuberkulosegesetz vom 4. August 1923, ergänzt durch die Gesetze über die erste und zweite Änderung dieses Gesetzes vom 4. August 1923 bzw. 24. März 1934, und das Reichsgesetz zur Bekämpfung der Geschlechtskrankheiten vom 18. Februar 1927.

Was schreibt das preußische Tuberkulosegesetz vor?

Anzeige jeder ansteckenden Erkrankung an Lungen- und Kehlkopftuberkulose, jeden Todesfalles an Tuberkulose, jeder Erkrankung an Hauttuberkulose und des Verdachts dieser Erkrankung. Die Meldung erfolgt an den beamteten Arzt oder eine zugelassene Fürsorgestelle, nicht an die Polizeibehörde. Wohnungswechsel ist auch anzuzeigen. Die Fürsorge übernimmt die weitere Betreuung der Kranken; wenn nicht vorhanden, fällt sie dem beamteten oder behandelnden Arzte zu.

Wissen Sie etwas über die im Reichsgesetz zur Bekämpfung der Geschlechtskrankheiten vom 18. Februar 1927 aufgestellten Maßnahmen?

Jeder Geschlechtskranke muß sich ärztlich behandeln lassen. Entzieht sich der Kranke vor der Genesung der Behandlung, erfolgt eine Meldung an die Gesundheitsbehörde, die alle einer Geschlechtskrankheit verdächtigen Personen einem Heilverfahren unterwerfen oder in ein Krankenhaus einweisen kann. Weiter enthält das Gesetz Androhung von Strafen für solche Geschlechtskranke, die, „obwohl sie um ihre Krankheit wissen, andere Personen in leichtfertiger Weise gefährden, weiter Verbote der

Kuppelei, der Erregung öffentlichen Ärgernisses durch unzüchtige Handlungen, der öffentlichen Anpreisung und Ausstellung von Mitteln, Gegenständen oder Verfahren, die der Heilung und Linderung von Geschlechtskrankheiten dienen". Dann verbietet es die Behandlung von Geschlechtskrankheiten, Krankheiten oder Leiden der Geschlechtsorgane durch nicht approbierte Personen.

Die Schutzimpfungen, die auch hierher gehören, sind in den betreffenden bakteriologischen Kapiteln bereits besprochen.

Einige der gebräuchlichsten Fachausdrücke in der Immunitätslehre.

Agglutinine (Gruber und Durham, Kolle und Pfeiffer)?	Sind spezifische Stoffe im Serum Immunisierter, welchen die Fähigkeit zukommt, Bakterien zusammenzuballen (Gruber-Widalsche Reaktion).
Aggressine (Bail)?	Sind Stoffe, die von den Bakterien gebildet werden, welche die natürlichen Schutzstoffe des angegriffenen Organismus lähmen.
Aktive Immunisierung?	Siehe Immunität.
Alexine (Buchner)?	Schutzstoffe des Körpers gegen Infektion. Synon.: Komplement (Ehrlich), Cytase (Metschnikoff).
Allergie (v. Pirquet)?	Veränderte Reaktionsfähigkeit des Organismus.
Amboceptor?	Immunkörper, Präparator (Gruber), Fixateur (Metschnikoff), Sensibilisator (Bordet) entsteht nach wiederholten Einspritzungen von Bakterien oder Blutkörperchen; er hat die Fähigkeit, die eingespritzten Bakterien oder Blutkörperchen aufzulösen (Bakteriolysine, Hämolysine).
Anaphylaxie?	Überempfindlichkeit des Organismus: a) gegen bakterielle Toxine, b) gegen fremdartiges Serum.
Antigene?	Antikörper auslösende Stoffe (Toxine, Bakterien, Blutkörperchen usw.).
Antikörper?	Sind spezifische Stoffe, die sich nach Einverleibung von Antigenen im Körper bilden, z. B. Antitoxine durch Einverleibung von Toxinen.
Bakteriolysine?	Bakterienauflösende Antikörper (Pfeifferscher Versuch siehe S. 183).
Bakteriotropine (Neufeld und Rimpau)?	Sind die im Immunserum auftretenden Stoffe, welche die Bakterien (Streptokokken, Pneumokokken) für die Phagocytose vorbereiten.

Cytolysine oder Cytotoxine?	Tierische Zellen (weiße Blutkörperchen, Spermatozoen) auflösende Antikörper.
Eiweißpräcipitine?	Siehe Präcipitine.
Endotoxine?	Gifte, die im Bakterienleib enthalten sind, bei deren Auflösung oder Zerfall frei werden und den Körper schädigen können.
Hämagglutinine?	Eine die Zusammenballung der Blutkörperchen herbeiführende Substanz.
Hämolyse?	Auflösung der roten Blutkörperchen.
Hämolysine?	Rote Blutkörperchen auflösende Antikörper.
Immunität?	Unempfänglichkeit des Organismus für eine bestimmte Krankheit. a) Natürliche Immunität (angeboren). b) Erworbene Immunität, durch Überstehen einer Infektionskrankheit erworbene zeitweilige oder dauernde Unempfänglichkeit für dieselbe. c) Aktive Immunität, die der Körper durch seine eigenen Schutzkräfte erzeugt. d) Passive Immunität, Herbeiführung der Immunität durch Einbringen fertiger, in einem anderen Körper aktiv gebildeter Schutzstoffe.
Aktive Immunisierung (Ehrlich)?	Nach der Einführung lebender, abgeschwächter oder abgetöteter Bakterien werden von den Zellen des Organismus aktiv die Schutzstoffe erzeugt.
Passive Immunisierung (Ehrlich)?	Einverleibung der wirksamen, fertigen Schutzstoffe in den Körper, z. B. Serum immunisierter Tiere (Diphtherie- oder Tetanusserum).
Immunitätseinheit = I.E.?	Ein Maßstab für die Auswertung der Immunsera, speziell des Diphtherieserums. Unter einer I.E. versteht man diejenige Menge von Diphtherieserum, die genügt, eine für Meerschweinchen 100fach tödliche Giftdosis zu paralysieren.
Immunkörper?	Siehe Amboceptor.
Immunsera?	Spezifisch wirkende Sera, die durch Einverleibung der verschiedensten Antigene gewonnen sind.
Inaktivierung eines Serums?	Zerstörung von Komplement durch $^1/_2$stündiges Erwärmen auf 56° C.
Komplement (Ehrlich)?	Siehe Alexine.
Leukocidin?	Leukocytenschädigende Stoffwechselprodukte der Staphylokokken.
Lysine?	Siehe Bakteriolysine, Hämolysine.
Negative Phase?	Phase erhöhter Empfänglichkeit für Infektion in den ersten Tagen nach Einspritzung von Impfstoff.
Opsonine?	Unter Opsoninen (ὀψᾶνειν = zubereiten, schmackhaft machen) versteht man Stoffe, die

im Serum normalerweise nachweisbar sind, welche die Bakterien in der Weise beeinflussen, daß sie von den Leukocyten leichter aufgenommen werden. Sie werden bei 60° C zerstört. Die im Immunserum auftretenden Opsonine, die bedeutend thermoresistenter sind, werden von Neufeld Bakteriotropine genannt.

Passive Immunisierung? — Siehe Immunität.

Pfeifferscher Versuch siehe S. 183? — Siehe Bakteriolysine.

Phagocytose? — Mit Phagocytose bezeichnet man nach Metschnikoff die Eigenschaft verschiedener Zellen (Freßzellen oder Phagocyten), Mikroben in das Zellinnere aufzunehmen und zu verdauen.

Polyvalentes Serum? — Es wird gewonnen:

1. Durch Vermischung verschiedener Immunsera.
2. Durch Immunisierung eines Tieres mit verschiedenen Stämmen ein und derselben Bakterienart.

Präcipitine? — Durch Vorbehandlung von Tieren mit Kulturfiltraten, Bakterien oder artfremdem Eiweiß (Blutserum, Milch) treten im Blutserum derselben Stoffe auf (Bakterien-Eiweißpräcipitine), die mit den genannten Antigenen (Präcipitinogenen) Niederschläge bilden (Präcipitat). Wichtig: forensische Blut- und Eiweißdifferenzierung.

Stimuline? — Substanzen, die die Leukocytentätigkeit erhöhen.

Toxine? — Giftige Stoffwechselerzeugnisse der Bakterien von unbekannter Konstitution.

Toxon? — Ein Gift, das die diphtherische Spätlähmung hervorruft.

Überempfindlichkeit? — Siehe Anaphylaxie.

Zytolysine, Zytotoxine? — Siehe Cytolysine.